실전을
연습처럼
연습을
실전처럼

'만년 2위'라는 말이 있다.
실력은 뛰어나지만 결정적인 순간에
실력을 발휘하지 못하는 사람들이다.
그러나 실전에서 자신의 능력 이상으로
실력을 발휘하는 사람들이 있다.
이 사람들은 평소에 연습을 실전처럼,
실전을 연습처럼 해온 사람들이다.

테스트북
구성과 특징

소단원, 중단원, 대단원 별 모든 테스트를 수록한
테스트북으로 지금 바로 실력 점검 GOGO!

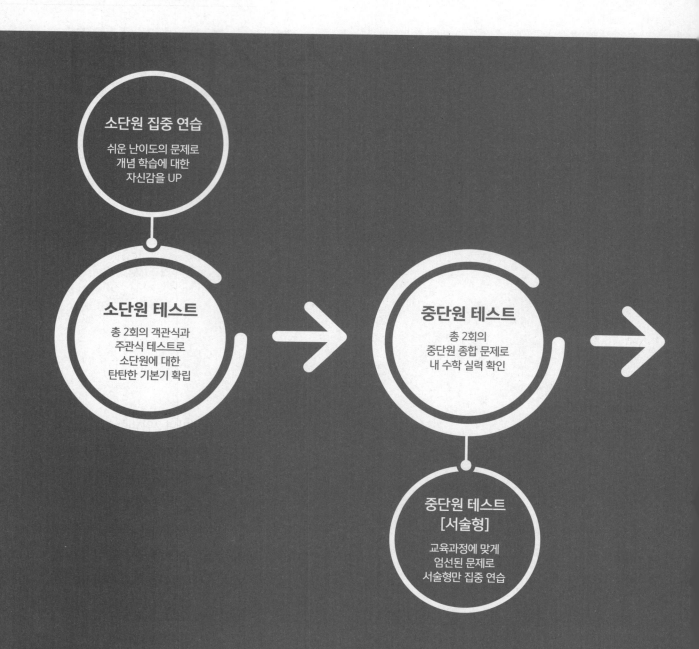

소단원 집중 연습

쉬운 난이도의 문제로
개념 학습에 대한
자신감을 UP

소단원 테스트

총 2회의 객관식과
주관식 테스트로
소단원에 대한
탄탄한 기본기 확립

중단원 테스트

총 2회의
중단원 종합 문제로
내 수학 실력 확인

**중단원 테스트
[서술형]**

교육과정에 맞게
엄선된 문제로
서술형만 집중 연습

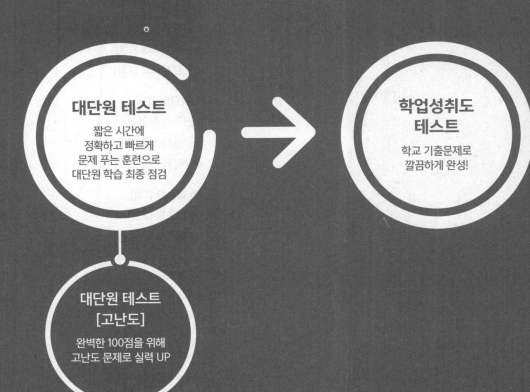

대단원 테스트
짧은 시간에
정확하고 빠르게
문제 푸는 훈련으로
대단원 학습 최종 점검

→

**학업성취도
테스트**
학교 기출문제로
깔끔하게 완성!

**대단원 테스트
[고난도]**
완벽한 100점을 위해
고난도 문제로 실력 UP

테스트북
차례

I.
기본 도형과 합동

II.
평면도형과 입체도형

III.
통계

I.
기본 도형과 합동

오늘의 테스트

만족  불만족

1. 기본 도형 01. 점, 선, 면, 각 소단원 집중 연습 _____월_____일	1. 기본 도형 01. 점, 선, 면, 각 소단원 테스트 [1회] _____월_____일	1. 기본 도형 01. 점, 선, 면, 각 소단원 테스트 [2회] _____월_____일
1. 기본 도형 02. 위치 관계와 평행선의 성질 소단원 집중 연습 _____월_____일	1. 기본 도형 02. 위치 관계와 평행선의 성질 소단원 테스트 [1회] _____월_____일	1. 기본 도형 02. 위치 관계와 평행선의 성질 소단원 테스트 [2회] _____월_____일
1. 기본 도형 중단원 테스트 [1회] _____월_____일	1. 기본 도형 중단원 테스트 [2회] _____월_____일	1. 기본 도형 중단원 테스트 [서술형] _____월_____일
2. 작도와 합동 01. 삼각형의 작도 소단원 집중 연습 _____월_____일	2. 작도와 합동 01. 삼각형의 작도 소단원 테스트 [1회] _____월_____일	2. 작도와 합동 01. 삼각형의 작도 소단원 테스트 [2회] _____월_____일
2. 작도와 합동 02. 삼각형의 합동 소단원 집중 연습 _____월_____일	2. 작도와 합동 02. 삼각형의 합동 소단원 테스트 [1회] _____월_____일	2. 작도와 합동 02. 삼각형의 합동 소단원 테스트 [2회] _____월_____일
2. 작도와 합동 중단원 테스트 [1회] _____월_____일	2. 작도와 합동 중단원 테스트 [2회] _____월_____일	2. 작도와 합동 중단원 테스트 [서술형] _____월_____일
Ⅰ. 기본 도형과 합동 대단원 테스트 _____월_____일	Ⅰ. 기본 도형과 합동 대단원 테스트 [고난도] _____월_____일	

소단원 집중 연습

01 다음 그림과 같은 입체도형에서 교점의 개수와 교선의 개수를 각각 구하시오.

(1)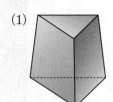

(2)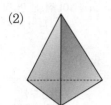

02 다음 기호와 도형을 바르게 짝지어 선으로 연결하시오.

(1) 직선 AB •   • $\overline{AB}$ •   • $\underset{A \quad\quad B}{\bullet\!\!-\!\!-\!\!-\!\!\bullet}$

(2) 반직선 AB •   • $\overrightarrow{AB}$ •   • $\underset{A \quad\quad B}{\bullet\!\!-\!\!-\!\!-\!\!\bullet}$

(3) 선분 AB •   • $\overleftrightarrow{AB}$ •   • $\underset{A \quad\quad B}{\bullet\!\!-\!\!-\!\!-\!\!\rightarrow}$

(4) 반직선 BA •   • $\overrightarrow{BA}$ •   • $\underset{A \quad\quad B}{\leftarrow\!\!-\!\!\bullet\!\!-\!\!-\!\!\bullet\!\!-\!\!\rightarrow}$

03 오른쪽 그림에서 다음을 모두 찾아 기호로 나타내시오.

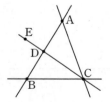

(1) 점 A를 지나는 직선

(2) 점 D에서 시작하는 반직선

(3) $\overleftrightarrow{CE}$와 같은 직선

04 오른쪽 그림과 같이 직선 l 위에 네 점 A, B, C, D가 있을 때, 다음 중 옳은 것에는 ○표, 옳지 않은 것에는 ×표 하시오.

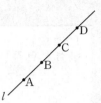

(1) $\overrightarrow{BC}=\overrightarrow{BD}$ (   )

(2) $\overleftrightarrow{AB}=\overleftrightarrow{CD}$ (   )

(3) $\overrightarrow{CA}=\overrightarrow{DA}$ (   )

(4) $\overline{CD}=\overline{DC}$ (   )

05 아래 그림에서 $\overline{AB}$의 중점을 M, $\overline{BC}$의 중점을 N이라고 할 때, 다음 중 옳은 것에는 ○표, 옳지 않은 것에는 ×표 하시오.

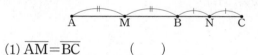

(1) $\overline{AM}=\overline{BC}$ (   )

(2) $\overline{MB}=2\overline{NB}$ (   )

(3) $\overline{MN}=\dfrac{1}{2}\overline{AC}$ (   )

(4) $\overline{BC}=2\overline{CN}$ (   )

06 다음 각을 오른쪽 그림에서 찾아 A, B, C를 사용하여 기호로 나타내시오.

(1) ∠a

(2) ∠b

(3) ∠c

07 다음 각이 평각이면 '평', 직각이면 '직', 예각이면 '예', 둔각이면 '둔'을 쓰시오.

(1) 90°   (   )

(2) 86°   (   )

(3) 180°   (   )

(4) 112°   (   )

(5) 150°   (   )

(6) 45°   (   )

08 다음 그림에서 ∠x의 크기를 구하시오.

(1)

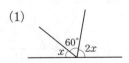

(2)

09 다음 그림에서 ∠x의 크기를 구하시오.

(1)

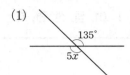

(2)

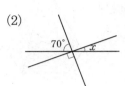

(3)

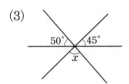

(4)

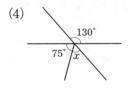

10 오른쪽 그림에서 다음을 구하시오.

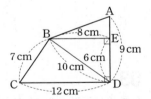

(1) $\overline{CD}$의 수선

(2) 점 B에서 $\overline{AD}$에 내린 수선의 발

(3) 점 D와 $\overline{BE}$ 사이의 거리

01

오른쪽 그림의 오각뿔에서 교점의 개수를 a, 교선의 개수를 b라 할 때, $b-a$의 값은?

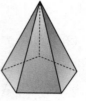

① 4   ② 5
③ 6   ④ 8
⑤ 10

02

다음 그림에서 반직선 AC와 반직선 DB가 겹쳐지는 부분은?

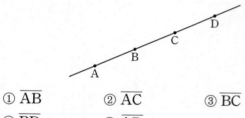

① $\overline{AB}$ ② $\overline{AC}$ ③ $\overline{BC}$
④ $\overline{BD}$ ⑤ $\overline{AD}$

03

오른쪽 그림과 같이 한 점 O에서 만나는 직선 AB와 반직선 OC, OD, OE가 있다.
$\angle AOC=2\angle EOB$,
$\angle COD=2\angle DOE$일 때, $\angle DOB$의 크기는?

① 50°   ② 55°   ③ 60°
④ 70°   ⑤ 75°

04

오른쪽 그림의 두 점 A, B를 잇는 선 중에서 길이가 가장 짧은 선을 나타낸 것은?

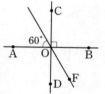

① ㉠   ② ㉡
③ ㉢   ④ ㉣
⑤ 모두 같다.

05

오른쪽 그림에서 $\angle BOF$의 크기는?

① 30°   ② 40°
③ 50°   ④ 60°
⑤ 70°

06

오른쪽 그림과 같이 세 직선이 한 점 O에서 만나고 $2\angle a=3\angle b$,
$2\angle b=\angle c$일 때, $\angle a$의 크기는?

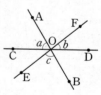

① 60°   ② 70°
③ 40°   ④ 30°
⑤ 20°

07

오른쪽 그림에서 $\angle x$, $\angle y$의 크기는?

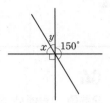

① $\angle x=15°$, $\angle y=75°$

② $\angle x=45°$, $\angle y=45°$

③ $\angle x=60°$, $\angle y=30°$

④ $\angle x=30°$, $\angle y=60°$

⑤ $\angle x=50°$, $\angle y=40°$

08

오른쪽 그림과 같이 한 직선 위에 네 점 A, B, C, D가 있을 때, $\overrightarrow{CB}$와 같은 것은?

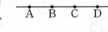

① $\overrightarrow{AB}$

② $\overrightarrow{BC}$

③ $\overrightarrow{CA}$

④ $\overrightarrow{BA}$

⑤ $\overleftrightarrow{CD}$

09

오른쪽 그림에서 점 A와 직선 l 사이의 거리를 나타낸 것은?

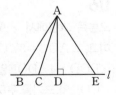

① $\overline{AB}$

② $\overline{AC}$

③ $\overline{AD}$

④ $\overline{AE}$

⑤ $\overline{BE}$

10

오른쪽 그림에서 $\overline{AB}=\overline{BC}=\overline{CD}$이다.

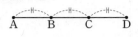

$a\overline{AB}=\overline{AD}$, $b\overline{AD}=\overline{CD}$일 때, $a-b$의 값은?

① $-\dfrac{8}{3}$

② $-\dfrac{7}{3}$

③ $\dfrac{7}{3}$

④ $\dfrac{8}{3}$

⑤ $\dfrac{10}{3}$

11

오른쪽 그림과 같이 한 직선 위에 네 점 P, Q, R, S가 있을 때, 다음 중 옳지 않은 것은?

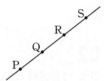

① $\overrightarrow{PQ}=\overrightarrow{QP}$

② $\overrightarrow{QR}=\overrightarrow{QS}$

③ $\overline{QR}=\overline{RQ}$

④ $\overleftrightarrow{PS}=\overleftrightarrow{QR}$

⑤ $\overrightarrow{PQ}=\overrightarrow{RS}$

12

다음 그림에서 $\overline{AB}$, $\overline{BC}$의 중점이 각각 M, N이고 $\overline{MN}=4$ cm일 때, $\overline{AC}$의 길이는?

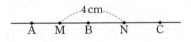

① 6 cm

② 8 cm

③ 10 cm

④ 12 cm

⑤ 14 cm

01

오른쪽 그림과 같은 원기둥에서 평면의 개수를 a, 곡면의 개수를 b, 교선의 개수를 c라 할 때, $a+b+c$의 값을 구하시오.

04

오른쪽 그림에서 점 A와 변 CD 사이의 거리를 구하시오.

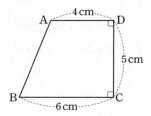

02

다음 그림에서 점 M은 $\overline{AC}$의 중점이고, 점 N은 $\overline{BC}$의 중점이다. $\overline{MN}=12$ cm, $\overline{AC}=2\overline{BC}$일 때, $\overline{AC}$의 길이를 구하시오.

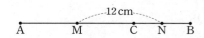

05

오른쪽 그림에서 $\angle x - \angle y$의 크기를 구하시오.

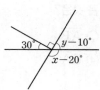

03

다음 그림에서 점 D는 $\overline{AC}$의 중점이고, 점 E는 $\overline{CB}$의 중점이다. $\overline{AB}=20$ cm일 때, $\overline{DE}$의 길이를 구하시오.

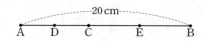

06

오른쪽 그림에서 $\angle AOB$는 평각이고, $\angle AOC=3\angle COD$, $\angle BOD=4\angle DOE$일 때, $\angle COE$의 크기를 구하시오.

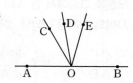

07

오른쪽 그림에서 ∠DOE의 크기를 구하시오.

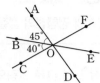

08

오른쪽 그림과 같이 한 평면 위에 세 점 A, B, C가 있다. 이들 세 점으로 그을 수 있는 직선의 개수를 a, 반직선의 개수를 b라고 할 때, $b-a$의 값을 구하시오.

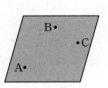

09

오른쪽 그림에서 ∠y − ∠x의 크기를 구하시오.

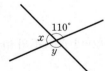

10

보기에서 옳은 것은 모두 몇 개인지 구하시오.

보기

ㄱ. 한 점을 지나는 직선은 무수히 많다.

ㄴ. 한 직선 위에는 무수히 많은 점이 있다.

ㄷ. 서로 다른 두 점을 지나는 직선은 오직 1개이다.

ㄹ. 서로 다른 세 점은 하나의 직선을 결정한다.

11

오른쪽 그림에서 점 P와 직선 l 사이의 거리를 나타내는 것을 기호로 나타내시오.

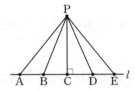

12

다음 그림의 두 직선 l, m에서 ∠x : ∠y : ∠z＝2 : 3 : 4일 때, ∠a＋∠z의 크기를 구하시오.

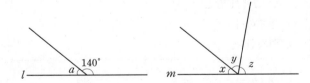

소단원 집중 연습

01 오른쪽 그림에 대한 다음 설명 중 옳은 것에는 ○표, 옳지 않은 것에는 ×표 하시오.

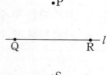

(1) 점 S는 직선 l 밖에 있다. ( )

(2) 직선 l은 점 Q를 지나지 않는다. ( )

(3) $\overleftrightarrow{PQ}$는 직선 l과 같다. ( )

(4) 두 점 Q, R를 지나는 직선은 하나뿐이다. ( )

(5) 점 P는 직선 l 위에 있다. ( )

(6) 직선 l과 $\overleftrightarrow{PS}$는 한 점에서 만난다. ( )

02 오른쪽 그림의 사각형을 보고, 다음 두 직선의 위치 관계를 보기에서 고르시오.

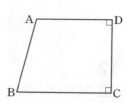

보기
ㄱ. 한 점에서 만난다.
ㄴ. 평행하다.
ㄷ. 일치한다.

(1) $\overleftrightarrow{AD}$와 $\overleftrightarrow{BC}$

(2) $\overleftrightarrow{AD}$와 $\overleftrightarrow{CD}$

(3) $\overleftrightarrow{AB}$와 $\overleftrightarrow{CD}$

03 오른쪽 그림의 직육면체를 보고, 다음을 구하시오.

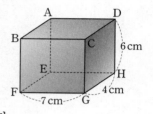

(1) 점 A를 지나는 면

(2) 모서리 AB와 평행한 모서리

(3) 모서리 AB와 한 점에서 만나는 모서리

(4) 모서리 AB와 꼬인 위치에 있는 모서리

(5) 면 ABCD와 수직인 모서리

(6) 면 ABCD와 평행한 모서리

(7) 점 A와 면 EFGH 사이의 거리

04 오른쪽 그림의 직육면체를 보고, 다음을 구하시오.

(1) 면 AEGC와 평행한 모서리

(2) 면 AEGC와 한 점에서 만나는 모서리

(3) 면 AEGC와 평행한 면

(4) 면 AEGC와 수직인 면

(5) 모서리 BF를 교선으로 하는 두 면

05 오른쪽 그림을 보고, 다음을 구하시오.

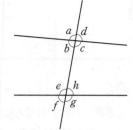

(1) ∠a의 동위각

(2) ∠c의 동위각

(3) ∠c의 엇각

(4) ∠h의 엇각

06 다음 그림에서 $l /\!/ m$일 때, ∠x, ∠y의 크기를 각각 구하시오.

(1)
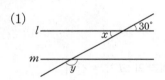

(2)

(3)
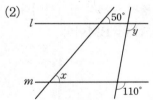

07 다음 그림에서 $l /\!/ m$일 때, ∠x의 크기를 구하시오.

(1)
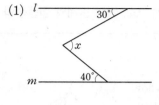

(2)
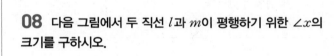

08 다음 그림에서 두 직선 l과 m이 평행하기 위한 ∠x의 크기를 구하시오.

(1)

(2)
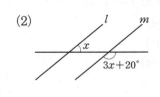

01

오른쪽 그림과 같은 삼각뿔에 대하여 모서리 AB와 꼬인 위치에 있는 모서리의 개수는?

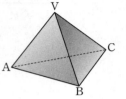

① 1   ② 2

③ 3   ④ 4

⑤ 5

02

보기에서 한 평면 위의 두 직선의 위치 관계를 모두 고른 것은?

보기
ㄱ. 한 점에서 만난다.
ㄴ. 두 점에서 만난다.
ㄷ. 서로 평행하다.
ㄹ. 세 점에서 만난다.
ㅁ. 무수히 많은 점에서 만난다.

① ㄱ, ㅁ   ② ㄷ, ㅁ   ③ ㄱ, ㄷ, ㄹ

④ ㄱ, ㄷ, ㅁ   ⑤ ㄴ, ㄷ, ㅁ

03

공간에서 서로 다른 세 직선 l, m, n과 세 평면 P, Q, R에 대하여 보기에서 옳은 것을 모두 고른 것은?

보기
ㄱ. $l /\!/ m$이면 직선 l, m은 한 평면 위에 있다.
ㄴ. $l \perp m$, $l \perp n$이면 $l /\!/ m$이다.
ㄷ. $l \perp P$, $l /\!/ m$이면 $m \perp P$이다.
ㄹ. $P /\!/ Q$, $Q /\!/ R$이면 $P \perp R$이다.
ㅁ. $P \perp Q$, $P \perp R$이면 $Q \perp R$이다.
ㅂ. $P \perp Q$, $Q /\!/ R$이면 $P \perp R$이다.

① ㄱ, ㅂ   ② ㄴ, ㄷ   ③ ㄱ, ㄴ, ㄷ

④ ㄱ, ㄷ, ㅂ   ⑤ ㄱ, ㄴ, ㄷ, ㅂ

04

오른쪽 그림의 삼각기둥에 대한 설명으로 옳은 것은? (정답 2개)

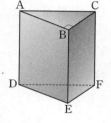

① 모서리 DE와 모서리 AC는 평행하다.

② 면 DEF와 평행한 모서리는 3개이다.

③ 모서리 AB와 모서리 CF는 꼬인 위치에 있다.

④ 모서리 DF와 모서리 BE는 한 평면 위에 있다.

⑤ 모서리 AB와 만나는 모서리는 2개이다.

05

다음 중 옳지 않은 것은?

① 두 직선이 평행하면 동위각의 크기는 같다.

② 엇각의 크기가 같으면 두 직선은 평행하다.

③ 동위각의 크기가 같으면 두 직선은 평행하다.

④ 한 직선 AB를 포함하는 평면은 오직 하나뿐이다.

⑤ 점 M이 $\overline{AB}$의 중점이면 $\overline{AM} = \overline{BM}$이다.

06

오른쪽 그림에서 $l /\!/ m$일 때, $\angle x$의 크기는?

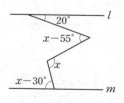

① 100°   ② 102°

③ 105°   ④ 110°

⑤ 112°

07

오른쪽 그림과 같은 오각기둥에서 모서리 AB와 꼬인 위치에 있는 모서리의 개수를 x, 모서리 BG와 평행한 모서리의 개수를 y라 할 때, $x+y$의 값은?

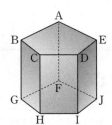

① 6　　　　② 7

③ 8　　　　④ 9

⑤ 11

08

오른쪽 그림은 직사각형 모양의 종이 테이프를 접은 것이다. ∠x의 크기는?

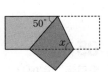

① 40°　　　② 50°

③ 55°　　　④ 60°

⑤ 65°

09

오른쪽 그림에서 $l /\!/ m$일 때, ∠a+∠b의 값은?

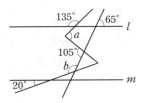

① 155°　　② 200°

③ 220°　　④ 240°

⑤ 325°

10

오른쪽 그림과 같은 직육면체에서 평면 ABCD와 수직이고 모서리 AE에 평행한 평면의 개수는? (단, 대각선으로 이루어지는 평면은 제외)

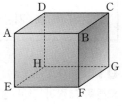

① 0　　　　② 1　　　　③ 2

④ 3　　　　⑤ 4

11

오른쪽 그림에서 평행한 두 직선은?

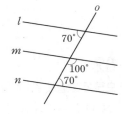

① l과 m

② l과 n

③ m과 n

④ l과 o

⑤ m과 o

12

오른쪽 그림에 대한 설명으로 옳은 것은?

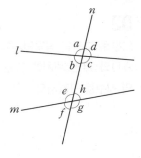

① ∠a의 동위각은 ∠f이다.

② ∠b의 엇각은 ∠e이다.

③ ∠c의 엇각은 ∠f이다.

④ ∠d의 엇각은 ∠f이다.

⑤ ∠c의 동위각은 ∠g이다.

01

오른쪽 그림과 같은 정팔면체에서 모서리 CD와 꼬인 위치에 있는 모서리의 개수를 구하시오.

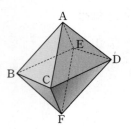

02

오른쪽 그림은 종이테이프를 $\angle CDE = 40°$가 되게 접은 것이다. $\angle BCE$의 크기를 구하시오.

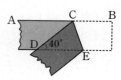

03

오른쪽 그림의 직육면체에서 직선 AD와 꼬인 위치에 있는 모서리의 개수를 구하시오.

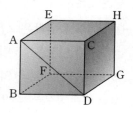

04

오른쪽 그림과 같은 두 밑면이 정팔각형인 팔각기둥에서 모서리 AB와 꼬인 위치에 있는 모서리의 개수를 a, 모서리 AB와 평행한 모서리의 개수를 b라 할 때, $a+b$의 값을 구하시오.

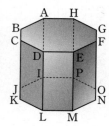

05

오른쪽 그림에서 $l /\!/ m$일 때, $\angle a + \angle b$의 크기를 구하시오.

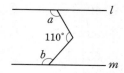

06

오른쪽 그림에서 $l /\!/ m$일 때, $\angle x + \angle y$의 크기를 구하시오.

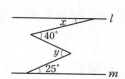

07

오른쪽 그림에서 $l /\!/ m$일 때, $\angle x$의 크기를 구하시오.

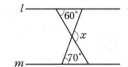

08

오른쪽 그림에서 $l /\!/ m$일 때, $\angle b + \angle c - \angle a$의 값을 구하시오.

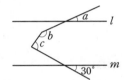

09

오른쪽 그림에서 $\angle a$의 모든 동위각의 합을 구하시오.

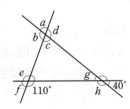

10

공간 위의 서로 다른 세 직선 l, m, n과 평면 P의 위치 관계에 대하여 보기에서 옳은 것을 모두 고르시오.

보기
ㄱ. $l /\!/ m$, $m /\!/ n$이면 $l /\!/ n$
ㄴ. $l \perp m$, $m \perp n$이면 $l /\!/ n$
ㄷ. $l /\!/ P$, $P /\!/ n$이면 $l /\!/ n$
ㄹ. $l \perp P$, $P \perp n$이면 $l /\!/ n$

11

공간에서 서로 다른 세 평면 P, Q, R와 서로 다른 세 직선 l, m, n에 대하여 보기에서 옳은 것을 모두 고르시오.

보기
ㄱ. $l /\!/ m$, $m \perp n$이면 $l \perp n$
ㄴ. $l /\!/ m$, $m /\!/ n$이면 $l /\!/ n$
ㄷ. $l /\!/ m$, $l \perp n$이면 $m /\!/ n$
ㄹ. $P /\!/ Q$, $Q \perp R$이면 $P \perp R$
ㅁ. $P \perp Q$, $Q \perp R$이면 $P \perp R$

12

다음 그림에서 $\overrightarrow{AB} /\!/ \overrightarrow{EF}$일 때, $\angle x$의 크기를 구하시오.

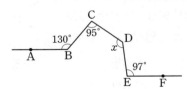

중단원 테스트 [1회]

테스트한 날	맞은 개수
월 일	/ 24

01

오른쪽 그림과 같이 직선 l 위에 세 점 A, B, C가 있다. 다음 중 옳지 않은 것은?

① $\overline{AB}=\overline{BA}$
② $\overrightarrow{AC}=\overrightarrow{AB}$
③ $\overleftrightarrow{AB}=\overleftrightarrow{BA}$
④ $\overrightarrow{AB}=\overleftarrow{BA}$
⑤ $\overleftrightarrow{AB}=\overleftrightarrow{BC}$

02

오른쪽 그림에서 ∠x의 크기는?

① 26°   ② 34°
③ 54°   ④ 56°
⑤ 64°

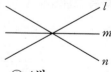

03

오른쪽 그림과 같이 세 직선 l, m, n이 한 점에서 만날 때 생기는 맞꼭지각은 모두 몇 쌍인가?

① 2쌍   ② 3쌍   ③ 4쌍
④ 5쌍   ⑤ 6쌍

04

오른쪽 그림과 같은 직사각형 ABCD에 대한 설명으로 옳지 않은 것은?

① $\overleftrightarrow{AB}/\!/\overleftrightarrow{CD}$
② $\overleftrightarrow{AD}\perp\overleftrightarrow{CD}$
③ 점 A는 $\overleftrightarrow{BC}$ 위에 있다.
④ $\overleftrightarrow{AB}$는 점 B를 지난다.
⑤ $\overleftrightarrow{BC}$와 $\overleftrightarrow{CD}$의 교점은 점 C이다.

05

오른쪽 그림에서 ∠x의 크기는?

① 30°   ② 40°
③ 50°   ④ 60°
⑤ 70°

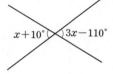

06

오른쪽 그림에서 서로 같은 것을 나타내는 것끼리 짝 지은 것은? (정답 2개)

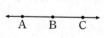

① $\overrightarrow{AB}$와 $\overrightarrow{BA}$
② $\overrightarrow{AB}$와 $\overrightarrow{BC}$
③ $\overrightarrow{BA}$와 $\overleftarrow{AB}$
④ $\overrightarrow{AC}$와 $\overrightarrow{AB}$
⑤ $\overline{CA}$와 $\overline{BC}$

07

오른쪽 그림과 같이 세 직선이 한 점 O에서 만난다. $\angle COE = 35°$일 때, $\angle BOF$의 크기는?

① 35°   ② 40°

③ 45°   ④ 50°

⑤ 55°

08

공간에 있는 서로 다른 두 직선 l, m과 평면 P에 대한 설명으로 보기에서 옳은 것을 모두 고른 것은?

보기
ㄱ. $l /\!/ P$, $m /\!/ P$이면 $l /\!/ m$
ㄴ. $l \perp P$, $l /\!/ m$이면 $m \perp P$
ㄷ. $l \perp P$, $m \perp P$이면 $l /\!/ m$
ㄹ. $l \perp P$, $m /\!/ P$이면 $l /\!/ m$

① ㄱ, ㄴ   ② ㄴ, ㄷ   ③ ㄱ, ㄷ

④ ㄴ, ㄹ   ⑤ ㄷ, ㄹ

09

오른쪽 그림에서 사각형 EFGH는 정사각형이고, 두 선분 AB, CD는 평행하다.
$\angle AEF : \angle CGF = 7 : 2$일 때, $\angle EIH$의 크기는?

① 21°   ② 23°   ③ 25°

④ 27°   ⑤ 30°

10

다음 중 옳지 않은 것은?

① 평행한 두 직선은 만나지 않는다.

② 한 점을 지나는 직선은 무수히 많다.

③ 반직선의 길이는 직선의 길이의 $\frac{1}{2}$이다.

④ 꼬인 위치에 있는 두 직선은 만나지 않는다.

⑤ 서로 다른 두 점을 잇는 선 중에서 가장 짧은 것은 선분이다.

11

오른쪽 그림에서 $l /\!/ m$일 때, $\angle x$의 크기는?

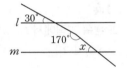

① 20°   ② 25°

③ 30°   ④ 35°

⑤ 40°

12

오른쪽 그림에서 $\angle AOE = \angle EOD$, $\angle DOC = \angle COB$일 때, $\angle EOC$의 크기는?

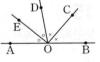

① 90°   ② 120°

③ 130°   ④ 150°

⑤ 180°

13

오른쪽 그림과 같은 직육면체에서 모서리 AB와 꼬인 위치에 있는 모서리가 아닌 것은?

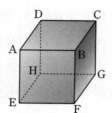

① 모서리 DH
② 모서리 CG
③ 모서리 HG
④ 모서리 EH
⑤ 모서리 FG

14

오른쪽 그림에서 $l /\!/ m$일 때, $\angle x$의 크기는?

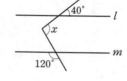

① 90°   ② 95°
③ 100°   ④ 105°
⑤ 110°

15

오른쪽 그림에서 $\angle c$의 엇각인 것은?

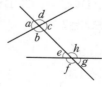

① $\angle a$ ② $\angle b$
③ $\angle e$ ④ $\angle h$
⑤ $\angle g$

16

오른쪽 그림에서 $l /\!/ m$일 때, $\angle x$의 크기는?

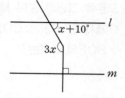

① 30°   ② 35°
③ 40°   ④ 45°
⑤ 50°

17

오른쪽 그림은 직사각형 모양의 테이프를 선분 AB를 접는 선으로 하여 접은 것이다. $\angle ABC = 50°$일 때, $\angle x$의 크기는?

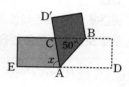

① 60°   ② 65°   ③ 70°
④ 75°   ⑤ 80°

18

오른쪽 그림과 같은 직육면체에서 모서리 AB와 수직인 모서리의 개수를 a, 모서리 AB와 평행인 모서리의 개수를 b라 할 때, $a+b$의 값은?

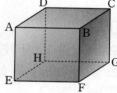

① 3   ② 5
③ 7   ④ 9
⑤ 10

19

오른쪽 그림에서 $\overline{AN}$의 중점을 M, $\overline{MB}$의 중점을 N이라 하자. $\overline{AN}=4$ cm일 때, $\overline{AB}$의 길이는?

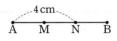

① 4 cm   ② 5 cm   ③ 6 cm

④ 7 cm   ⑤ 8 cm

20

오른쪽 그림과 같은 전개도로 만든 정사면체에서 모서리 AB와 꼬인 위치에 있는 모서리를 구하시오.

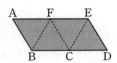

21

오른쪽 그림과 같은 전개도로 만든 정육면체에서 면 LEHK와 평행한 모서리가 아닌 것은?

① $\overline{AB}$ ② $\overline{CD}$
③ $\overline{FG}$ ④ $\overline{MN}$
⑤ $\overline{NA}$

22

공간에 있는 서로 다른 두 직선의 위치 관계에 대한 다음 설명 중 옳지 않은 것은?

① 평행한 두 직선은 만나지 않는다.

② 평행한 두 직선은 한 평면 위에 있다.

③ 만나는 두 직선은 한 평면 위에 있다.

④ 꼬인 위치에 있는 두 직선은 만나지 않는다.

⑤ 꼬인 위치에 있는 두 직선은 같은 평면 위에 있다.

23

오른쪽 그림과 같이 세 직선이 점 O에서 만나고 $\angle BOC=90°$, $\angle DOF=120°$일 때, 다음 중 옳은 것은?

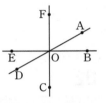

① $\angle AOF=60°$

② $\angle AOE=120°$

③ $\angle AOB=\angle COD$

④ $\angle DOE=2\angle AOF$

⑤ $\angle BOC=2\angle COD$

24

오른쪽 그림은 직육면체에서 모서리 AB와 모서리 CD의 중점을 각각 I, J라고 할 때, 네 개의 점 I, J, G, F를 지나는 평면으로 비스듬히 잘라낸 입체도형이다. 다음 중 이 도형에 대한 설명으로 옳지 않은 것은?

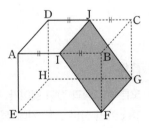

① $\overline{AI}/\!/\overline{EF}$

② 면 AIJD와 $\overline{AE}$는 수직이다.

③ $\overline{DJ}$와 $\overline{FG}$는 꼬인 위치에 있다.

④ 면 AIJD와 면 EFGH는 평행하다.

⑤ 면 FGJI와 $\overline{EH}$는 꼬인 위치에 있다.

중단원 테스트 [2회]

테스트한 날	맞은 개수
월 일	/ 24

01
오른쪽 그림과 같은 네 점 A, B, C, D에 대하여 두 점을 지나는 서로 다른 반직선의 개수는?

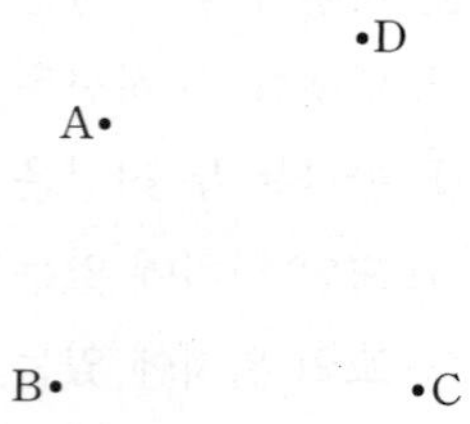

① 4   ② 5
③ 8   ④ 10
⑤ 12

D•

A•

B•   •C

02
오른쪽 그림과 같은 입체도형에서 교선의 개수를 a, 교점의 개수를 b라 할 때, $a+b$의 값은?

① 10   ② 15
③ 20   ④ 25
⑤ 30

03
오른쪽 그림과 같이 길이가 18 cm인 선분 AB 위에 점 P가 있다. $\overline{AP}$, $\overline{PB}$의 중점을 각각 M, N이라 할 때, $\overline{MN}$의 길이는?

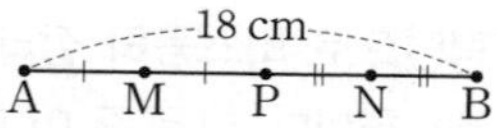

18 cm

A   M   P   N   B

① 8 cm   ② 9 cm   ③ 10 cm
④ 12 cm   ⑤ 15 cm

04
오른쪽 그림과 같이 직선 l, m, n이 만날 때, 다음 중 옳지 않은 것은?

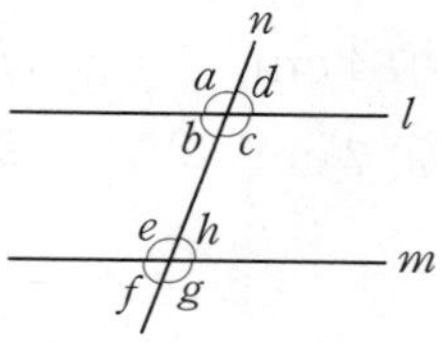

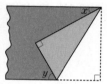

① $l /\!/ m$이면 $\angle b = \angle f$
② $\angle d = \angle h$이면 $l /\!/ m$
③ $\angle a = \angle c$이면 $l /\!/ m$
④ $l /\!/ m$이면 $\angle c = \angle e$
⑤ $\angle b = \angle h$이면 $\angle c = \angle g$

05
오른쪽 그림과 같이 폭이 일정한 종이 테이프를 접었다. $\angle x + \angle y$의 크기는?

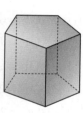

① 70°   ② 75°
③ 80°   ④ 85°
⑤ 90°

06
오른쪽 그림은 직육면체를 세 꼭짓점 A, F, C를 지나는 평면으로 잘라내고 남은 입체도형이다. 면 AFC와 만나는 모서리의 개수는?

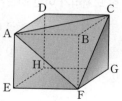

① 3   ② 4   ③ 5
④ 6   ⑤ 7

07

오른쪽 그림과 같이 직사각형 모양의
종이 띠를 접었을 때, $\angle x$의 크기는?

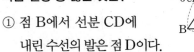

① 50°　　　② 51°

③ 52°　　　④ 53°

⑤ 54°

08

오른쪽 그림에서 $l /\!/ m$일 때,
$\angle x$의 크기는?

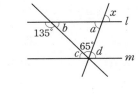

① 50°　　　② 55°

③ 60°　　　④ 65°

⑤ 70°

09

오른쪽 그림에서 $l /\!/ m$일 때,
$\angle a + \angle b + \angle c + \angle d$의 크기를
구하시오.

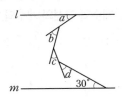

10

오른쪽 그림의 사다리꼴에 대한
다음 설명 중 옳은 것은?

① 점 B에서 선분 CD에
　 내린 수선의 발은 점 D이다.

② 점 A와 선분 BC 사이의 거리는 6 cm이다.

③ 점 D와 선분 BC 사이의 거리는 9 cm이다.

④ 선분 AD와 선분 CD는 수직이다.

⑤ 선분 AB와 선분 BC는 직교한다.

11

다음 중 공간에서 평면이 하나로 결정되지 않는 경우는?

(정답 2개)

① 서로 다른 세 점

② 평행한 두 직선

③ 한 점에서 만나는 두 직선

④ 꼬인 위치에 있는 두 직선

⑤ 한 직선과 그 위에 있지 않은 한 점

12

다음 중 공간에서 서로 다른 두 평면이 평행한 경우는?

① 한 직선을 포함한 두 평면

② 한 직선에 평행한 두 평면

③ 한 평면에 평행한 두 평면

④ 한 평면에 수직인 두 평면

⑤ 한 평면과 만나는 두 평면

13

한 평면 위에 있는 서로 다른 세 직선 l, m, n에 대하여
$l /\!/ n$, $m \perp n$일 때, 두 직선 l, m의 위치 관계는?

① 일치한다.   ② 평행하다.

③ 수직이다.   ④ 두 점에서 만난다.

⑤ 꼬인 위치에 있다.

14

오른쪽 그림에서 $l /\!/ m$, $l /\!/ n$일 때,
$\angle x$, $\angle y$의 크기를 차례로 구하면?

① 80°, 100°   ② 100°, 80°

③ 130°, 40°   ④ 120°, 60°

⑤ 110°, 70°

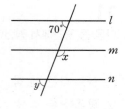

15

오른쪽 그림에서 $l /\!/ m$일 때, $\angle x$의
크기는?

① 50°   ② 55°

③ 60°   ④ 65°

⑤ 70°

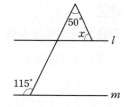

16

오른쪽 그림과 같이 네 점 A, B,
C, D가 한 직선 위에 있고
$2\overline{AB} = \overline{BD}$, $3\overline{BC} = \overline{CD}$이다.
$\overline{AD} = 30$ cm일 때, $\overline{BC}$의 길이를 구하시오.

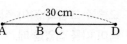

17

오른쪽 그림과 같은 육각기둥에서 모
서리 FL과 꼬인 위치에 있는 모서리
의 개수는?

① 4   ② 5

③ 6   ④ 7

⑤ 8

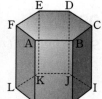

18

오른쪽 그림과 같은 삼각기둥에서 교점의
개수와 교선의 개수의 합은?

① 12   ② 13

③ 14   ④ 15

⑤ 16

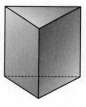

19

5개의 점 A, B, C, D, E가 오른쪽 그림과 같이 있을 때, 이 중에서 두 점을 골라 만들 수 있는 반직선의 개수를 구하시오.

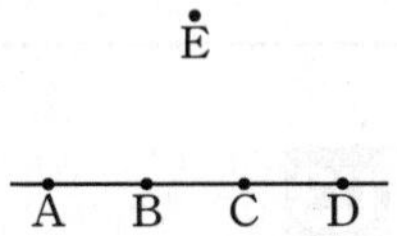

Ė

A B C D

20

오른쪽 그림에 대한 다음 설명 중 옳은 것은?

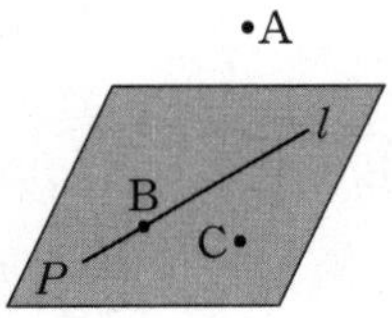

① 점 A는 평면 P 위에 있다.

② 점 B는 직선 l 위에 있지 않다.

③ 직선 l은 점 A를 지난다.

④ 점 B는 평면 P 위에 있지 않다.

⑤ 점 C는 직선 l 위에 있지 않고, 평면 P 위에 있다.

21

오른쪽 그림에 대한 다음 설명 중 옳지 않은 것은?

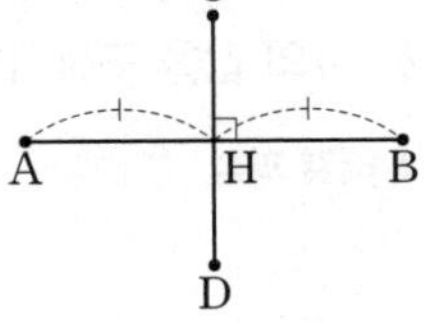

① 점 H는 $\overline{AB}$의 중점이다.

② $\overline{AB} \perp \overline{CD}$

③ $\overline{CH} = \overline{DH}$

④ 점 D에서 $\overline{AB}$에 내린 수선의 발은 점 H이다.

⑤ 점 D와 $\overline{AB}$ 사이의 거리는 $\overline{DH}$이다.

22

오른쪽 그림에서

$\angle x : \angle y : \angle z = 1 : 5 : 3$일 때, $\angle y$의 크기를 구하시오.

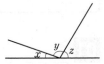

23

오른쪽 그림에서 $l /\!/ m$임을 설명할 수 없는 것은?

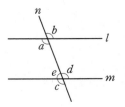

① $\angle a = \angle c$

② $\angle a = \angle d$

③ $\angle b = \angle d$

④ $\angle c = \angle d$

⑤ $\angle a + \angle e = 180°$

24

오른쪽 그림의 전개도를 접어서 만든 정육면체에서 면 KHIJ와 평행한 모서리가 아닌 것은?

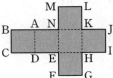

① $\overline{AD}$　　　② $\overline{BC}$

③ $\overline{MN}$　　　④ $\overline{EF}$

⑤ $\overline{AN}$

중단원 테스트 [서술형]

01

다음 그림에서 두 점 M, N은 각각 $\overline{AB}$와 $\overline{BC}$의 중점이고 $\overline{BC}=3\overline{AB}$, $\overline{MN}=20$ cm일 때, $\overline{AB}$의 길이를 구하시오.

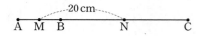

▶ 해결 과정

▶ 답

02

오른쪽 그림에서 $\angle x$의 크기를 구하시오.

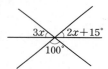

▶ 해결 과정

▶ 답

03

오른쪽 그림과 같은 직육면체에서 점 A와 면 CGHD 사이의 거리를 a cm, 점 F와 면 AEHD 사이의 거리를 b cm라 할 때, $a+b$의 값을 구하시오.

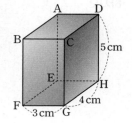

▶ 해결 과정

▶ 답

04

오른쪽 그림은 두 면 ABCD와 EFGH가 사다리꼴이고, 나머지 면은 직사각형인 사각기둥이다. $\overline{AD}$와 평행한 면의 개수를 a, $\overline{BF}$와 꼬인 위치에 있는 모서리의 개수를 b라고 할 때, $b-a$의 값을 구하시오.

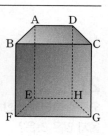

▶ 해결 과정

▶ 답

05

다음 그림은 직사각형 모양의 종이를 $\overline{EF}$를 접는 선으로 하여 접은 것이다. $\angle AGH=120°$일 때, $\angle EFG$의 크기를 구하시오.

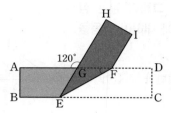

❯ 해결 과정

❯ 답

06

다음 그림에서 $l // m$일 때, $\angle x$의 크기를 구하시오.

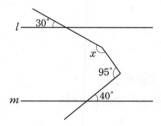

❯ 해결 과정

❯ 답

07

다음 그림에서 $\angle y$의 크기를 구하시오.

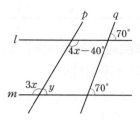

❯ 해결 과정

❯ 답

08

다음 그림은 직사각형 모양의 종이를 $\overline{EC}$를 접는 선으로 하여 접은 것이다. $\angle ECD=26°$일 때, $\angle x-\angle y$의 크기를 구하시오.

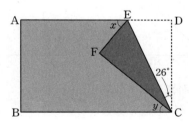

❯ 해결 과정

❯ 답

01 다음 중 작도에 대한 설명으로 옳은 것에는 ○표, 옳지 않은 것에는 ×표 하시오.

(1) 눈금 없는 자와 컴퍼스만을 사용하여 도형을 그리는 것을 작도라고 한다. ( )

(2) 원을 그릴 때 컴퍼스를 사용한다. ( )

(3) 두 점을 이을 때 눈금 없는 자를 사용한다. ( )

(4) 길이를 잴 때 자를 사용한다. ( )

(5) 선분의 길이를 다른 직선으로 옮길 때에는 자를 사용한다. ( )

02 다음은 ∠XOY와 크기가 같은 각을 작도한 것이다. 물음에 답하시오.

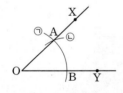 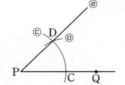

(1) 작도 순서를 나열하시오.

(2) 다음 중 옳은 것에는 ○표, 옳지 않은 것에는 ×표 하시오.
① $\overline{AB}=\overline{CD}$ ( )
② $\overline{OA}=\overline{AB}$ ( )
③ $\overline{OA}=\overline{PC}$ ( )
④ $\overline{OB}=\overline{CD}$ ( )
⑤ ∠AOB=∠DPC ( )

03 오른쪽 그림과 같은 삼각형 ABC에 대하여 다음을 구하시오.

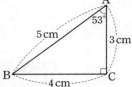

(1) ∠A의 대변과 그 길이

(2) ∠B의 대변과 그 길이

(3) ∠C의 대변과 그 길이

(4) $\overline{AB}$의 대각과 그 크기

(5) $\overline{BC}$의 대각과 그 크기

(6) $\overline{CA}$의 대각과 그 크기

04 오른쪽 그림과 같은 △ABC에 대하여 다음을 구하시오.

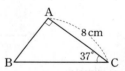

(1) ∠B의 대변의 길이

(2) $\overline{AB}$의 대각의 크기

(3) $\overline{BC}$의 대각의 크기

05 다음과 같이 세 변의 길이가 주어졌을 때, 삼각형을 만들 수 있는 것에는 ○표, 만들 수 없는 것에는 ×표 하시오.

(1) 1 cm, 2 cm, 3 cm 　　　　　　　(　　)

(2) 2 cm, 3 cm, 3 cm 　　　　　　　(　　)

(3) 3 cm, 3 cm, 6 cm 　　　　　　　(　　)

(4) 5 cm, 5 cm, 5 cm 　　　　　　　(　　)

06 삼각형의 세 변의 길이가 다음과 같을 때, 자연수 x의 값을 모두 구하시오.

(1) 5, x, 2

(2) 5, 7, x

(3) 6, x, 13

(4) 5, 8, x

07 오른쪽 그림과 같이 $\overline{BC}$의 길이와 다음과 같은 변의 길이 또는 각의 크기가 주어질 때, △ABC가 하나로 정해지면 ○표, 하나로 정해지지 않으면 ×표 하시오.

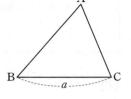

(1) $\overline{AB}$, $\overline{AC}$ 　　　　　　　(　　)

(2) ∠B, ∠C 　　　　　　　(　　)

(3) $\overline{AC}$, ∠A 　　　　　　　(　　)

(4) ∠B, $\overline{AB}$ 　　　　　　　(　　)

(5) ∠C, $\overline{AB}$ 　　　　　　　(　　)

(6) ∠A, ∠C 　　　　　　　(　　)

08 다음에서 △ABC가 하나로 정해지면 ○표, 하나로 정해지지 않으면 ×표 하시오.

(1) ∠A=30°, ∠B=70°, ∠C=80° 　　(　　)

(2) $\overline{BC}$=7 cm, ∠B=50°, ∠C=60° 　　(　　)

(3) $\overline{AB}$=8 cm, $\overline{AC}$=7 cm, ∠B=60° 　　(　　)

(4) $\overline{AB}$=4 cm, $\overline{BC}$=5cm, $\overline{CA}$=6 cm 　　(　　)

01

오른쪽 그림은 직선 l 밖의 한 점 P를 지나고 직선 l에 평행한 직선을 작도하는 과정이다. 다음 중 옳지 않은 것은?

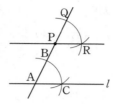

① $\overline{AC}=\overline{RQ}$
② $\overline{BC}=\overline{QR}$
③ $\angle QPR = \angle BAC$
④ $\triangle BAC = \triangle QPR$
⑤ $\overline{AB}=\overline{PQ}$

02

다음은 선분 AB와 길이가 같은 선분 CD를 작도하는 과정이다. 작도 순서를 바르게 나열한 것은?

> ㉠ 점 C를 중심으로 하고 선분 AB를 반지름으로 하는 원을 그려 직선 l과 만나는 점 D를 잡는다.
> ㉡ 점 C를 잡고, 눈금 없는 자를 이용하여 점 C를 지나는 직선 l을 그린다.
> ㉢ 컴퍼스로 선분 AB의 길이를 잰다.

① ㉠－㉡－㉢   ② ㉠－㉢－㉡
③ ㉡－㉢－㉠   ④ ㉢－㉠－㉡
⑤ ㉢－㉡－㉠

03

오른쪽 그림은 직선 l 밖의 한 점 P를 지나고 직선 l에 평행한 직선을 작도하는 과정이다. 작도 순서를 바르게 나열한 것은?

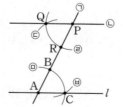

① ㉠－㉤－㉣－㉥－㉢－㉡
② ㉠－㉥－㉤－㉣－㉢－㉡
③ ㉡－㉢－㉠－㉣－㉤－㉥
④ ㉢－㉤－㉥－㉣－㉠－㉡
⑤ ㉢－㉥－㉠－㉣－㉤－㉡

04

다음 그림은 ∠XOY와 크기가 같은 각을 $\overrightarrow{PQ}$를 한 변으로 하여 작도한 것이다. 작도 순서를 바르게 나열한 것은?

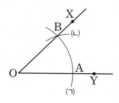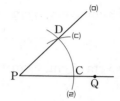

① (ㄱ)－(ㄹ)－(ㄴ)－(ㄷ)－(ㅁ)
② (ㄱ)－(ㄹ)－(ㄷ)－(ㄴ)－(ㅁ)
③ (ㄱ)－(ㄹ)－(ㅁ)－(ㄷ)－(ㄴ)
④ (ㄴ)－(ㄷ)－(ㄱ)－(ㄹ)－(ㅁ)
⑤ (ㄴ)－(ㄷ)－(ㅁ)－(ㄱ)－(ㄹ)

05

다음 중 작도에 대한 설명으로 옳지 않은 것은?

① 원을 그리는 데 컴퍼스를 사용한다.
② 두 점을 이을 때 눈금 없는 자를 이용한다.
③ 선분을 연장할 때는 눈금 없는 자를 이용한다.
④ 주어진 길이를 옮길 때는 눈금 없는 자를 이용한다.
⑤ 눈금 없는 자와 컴퍼스만을 사용하여 도형을 그리는 것을 작도라고 한다.

06

다음 중 삼각형의 세 변의 길이가 될 수 없는 것은?

① 3 cm, 5 cm, 8 cm
② 4 cm, 4 cm, 4 cm
③ 5 cm, 5 cm, 3 cm
④ 2 cm, 4 cm, 5 cm
⑤ 6 cm, 7 cm, 12 cm

07

다음 중 삼각형이 하나로 정해지는 것은?

① $\overline{AB}$=6 cm, ∠A=110°, ∠C=70°

② $\overline{AB}$=6 cm, ∠B=60°, $\overline{AC}$=8 cm

③ $\overline{AB}$=6 cm, $\overline{BC}$=4 cm, $\overline{AC}$=8 cm

④ ∠A=50°, ∠B=60°, ∠C=70°

⑤ $\overline{AC}$=8 cm, ∠B=60°, $\overline{BC}$=2 cm

08

다음 두 점 A, B를 지나는 직선 l 위에 $\overline{AB}=\overline{BC}$인 점 C 를 작도하는 과정이다. □ 안에 알맞은 것을 차례로 구하면?

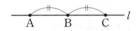

┌───┐
│ ㉠ 컴퍼스를 사용하여 □의 길이를 잰다. │
│ ㉡ 점 B를 중심으로 반지름의 길이가 □인 원을 그 │
│   려 직선 l과의 두 교점 중 점 A가 아닌 점을 C라고 │
│   하면 $\overline{AB}=\overline{BC}$이다. │
└───┘

① $\overline{AB}$, $\overline{AB}$ ② $\overline{AB}$, $\overline{AC}$ ③ $\overline{AB}$, $\overline{BC}$

④ $\overline{BC}$, $\overline{AB}$ ⑤ $\overline{BC}$, $\overline{BC}$

09

삼각형의 세 변의 길이를 각각 4 cm, 7 cm, x cm라고 할 때, 다음 중 x의 값이 될 수 없는 것은?

① 4   ② 6   ③ 8

④ 10   ⑤ 11

10

$\overline{BC}$의 길이와 ∠B의 크기가 주어졌을 때, 한 가지 조건을 더 추가하여 △ABC를 작도하려고 한다. 다음 중 필요한 조건으로 옳은 것은? (정답 2개)

① $\overline{CA}$ ② $\overline{AB}$ ③ ∠C

④ ∠B=40°   ⑤ $\overline{BC}$=10 cm

11

아래 그림은 ∠AOB와 크기가 같은 각을 작도하는 과정이다. 다음 중 옳지 않은 것은?

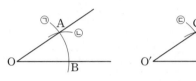

① 작도 순서는 ㉫-㉠-㉢-㉣-㉡-㉤이다.

② $\overline{AB}=\overline{CD}$

③ $\overline{OA}=\overline{OB}$

④ $\overline{OB}=\overline{O'C}$

⑤ ∠AOB=∠CO'D

12

다음 그림은 두 변의 길이와 그 끼인각의 크기가 주어졌을 때, 삼각형을 작도하는 과정을 나타낸 것이다. 작도하는 순서로 옳은 것은? (정답 2개)

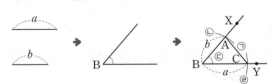

① ㉠ → ㉡ → ㉢ → ㉣

② ㉢ → ㉡ → ㉣ → ㉠

③ ㉣ → ㉢ → ㉡ → ㉠

④ ㉠ → ㉢ → ㉡ → ㉣

⑤ ㉣ → ㉡ → ㉢ → ㉠

01

∠A가 주어졌을 때, 삼각형 ABC가 하나로 결정되기 위하여 더 필요한 조건을 보기에서 모두 고르시오.

보기
ㄱ. $\overline{AB}$, $\overline{AC}$ ㄴ. $\overline{BC}$, $\overline{AC}$ ㄷ. $\overline{BC}$, ∠C
ㄹ. $\overline{AB}$, ∠B   ㅁ. $\overline{AC}$, ∠C   ㅂ. $\overline{BC}$, ∠B

02

보기에서 작도에 대한 설명으로 옳지 않은 것을 모두 고르시오.

보기
ㄱ. 두 선분의 길이를 비교할 때에는 자를 사용한다.
ㄴ. 컴퍼스는 선분의 길이를 옮길 때 사용한다.
ㄷ. 각의 크기를 잴 때는 각도기를 사용한다.
ㄹ. 모든 크기의 각을 작도할 수 있다.
ㅁ. 주어진 각과 같은 크기의 각을 작도할 수 있다.

03

세 변의 길이가 다음과 같을 때 삼각형을 작도할 수 있는 것을 모두 고르시오.

ㄱ. 3, 4, 5   ㄴ. 4, 4, 8
ㄷ. 5, 12, 13   ㄹ. 7, 9, 18

04

다음 그림은 ∠O와 크기가 같은 ∠O′를 반직선 O′Y′를 한 변으로 하여 작도하는 과정이다. 작도 순서를 차례대로 나열하시오.

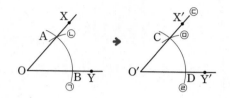

05

오른쪽 그림은 점 P를 지나고 직선 l에 평행한 직선을 작도한 것이다. 보기에서 옳은 것을 모두 고르시오.

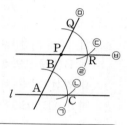

보기
ㄱ. $\overline{AB}=\overline{AC}$
ㄴ. $\overline{BC}=\overline{QR}$
ㄷ. ∠BAC=∠QPR
ㄹ. 작도 순서는 ㅁ→ㄱ→ㄷ→ㄴ→ㄹ→ㅂ이다.
ㅁ. '두 직선이 평행하면 동위각의 크기는 같다.'는 평행선의 성질을 이용한 것이다.

06

다음과 같이 주어진 길이의 선분으로 작도할 수 있는 삼각형의 개수를 구하시오.

3 cm, 5 cm, 7 cm, 9 cm

07

다음은 두 변의 길이와 그 끼인각의 크기가 주어졌을 때, 삼각형을 작도하는 과정을 나타낸 것이다. 작도 순서를 바르게 나열하시오.

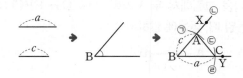

ㄱ. 점 B를 중심으로 반지름의 길이가 c인 원을 그려 반직선 BX와 만나는 점을 A라 한다.
ㄴ. ∠B와 크기가 같은 ∠XBY를 작도한다.
ㄷ. $\overline{AC}$를 긋는다.
ㄹ. 점 B를 중심으로 반지름의 길이가 a인 원을 그려 반직선 BY와 만나는 점을 C라 한다.

08

길이가 각각 2 cm, 3 cm, 4 cm, 5 cm, 6 cm인 선분 5개 중에서 3개를 골라 만들 수 있는 삼각형의 개수를 구하시오.

09

한 변의 길이와 그 양 끝 각의 크기가 주어진 삼각형을 작도하려고 한다. 보기에서 이 작도 과정에 이용된 것을 모두 고르시오.

보기
ㄱ. 주어진 각의 이등분선의 작도
ㄴ. 주어진 선분의 수직이등분선의 작도
ㄷ. 주어진 각과 크기가 같은 각의 작도
ㄹ. 주어진 선분과 길이가 같은 선분의 작도

10

$\overline{AC}$의 길이와 ∠C의 크기가 주어졌을 때, △ABC가 하나로 결정되기 위하여 추가해야 할 조건을 모두 고르시오.

ㄱ. ∠A   ㄴ. ∠B
ㄷ. $\overline{AB}$ ㄹ. $\overline{BC}$

11

삼각형의 세 변의 길이가 5, x, 8일 때, x의 값의 범위를 구하시오.

12

보기에서 △ABC가 하나로 결정되는 것을 모두 고르시오.

보기
ㄱ. $\overline{AB}=5$ cm, $\overline{BC}=3$ cm, $\overline{CA}=10$ cm
ㄴ. $\overline{BC}=5$ cm, ∠B=50°, ∠C=40°
ㄷ. $\overline{AB}=4$ cm, $\overline{BC}=6$, ∠C=40°
ㄹ. $\overline{AB}=7$ cm, $\overline{BC}=5$ cm, $\overline{CA}=10$ cm
ㅁ. ∠A=30°, ∠B=70°, ∠C=80°

소단원 집중 연습

2. 작도와 합동 ｜ 02. 삼각형의 합동

01 다음 그림에서 △ABC와 △DEF가 합동일 때, 표의 빈칸을 완성하시오.

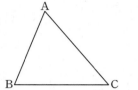 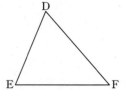

대응각		대응변	
∠A의 대응각		$\overline{AB}$의 대응변	
∠B의 대응각		$\overline{BC}$의 대응변	
∠C의 대응각		$\overline{CA}$의 대응변	

02 다음 그림에서 △ABC와 △DEF가 합동일 때, 물음에 답하시오.

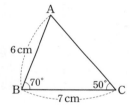 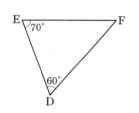

(1) 두 삼각형이 합동임을 기호로 나타내시오.

(2) $\overline{DE}$의 길이를 구하시오.

(3) ∠A의 대응각의 크기를 구하시오.

(4) ∠F의 대응각의 크기를 구하시오.

03 다음 그림에서 두 사각형 ABCD와 EFCG가 서로 합동일 때, 물음에 답하시오.

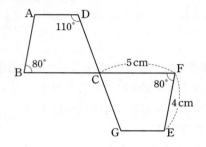

(1) ∠ADC의 대응각을 찾고, 그 크기를 구하시오.

(2) 변 CF의 대응변을 찾고, 그 길이를 구하시오.

04 다음 중 두 도형이 항상 합동인 것에는 ○표, 합동이 아닐 수도 있는 것에는 ×표 하시오.

(1) 반지름의 길이가 같은 두 원 ( )

(2) 넓이가 같은 두 정사각형 ( )

(3) 둘레의 길이가 같은 두 직사각형 ( )

(4) 둘레의 길이가 같은 두 정오각형 ( )

05 다음 삼각형 중 서로 합동인 것을 찾고, 그때의 합동 조건을 구하시오.

(1)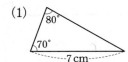

(2)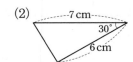

(3)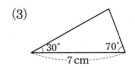

(4)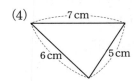

(5)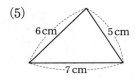

(6)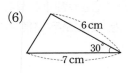

(7)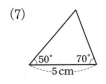

(8)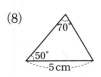

(9)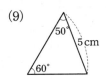

(10)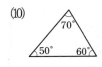

06 다음 그림의 두 삼각형에서 $\overline{AB}=\overline{DE}$, $\overline{BC}=\overline{EF}$ 일 때, $\triangle ABC \equiv \triangle DEF$이기 위해 필요한 나머지 한 가지 조건이 될 수 있는 것에는 ○표, 될 수 없는 것에는 × 표 하시오.

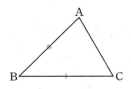
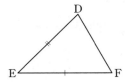

(1) $\angle A = \angle D$ (   )

(2) $\angle B = \angle E$ (   )

(3) $\angle C = \angle F$ (   )

(4) $\overline{AC} = \overline{DF}$ (   )

(5) $\angle A = \angle F$ (   )

07 다음 그림에서 각각의 조건이 주어졌을 때, 합동인 삼각형을 찾고 그때의 합동 조건을 구하시오.

(1)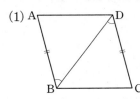

$\overline{AB}=\overline{CD}$

$\angle ABD = \angle CDB$

(2)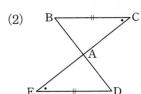

$\overline{BC}=\overline{DE}$

$\angle BCA = \angle DEA$

01

다음 그림에서 △ABC≡△DEF일 때, 옳은 것은?

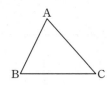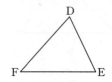

① ∠A=∠E
② ∠B=∠D
③ $\overline{AB}=\overline{DF}$
④ $\overline{BC}=\overline{DE}$
⑤ $\overline{AC}=\overline{DF}$

02

다음 중 △ABC와 △DEF가 합동이 될 수 없는 것은?

① $\overline{AC}=\overline{DF}$, ∠A=∠D, ∠C=∠F
② $\overline{AB}=\overline{DE}$, $\overline{BC}=\overline{EF}$, ∠B=∠E
③ $\overline{BC}=\overline{EF}$, ∠A=∠D, ∠C=∠F
④ $\overline{AB}=\overline{DE}$, $\overline{AC}=\overline{DF}$, ∠C=∠F
⑤ $\overline{AB}=\overline{DE}$, $\overline{BC}=\overline{EF}$, $\overline{AC}=\overline{DF}$

03

다음 그림의 두 삼각형은 합동일 때, 옳지 않은 것은?

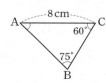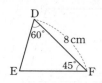

① 두 삼각형은 대응하는 한 변의 길이가 같고 그 양
  끝 각의 크기가 같은 조건을 만족하므로 합동이다.
② 두 삼각형의 합동을 기호로 나타내면
  △ABC≡△DEF이다.
③ ∠B의 대응각은 ∠E이다.
④ $\overline{BC}$의 대응변은 $\overline{ED}$이다.
⑤ ∠E=75°

04

오른쪽 그림에서 △ABC가 정삼각형
이고, $\overline{AD}=\overline{BE}=\overline{CF}$일 때, 다음 중
옳지 않은 것은?

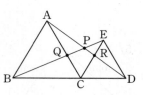

① $\overline{DB}=\overline{EC}$
② ∠ADF=∠BED
③ ∠DEF=60°
④ $\overline{DF}=\overline{EF}$
⑤ $\overline{DE}=\overline{AF}$

05

오른쪽 그림에서 △ABC와
△ECD는 정삼각형이다. 보기
에서 옳은 것을 모두 고른 것
은?

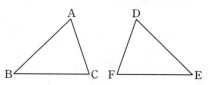

보기		
ㄱ. $\overline{AD}=\overline{BC}$	ㄴ. $\overline{EC}=\overline{PD}$
ㄷ. ∠BCE=∠ACD	ㄹ. △AQP≡△DEP
ㅁ. ∠BAC=∠APB	ㅂ. △ACD≡△BCE

① ㄱ, ㄴ   ② ㄷ, ㅂ   ③ ㄱ, ㄷ, ㅂ
④ ㄷ, ㄹ, ㅂ   ⑤ ㄷ, ㅁ, ㅂ

06

다음 그림에서 △ABC≡△DEF일 때, 옳지 않은 것은?

① ∠A=∠D
② $\overline{AC}=\overline{DF}$
③ ∠B와 ∠E는 대응하는 각이다.
④ 점 C와 대응하는 꼭짓점은 점 E이다.
⑤ △ABC의 넓이와 △DEF의 넓이는 같다.

07

다음 삼각형 중 서로 합동인 삼각형과 합동 조건을 바르게 짝지은 것은?

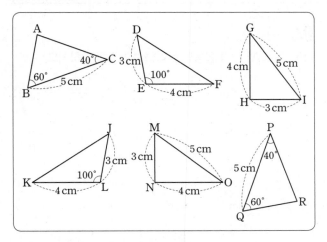

① △ABC≡△RQP (SAS 합동)
② △DEF≡△GHI (ASA 합동)
③ △DEF≡△JLK (SSS 합동)
④ △GHI≡△ONM (SSS 합동)
⑤ △MNO≡△QRP (ASA 합동)

08

오른쪽 그림에서 두 사각형 ABCD와 EFGH가 합동일 때, 옳지 않은 것은?

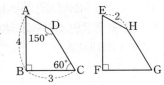

① $\overline{AD}=2$
② $\overline{EF}=4$
③ $\overline{FG}=3$
④ $\angle G=60°$
⑤ $\angle E=70°$

09

합동인 두 도형에 대한 다음 설명 중 옳지 않은 것은?

① 모양이 서로 같다.
② 넓이가 서로 같다.
③ 대응각의 크기가 서로 같다.
④ 대응변의 길이가 서로 같다.
⑤ 모양은 같으나 크기는 서로 다를 수 있다.

10

다음 중 합동인 삼각형을 고르면?

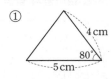
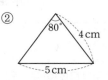
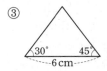

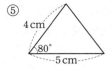

11

오른쪽 그림에서 $\overline{AB}=\overline{DE}$, $\overline{BC}=\overline{EF}$ 이다. 다음 중 두 삼각형이 합동이 될 때, 필요한 조건은? (정답 2개)

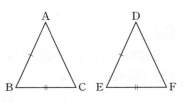

① $\overline{AC}=\overline{DF}$
② $\overline{AB}=\overline{BC}$
③ $\angle A=\angle D$
④ $\angle B=\angle E$
⑤ $\angle C=\angle F$

12

다음 중 두 도형이 항상 합동이라고 할 수 없는 것은?

① 넓이가 같은 두 원
② 반지름의 길이가 같은 두 원
③ 넓이가 같은 두 삼각형
④ 넓이가 같은 두 정사각형
⑤ 한 변의 길이가 같은 두 정삼각형

01

보기에서 두 삼각형이 합동인 경우를 모두 고르시오.

보기
ㄱ. 두 변의 길이와 그 끼인각의 크기가 같은 삼각형
ㄴ. 한 밑각의 크기가 같은 두 이등변삼각형
ㄷ. 한 예각의 크기와 빗변의 길이가 같은 두 직각삼각형
ㄹ. 꼭지각의 크기와 밑각의 크기가 같은 두 이등변삼각형
ㅁ. 한 변의 길이와 그 양 끝 각의 크기가 각각 같은 두 삼각형
ㅂ. 세 각의 크기가 같은 삼각형

02

다음 그림과 같은 두 삼각형 ABC, DEF가 있다. $\overline{EF}$의 길이를 구하시오.

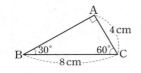 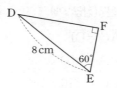

03

오른쪽 그림과 같이 ∠A=50°인 △CBA에서 $\overline{AB}$, $\overline{AC}$를 각각 한 변으로 하는 정삼각형 ABD와 ACE를 만들었다. $\overline{CD}$, $\overline{BE}$의 교점을 F라 할 때, ∠BFD의 크기를 구하시오.

04

다음 중 △ABC와 합동인 삼각형의 개수를 구하시오.

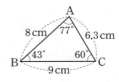

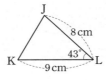 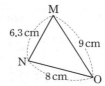

05

오른쪽 그림에서 △ABC는 $\overline{AB}=\overline{AC}$인 이등변삼각형이다. △ABD와 합동인 삼각형을 찾아 기호로 나타내시오.

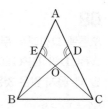

06

오른쪽 그림은 △ABC의 두 변 $\overline{AC}$와 $\overline{AB}$를 각각 한 변으로 하는 정사각형 ACFG와 정사각형 ADEB를 그린 것이다. △ABG와 합동인 삼각형을 찾고, 합동 조건을 구하시오.

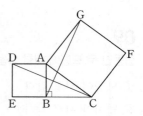

07

오른쪽 그림에서 $\overline{AD}=\overline{AB}$,
$\overline{BC}=\overline{DE}$이면 △ADC≡△ABE
이다. 합동조건을 구하시오.

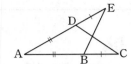

08

다음 그림에서 △ABC≡△PQR일 때, ∠ACB의 크기를
구하시오.

 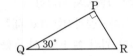

09

보기에서 △ABC와 △DEF가 합동이 되는 경우를 고르시
오.

보기
ㄱ. $\overline{AB}=\overline{DE}$, $\overline{AC}=\overline{DF}$, $\overline{BC}=\overline{EF}$
ㄴ. $\overline{AB}=\overline{DE}$, $\overline{AC}=\overline{DF}$, ∠A=∠D
ㄷ. $\overline{AC}=\overline{DF}$, $\overline{BC}=\overline{EF}$, ∠B=∠E
ㄹ. $\overline{AB}=\overline{DE}$, ∠A=∠D, ∠B=∠E
ㅁ. ∠B=∠E, ∠A=∠D, ∠C=∠F

10

다음 그림에서 사각형 ABCD와 사각형 EFGH가 합동일
때, $y-x$의 값을 구하시오.

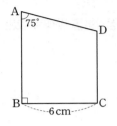 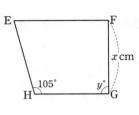

11

오른쪽 그림과 같이 정삼각형
ABC에서 변 BC의 연장선 위에
점 D를 잡고, $\overline{AD}$를 한 변으로 하
는 정삼각형 ADE를 그렸다.
$\overline{BC}=4$ cm, $\overline{CD}=5$ cm일 때,
$\overline{CE}$의 길이를 구하시오.

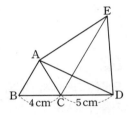

12

다음 그림에서 △ABC≡△DEF일 때, △ABC의 둘레의
길이를 구하시오.

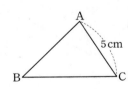 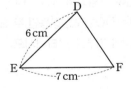

중단원 테스트 [1회]

테스트한 날	맞은 개수
월 일	/ 24

01
세 변의 길이가 다음과 같을 때, 삼각형을 만들 수 있는 것은?

① 2 cm, 6 cm, 9 cm
② 4 cm, 6 cm, 8 cm
③ 2 cm, 5 cm, 7 cm
④ 3 cm, 3 cm, 6 cm
⑤ 2 cm, 4 cm, 6 cm

02
오른쪽 그림에서 $\overline{BC}$의 대각의 크기를 구하시오.

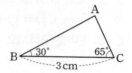

03
오른쪽 그림에서 $\overline{AO}=\overline{BO}$, $\overline{CO}=\overline{DO}$일 때, 합동인 두 도형을 찾아 기호로 나타내시오.

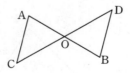

04
삼각형의 세 변의 길이가 5, $x+1$, 9일 때, 다음 중 x의 값이 될 수 없는 것은?

① 4   ② 5   ③ 8
④ 10   ⑤ 13

05
오른쪽 그림에서 사각형 ABCD는 정사각형이고 대각선 BD 위의 점 E와 점 A를 지나는 직선이 선분 BC의 연장선과 만나는 점을 F라 하자. ∠CFE=40°일 때, ∠BCE의 크기는?

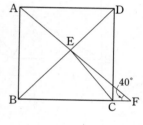

① 40°   ② 45°   ③ 50°
④ 55°   ⑤ 60°

06
보기에서 옳은 것을 모두 고르시오.

보기
ㄱ. 합동인 도형은 서로 대응하는 변의 길이가 같다.
ㄴ. 넓이가 같은 두 삼각형은 합동이다.
ㄷ. 넓이가 같은 두 원은 항상 합동이다.
ㄹ. 합동인 도형은 서로 대응하는 각의 크기가 같다.

07

다음 중 △ABC와 △DEF가 합동이 될 수 없는 것은?

① $\overline{AC}=\overline{DF}$, ∠A=∠D, ∠C=∠F

② $\overline{AB}=\overline{DE}$, $\overline{BC}=\overline{EF}$, ∠B=∠E

③ $\overline{BC}=\overline{EF}$, ∠A=∠D, ∠C=∠F

④ $\overline{AB}=\overline{DE}$, $\overline{BC}=\overline{EF}$, $\overline{AC}=\overline{DF}$

⑤ $\overline{AB}=\overline{DE}$, $\overline{AC}=\overline{DF}$, ∠C=∠F

08

다음 그림은 ∠XOY와 크기가 같은 ∠X′O′Y′를 작도하는 과정이다. 옳지 않은 것은?

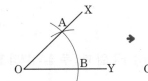 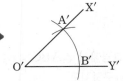

① $\overline{OA}=\overline{OB}$　　② $\overline{AB}=\overline{A′B′}$

③ $\overline{OX}=\overline{O′X′}$　　④ ∠AOB=∠A′O′B′

⑤ ∠OAB=∠O′A′B′

09

합동인 두 도형에 대한 다음 설명 중 옳지 않은 것은?

① 두 도형 P, Q가 합동일 때, 기호로 P≡Q와 같이 나타낸다.

② 합동인 두 도형의 대응하는 변의 길이는 서로 같다.

③ 합동인 두 도형의 대응하는 각의 크기는 서로 같다.

④ 합동인 두 도형의 넓이는 서로 같다.

⑤ 두 도형의 넓이가 같으면 서로 합동이다.

10

삼각형의 세 변의 길이가 2, 5, a일 때, a의 값의 범위를 구하시오.

11

다음 중 작도에 대한 설명으로 옳지 않은 것은?

① 눈금 없는 자와 컴퍼스를 사용한다.

② 두 선분의 길이를 비교할 때 눈금 있는 자를 사용한다.

③ 선분을 그리거나 연장할 때 자를 사용한다.

④ 주어진 선분을 다른 직선에 옮길 때 컴퍼스를 사용한다.

⑤ 원을 그릴 때 컴퍼스를 사용한다.

12

다음 중 오른쪽 그림과 같은 삼각형과 합동인 것은?

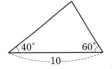

① 　　②

③ 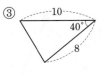　　④

⑤

13

다음 중 △ABC가 하나로 결정되는 것은?

① $\overline{AB}=9$ cm, $\overline{AC}=5$ cm, $\overline{BC}=4$ cm

② $\overline{AB}=5$ cm, $\overline{AC}=3$ cm, $\angle B=30°$

③ $\overline{AB}=10$ cm, $\angle A=90°$, $\angle B=90°$

④ $\overline{AB}=4$ cm, $\overline{BC}=2$ cm, $\angle B=30°$

⑤ $\angle A=110°$, $\angle B=30°$, $\angle C=40°$

14

다음 그림에서 △ABC≡△PQR일 때, ∠R의 크기는?

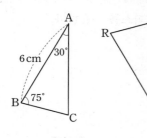

① 60°　　② 65°　　③ 70°

④ 75°　　⑤ 80°

15

오른쪽 그림과 같은 △ABC에서 $\overline{BC}$의 길이와 ∠B의 크기가 주어졌을 때, 조건을 더 추가하여 △ABC를 하나로 결정하려고 한다. 다음 중 더 필요한 조건이 아닌 것은?

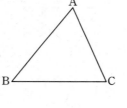

① ∠A　　② ∠C　　③ $\overline{AB}$의 길이

④ $\overline{AC}$의 길이　　⑤ $\overline{AB}$와 $\overline{AC}$의 길이

16

다음 삼각형 중에서 합동인 것을 짝 지은 것으로 옳지 않은 것은?

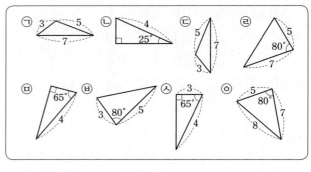

① ㉠, ㉢　　　② ㉡, ㉥　　　③ ㉣, ㉤

④ ㉣, ㉧　　　⑤ ㉤, ㉥

17

다음 그림에서 △ABC≡△DEF일 때, 두 삼각형의 합동 조건을 구하시오.

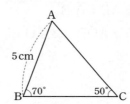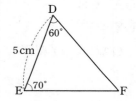

18

오른쪽 그림과 같은 정삼각형 ABC의 변 BC, AB 위에 $\overline{DC}=\overline{EB}$가 되도록 점 D, E를 잡고, $\overline{AD}$, $\overline{CE}$의 교점을 F라 하자. 다음 중 옳지 않은 것은?

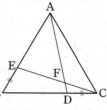

① $\overline{AD}=\overline{CE}$　　　　② $\overline{AE}=\overline{AF}$

③ ∠AFC=120°　　　④ ∠BCE=∠CAD

⑤ △ACD≡△CBE

19

오른쪽 그림은 $\overline{AB}$ 위에 점 C를 잡아 $\overline{AC}$, $\overline{CB}$를 각각 한 변으로 하는 두 정삼각형을 만든 것이다. $\angle x$의 크기는?

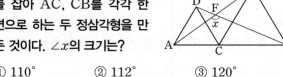

① 110°   ② 112°   ③ 120°

④ 125°   ⑤ 130°

20

오른쪽 그림은 정삼각형 ABC에서 변 BC 위의 한 점 D를 잡아 정삼각형 ADE를 그리고 점 C와 점 E를 연결한 것이다. $\angle DEC = 25°$일 때, $\angle BDA - \angle EDC$의 크기는?

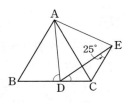

① 50°   ② 55°   ③ 60°

④ 65°   ⑤ 70°

21

오른쪽 그림은 직각이등변삼각형 ABC의 두 변 AB, AC를 각각 한 변으로 하는 정사각형을 그린 것이다. $\angle x$의 크기는?

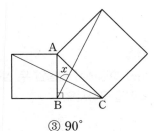

① 82°   ② 85°   ③ 90°

④ 95°   ⑤ 100°

22

△ABC에서 $\overline{BC} = 4$ cm와 다음 조건이 주어질 때, 삼각형이 하나로 결정되지 않는 것은?

① $\overline{AB} = 3$ cm, $\overline{CA} = 5$ cm

② $\overline{CA} = 6$ cm, $\angle C = 50°$

③ $\overline{CA} = 6$ cm, $\angle B = 60°$

④ $\overline{AB} = 4$ cm, $\angle B = 45°$

⑤ $\angle B = 50°$, $\angle C = 65°$

23

△ABC와 △DEF에서 $\overline{BC} = \overline{EF}$, $\angle C = \angle F$일 때, 두 삼각형이 대응하는 한 변의 길이가 같고 그 양 끝 각의 크기가 각각 같을 합동 조건이 되기 위한 조건은? (정답 2개)

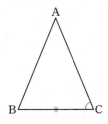
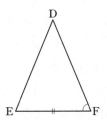

① $\angle A = \angle D$ ② $\angle A = \angle F$

③ $\overline{AC} = \overline{DF}$ ④ $\overline{AB} = \overline{DE}$

⑤ $\angle B = \angle E$

24

다음 그림에서 두 사각형 ABCD와 EFGH가 합동일 때, $\angle b - \angle a$의 크기는?

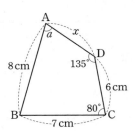
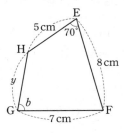

① 5°   ② 10°   ③ 15°

④ 20°   ⑤ 25°

중단원 테스트 [2회]

테스트한 날	맞은 개수
월 일	/ 24

01
다음 중 △ABC가 하나로 결정되는 것은?

① $\overline{AB}=6$, $\overline{BC}=4$, $\overline{CA}=10$

② $\overline{AB}=3$, $\overline{BC}=5$, $\overline{CA}=4$

③ $\overline{AB}=8$, $\angle A=100°$, $\angle C=80°$

④ $\angle A=20°$, $\angle B=80°$, $\angle C=80°$

⑤ $\overline{AB}=6$, $\overline{BC}=5$, $\angle A=60°$

02
$\angle A=50°$, $\overline{AB}=7$ cm, $\overline{BC}=6$ cm인 삼각형 ABC를 작도하려고 한다. 다음 중 옳은 것은?

① 삼각형을 그릴 수 없다.

② 한 가지의 삼각형을 그릴 수 있다.

③ 두 가지의 삼각형을 그릴 수 있다.

④ 세 가지의 삼각형을 그릴 수 있다.

⑤ 무수히 많은 삼각형을 그릴 수 있다.

03
△ABC에서 $\overline{AB}$가 주어졌을 때, 보기에서 삼각형이 하나로 결정되는 경우를 모두 고른 것은?

보기
ㄱ. $\overline{BC}$, $\overline{CA}$ ㄴ. $\overline{AC}$, $\angle A$ ㄷ. $\overline{BC}$, $\angle B$
ㄹ. $\angle A$, $\angle B$ ㅁ. $\angle A$, $\overline{BC}$ ㅂ. $\angle C$, $\overline{BC}$

① ㄱ, ㄴ

② ㄱ, ㄴ, ㄷ

③ ㄱ, ㄴ, ㄹ

④ ㄱ, ㄴ, ㄷ, ㄹ

⑤ ㄱ, ㄴ, ㄷ, ㄹ, ㅁ.

04
다음 중 합동인 두 도형에 대한 설명으로 옳지 않은 것은?

① 대응각의 크기가 서로 같다.

② 대응변의 길이가 서로 같다.

③ 넓이가 같은 두 원은 합동이다.

④ 반지름의 길이가 같은 두 원은 합동이다.

⑤ 밑변의 길이가 같은 두 이등변삼각형은 합동이다.

05
다음은 $\overline{AB}$와 길이가 같은 $\overline{PQ}$를 작도하는 과정이다. 작도의 순서는?

> ㉠ 컴퍼스를 점 P를 중심으로 반지름의 길이가 $\overline{AB}$인 원을 그려 직선 l과 만나는 점 Q를 잡는다.
> ㉡ 컴퍼스로 $\overline{AB}$의 길이를 잰다.
> ㉢ 눈금 없는 자를 이용하여 점 P를 지나는 직선 l을 그린다.

① ㉠ → ㉡ → ㉢

② ㉠ → ㉢ → ㉡

③ ㉡ → ㉢ → ㉠

④ ㉡ → ㉠ → ㉢

⑤ ㉢ → ㉡ → ㉠

06
다음 그림에서 합동인 두 삼각형을 기호로 나타내고, 합동 조건을 구하시오.

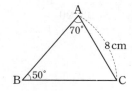 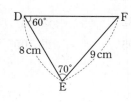

07

오른쪽 그림과 같은 사각형 ABCD와 사각형 GCEF가 정사각형일 때, △BCG와 합동인 삼각형을 찾고, 합동 조건을 구하시오.

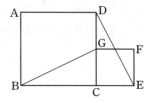

08

삼각형의 세 변의 길이가 6 cm, 3 cm, a cm일 때, a의 값이 될 수 있는 모든 자연수의 합은?

① 22   ② 24   ③ 26

④ 28   ⑤ 30

09

다음 중 두 도형이 항상 합동이라고 할 수 없는 것은?

(정답 2개)

① 넓이가 같은 두 사다리꼴

② 지름의 길이가 같은 두 원

③ 한 변의 길이가 같은 두 마름모

④ 한 변의 길이가 같은 두 정사각형

⑤ 반지름의 길이가 같고 중심각의 크기가 같은 두 부채꼴

10

$\overline{BC}$의 길이가 주어지고 다음과 같은 조건이 더 주어질 때, △ABC가 하나로 정해지는 것은? (정답 2개)

① $\overline{AB}$, ∠A   ② $\overline{AB}$, ∠B   ③ $\overline{AC}$, ∠A

④ $\overline{AC}$, ∠B   ⑤ ∠B, ∠C

11

다음 그림에서 사각형 ABCD와 사각형 EFGH가 합동이고 $\overline{AD}=a$ cm, ∠D=b°일 때, $a+b$의 값을 구하시오.

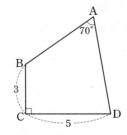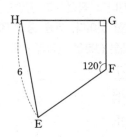

12

오른쪽 그림과 같은 사각형 ABCD가 정사각형일 때, ∠AFD의 크기는?

① 45°   ② 60°

③ 75°   ④ 80°

⑤ 85°

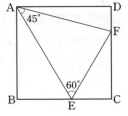

13

오른쪽 그림에서 $\overline{AB} /\!/ \overline{ED}$, $\overline{AC} /\!/ \overline{FD}$, $\overline{BF} = \overline{EC}$이다. △ABC와 △DEF의 합동 조건을 구하시오.

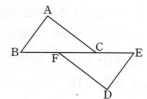

14

오른쪽 그림은 직선 l 밖의 한 점 P를 지나고 직선 l과 평행한 직선을 작도한 것이다. 다음 중 $\overline{AB}$와 길이가 다른 선분은? (정답 2개)

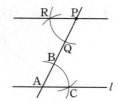

① $\overline{AC}$ ② $\overline{BC}$
③ $\overline{PQ}$ ④ $\overline{PR}$
⑤ $\overline{QR}$

15

오른쪽 그림과 같은 정사각형 ABCD에서 $\overline{BE} = \overline{CF}$일 때, ∠BPE의 크기를 구하시오.

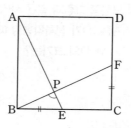

16

다음 그림에서 △ABC≡△DEF일 때, ∠B, ∠F의 크기와 $\overline{DE}$의 길이를 각각 구하시오.

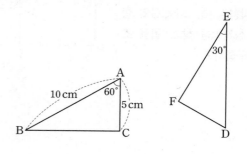

17

오른쪽 그림과 같이 한 변의 길이가 4 cm인 정삼각형 ABC에 대하여 변 BC의 연장선 위에 $\overline{BP} = 3$ cm가 되도록 점 P를 잡고, $\overline{AP}$를 한 변으로 하는 정삼각형 AQP를 그렸을 때, $\overline{QB}$의 길이는?

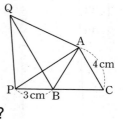

① 4 cm   ② 5 cm   ③ 6 cm
④ 7 cm   ⑤ 8 cm

18

$\overline{AB}$, $\overline{BC}$, ∠B가 주어졌을 때, 다음 중 △ABC의 작도 순서가 될 수 없는 것은?

① $\overline{BC} \rightarrow \angle B \rightarrow \overline{AB}$ ② $\overline{AB} \rightarrow \angle B \rightarrow \overline{BC}$
③ $\angle B \rightarrow \overline{BC} \rightarrow \overline{AB}$ ④ $\angle B \rightarrow \overline{AB} \rightarrow \overline{BC}$
⑤ $\overline{AB} \rightarrow \overline{BC} \rightarrow \angle B$

19

작도에 대한 다음 설명 중 옳지 않은 것은? (정답 2개)

① 두 선분의 길이를 비교할 때는 자를 사용한다.

② 작도할 때는 각도기를 사용하지 않는다.

③ 작도할 때는 눈금 없는 자와 컴퍼스를 사용한다.

④ 선분을 연결할 때는 컴퍼스를 사용한다.

⑤ 선분의 길이를 옮길 때는 컴퍼스를 사용한다.

20

$\angle B = 35°$, $\overline{AB} = 6$ cm, $\overline{AC} = 4$ cm인 $\triangle ABC$의 개수는?

① 0개   ② 1개   ③ 2개

④ 3개   ⑤ 무수히 많다.

21

삼각형의 세 변의 길이가 a, $a+8$, $a+2$일 때, 다음 중 a의 값이 될 수 없는 것은?

① 6   ② 7   ③ 8

④ 9   ⑤ 10

22

오른쪽 그림에서 $\overline{DB} = \overline{EC}$이고, $\angle ADB = \angle BEC = 90°$, $\angle ABC = 90°$일 때, $\angle x$의 크기를 구하시오.

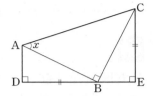

23

오른쪽 그림과 같이 $\triangle ABC$의 두 변 AB, AC를 각각 한 변으로 하는 정삼각형 DBA와 ACE를 그렸을 때, 다음 중 옳지 않은 것은?

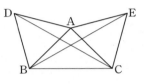

① $\angle ACD = \angle AEB$ ② $\triangle ADC \equiv \triangle ABE$

③ $\overline{DC} = \overline{BE}$ ④ $\overline{AB} = \overline{AC}$

⑤ $\angle DAC = \angle BAE$

24

오른쪽 그림에서 사각형 ABCD는 정사각형이고 $\triangle BCE$는 정삼각형일 때, 합동인 삼각형과 합동 조건을 바르게 나타낸 것은?

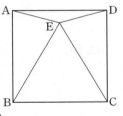

① $\triangle ABE \equiv \triangle DCE$ (SSS 합동)

② $\triangle ABE \equiv \triangle DCE$ (SAS 합동)

③ $\triangle ABE \equiv \triangle DCE$ (ASA 합동)

④ $\triangle ABE \equiv \triangle DEC$ (SSS 합동)

⑤ $\triangle ABE \equiv \triangle DEC$ (ASA 합동)

중단원 테스트 [서술형]

테스트한 날	맞은 개수
월 일	/ 8

01

삼각형의 세 변의 길이가 $x-2$, x, $x+3$일 때, x의 값이 될 수 있는 한 자리 자연수의 개수를 구하시오.

▶ 해결 과정

▶ 답

02

길이가 다음과 같은 막대 중 세 개를 선택하여 만들 수 있는 삼각형의 개수를 구하시오.

> 4 cm, 7 cm, 9 cm, 12 cm

▶ 해결 과정

▶ 답

03

오른쪽 그림은 $\overleftrightarrow{XY}$ 밖의 한 점 P를 지나고 $\overleftrightarrow{XY}$에 평행한 직선을 작도한 것이다. △OAB와 △PA′B′이 합동일 때, 두 삼각형의 합동 조건을 구하시오.

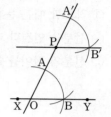

▶ 해결 과정

▶ 답

04

오른쪽 그림에서 △ABC는 정삼각형이고 $\overline{AD}=\overline{BE}=\overline{CF}$일 때, △DEF가 어떤 삼각형인지 말하고, 그 이유를 설명하시오.

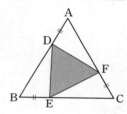

▶ 해결 과정

▶ 답

05

직접 측량하기 어려운 연못의 폭을 다음 그림과 같이 측정하여 구하려고 한다. 물음에 답하시오.

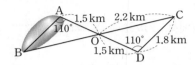

(1) △ABO≡△DCO임을 설명하시오.
(2) $\overline{AB}$의 길이를 구하시오.

>해결 과정

>답

06

오른쪽 그림에서 서로 합동인 삼각형을 찾아 기호를 사용하여 나타내고, 합동인 이유를 설명하시오.

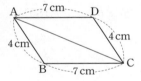

>해결 과정

>답

07

오른쪽 그림에서 △ACD와 △CBE는 정삼각형이다. △ACE와 합동인 삼각형을 찾고, 합동 조건을 설명하시오.

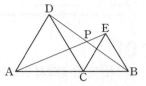

>해결 과정

>답

08

오른쪽 그림의 사다리꼴 ABCD에서 $\overline{AB}=\overline{DC}$, $\overline{AC}=\overline{DB}$일 때, 합동인 삼각형을 모두 찾고, 합동임을 설명하시오.

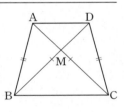

>해결 과정

>답

대단원 테스트

맞은 개수

/ 60

01

네 직선이 한 점에서 만날 때, 생기는 맞꼭지각은 모두 몇 쌍인가?

① 5쌍   ② 8쌍   ③ 10쌍

④ 12쌍   ⑤ 20쌍

02

다음 그림에서 $l /\!/ m$일 때, $\angle x - \angle y$의 크기를 구하시오.

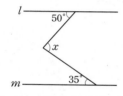
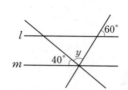

03

삼각형의 세 변의 길이가 5 cm, 7 cm, x cm일 때, 다음 중 x의 값이 될 수 없는 것은? (정답 2개)

① 2   ② 5   ③ 8

④ 11   ⑤ 12

04

오른쪽 그림에서 $l /\!/ m$일 때, $\angle x$의 크기는?

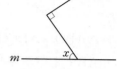

① 35°   ② 40°

③ 45°   ④ 50°

⑤ 55°

05

오른쪽 그림과 같이 세 직선 m, n, o가 만날 때, 다음 중 옳지 않은 것은? (정답 2개)

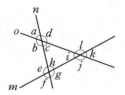

① $\angle a$와 $\angle h$는 동위각이다.

② $\angle d$와 $\angle i$는 엇각이다.

③ $\angle e$와 $\angle g$는 맞꼭지각이다.

④ $\angle c$와 $\angle h$는 동위각이다.

⑤ $\angle b + \angle e \neq 180°$

06

다음 중 항상 합동인 것은? (정답 2개)

① 넓이가 같은 두 정사각형

② 가로의 길이가 같은 두 직사각형

③ 윗변의 길이와 아랫변의 길이가 각각 같은 두 사다리꼴

④ 지름의 길이가 같은 두 원

⑤ 넓이가 같은 두 마름모

07

오른쪽 그림과 같은 네 점 A, B, C, D 중에서 두 점을 이어 만들 수 있는 직선의 개수는?

A•   •D

B•   •C

① 4   ② 5
③ 6   ④ 7
⑤ 8

08

오른쪽 그림에서 $l /\!/ m /\!/ n$일 때, $\angle x + \angle y + \angle z$의 크기를 구하시오.

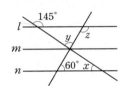

09

아래 그림은 $\angle$XOY와 크기가 같은 각을 반직선 PQ를 한 변으로 하여 작도한 것이다. 다음 중 옳지 않은 것은?

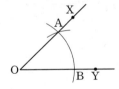 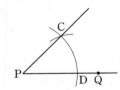

① $\overline{OA} = \overline{PD}$ ② $\angle AOB = \angle CPD$
③ $\overline{AB} = \overline{CD}$ ④ $\overline{OA} = \overline{AB}$
⑤ $\overline{PC} = \overline{PD}$

10

오른쪽 그림은 직사각형 ABCD를 선분 EF를 접는 선으로 하여 접은 것이다. $\angle$AGC$'$=134°일 때, $\angle$GFE의 크기를 구하시오.

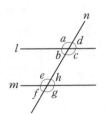

11

오른쪽 그림에 대한 다음 설명 중 옳지 않은 것은?

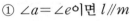

① $\angle a = \angle e$이면 $l /\!/ m$
② $\angle b = \angle d$이면 $l /\!/ m$
③ $\angle c = \angle e$이면 $l /\!/ m$
④ $l /\!/ m$이면 $\angle a = \angle g$
⑤ $l /\!/ m$이면 $\angle b + \angle g = 180°$

12

오른쪽 그림에서 두 삼각형 ABE와 ACD는 합동이다. 합동 조건은?

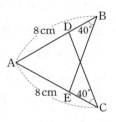

① ASA 합동
② SSS 합동
③ SAS 합동
④ AAA 합동
⑤ AA 합동

13

네 점 A, B, C, D가 다음 그림과 같이 한 직선 위에 있고, $\overline{AB}=\overline{BC}=\overline{CD}=5$ cm이다. $\overline{AB}$와 $\overline{CD}$의 중점을 각각 M, N이라고 할 때, $\overline{MN}$의 길이를 구하시오.

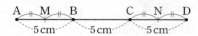

14

오른쪽 그림에서 $l/\!/m/\!/n$일 때, $\angle y-\angle x$의 크기를 구하시오.

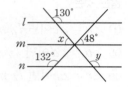

15

다음 중 △ABC가 하나로 결정되는 것은? (정답 2개)

① $\angle A=35°$, $\angle B=45°$, $\angle C=100°$

② $\angle A=65°$, $\angle B=80°$, $\overline{AB}=7$ cm

③ $\overline{AB}=6$ cm, $\overline{AC}=5$ cm, $\angle B=50°$

④ $\overline{AC}=10$ cm, $\overline{BC}=9$ cm, $\angle A=60°$

⑤ $\overline{AB}=6$ cm, $\overline{BC}=6$ cm, $\overline{CA}=9$ cm

16

오른쪽 그림에서 $l/\!/m$일 때, $\angle x$의 크기를 구하시오.

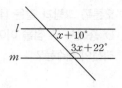

17

오른쪽 그림에서 $l/\!/m$이고 사각형 ABCD가 정사각형일 때, $\angle x$의 크기를 구하시오.

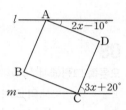

18

오른쪽 그림과 같은 평행사변형 ABCD에서 $\overline{AD}$의 중점을 E라 하고 $\overline{BA}$와 $\overline{CE}$의 연장선의 교점을 F라 하자. △AEF와 합동인 삼각형과 합동 조건을 바르게 나열한 것은?

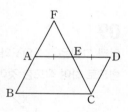

① △BCF, ASA 합동

② △BCF, SAS 합동

③ △DEC, SSS 합동

④ △DEC, ASA 합동

⑤ △DEC, SAS 합동

19

오른쪽 그림에서 ∠AOC의 크기를 구하시오.

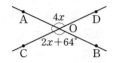

20

오른쪽 그림에서 $l /\!/ m$일 때, ∠x의 크기를 구하시오.

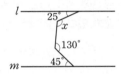

21

오른쪽 그림과 같은 사다리꼴에서 $\overline{AB}=\overline{DC}$, $\overline{AC}=\overline{DB}$일 때, 합동인 삼각형은 모두 몇 쌍인가?

① 1쌍   ② 2쌍

③ 3쌍   ④ 4쌍

⑤ 없다.

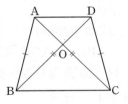

22

오른쪽 그림과 같이 직사각형 모양의 종이를 선분 EF를 접는 선으로 하여 접었다. ∠DEF=70°일 때, ∠x의 크기는?

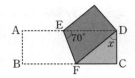

① 20°   ② 30°

③ 40°   ④ 50°

⑤ 60°

23

한 평면 위에 있는 서로 다른 세 직선 l, m, n에 대하여 다음 중 옳지 않은 것은?

① $l \perp m$, $m /\!/ n$이면 $l /\!/ n$

② $l /\!/ m$, $l \perp n$이면 $m \perp n$

③ $l \perp m$, $m \perp n$이면 $l /\!/ n$

④ $l \perp m$, $l \perp n$이면 $m /\!/ n$

⑤ $l /\!/ m$, $m /\!/ n$이면 $l /\!/ n$

24

오른쪽 그림에서 사각형 ABCD와 사각형 GCEF가 모두 정사각형일 때, $\overline{DE}$의 길이를 구하시오.

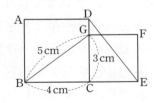

25

오른쪽 그림에서 ∠x + ∠y의 크기는?

① 23°   　　② 25°

③ 27°   　　④ 29°

⑤ 31°

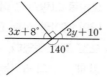

26

오른쪽 그림에 대하여 보기에서
옳은 것을 모두 고른 것은?

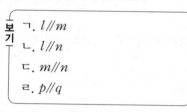

보기
ㄱ. $l /\!/ m$
ㄴ. $l /\!/ n$
ㄷ. $m /\!/ n$
ㄹ. $p /\!/ q$

① ㄱ, ㄴ   　　② ㄱ, ㄷ   　　③ ㄴ, ㄷ

④ ㄴ, ㄹ   　　⑤ ㄷ, ㄹ

27

다음 설명 중 옳지 않은 것은?

① 합동인 두 도형의 넓이는 같다.

② 넓이가 같은 두 삼각형은 합동이다.

③ 넓이가 같은 두 정사각형은 합동이다.

④ 합동인 두 도형에서 대응하는 각의 크기는 서로 같다.

⑤ 합동인 두 도형에서 대응하는 변의 길이는 서로 같다.

28

∠A와 다음 조건이 주어졌을 때, 삼각형 ABC가 하나로
작도 되지 않는 것은?

① $\overline{AB}$, $\overline{AC}$ 　　② ∠B, $\overline{AB}$

③ ∠C, $\overline{AC}$ 　　④ ∠B, $\overline{BC}$

⑤ $\overline{AB}$, $\overline{BC}$

29

공간에 서로 다른 두 직선 l, m과 서로 다른 세 평면 P, Q,
R가 있다. 다음 중 옳은 것은?

① $P /\!/ l$, $P /\!/ m$이면 $l /\!/ m$

② $P \perp l$, $P \perp m$이면 $l \perp m$

③ $P \perp Q$, $P \perp R$이면 $Q \perp R$

④ $P \perp Q$, $P /\!/ R$이면 $Q \perp R$

⑤ $P /\!/ Q$, $P /\!/ R$이면 $Q \perp R$

30

오른쪽 그림에서
∠ABE = ∠ACD, $\overline{AB} = \overline{AC}$일
때, 다음 중 옳지 않은 것은?

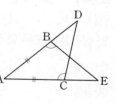

① $\overline{BD} = \overline{CE}$

② △ABE ≡ △ACD (ASA합동)

③ $\overline{BE} = \overline{CD}$

④ $\overline{BE} = \overline{AC}$

⑤ ∠ADC = ∠AEB

31

오른쪽 그림에서 ∠x의 크기는?

① 12°　　② 13°

③ 14°　　④ 15°

⑤ 16°

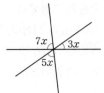

32

오른쪽 그림에서 $l /\!/ m$일 때, ∠x의 크기는?

① 20°　　② 25°

③ 30°　　④ 35°

⑤ 40°

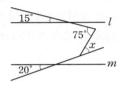

33

오른쪽 그림과 같이 한 직선 위에 네 점 A, B, C, D가 있다. 다음 중 옳지 않은 것은?

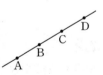

① $\overrightarrow{AB} = \overrightarrow{AC}$　　② $\overrightarrow{BC} = \overrightarrow{AD}$

③ $\overrightarrow{AC} = \overrightarrow{BD}$　　④ $\overline{BD} = \overline{DB}$

⑤ $\overrightarrow{CA} = \overrightarrow{BA}$

34

다음 중 △ABC와 △DEF가 합동이 되지 않는 것은?

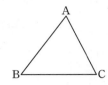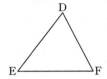

① $\overline{AB} = \overline{DE}$, ∠A = ∠D, ∠B = ∠E

② $\overline{BC} = \overline{EF}$, ∠A = ∠D, ∠C = ∠F

③ $\overline{AB} = \overline{DE}$, $\overline{BC} = \overline{EF}$, ∠B = ∠E

④ $\overline{AB} = \overline{DE}$, $\overline{AC} = \overline{DF}$, ∠C = ∠F

⑤ $\overline{AB} = \overline{DE}$, $\overline{BC} = \overline{EF}$, $\overline{CA} = \overline{FD}$

35

다음 중 작도에 대한 설명으로 옳은 것은? (정답 2개)

① 선분을 연장할 때에는 컴퍼스를 사용한다.

② 두 선분의 길이를 비교할 때에는 눈금이 없는 자를 사용한다.

③ 눈금이 없는 자와 컴퍼스만을 사용한다.

④ 주어진 선분의 길이를 다른 직선으로 옮길 때에는 눈금이 없는 자를 사용한다.

⑤ 크기가 같은 각을 작도할 수 있다.

36

길이가 4 cm, 5 cm, 6 cm, 7 cm인 4개의 선분이 있다. 이 중 3개를 택하여 서로 다른 삼각형을 만들려고 할 때, 만들 수 있는 삼각형의 개수는?

① 1　　　　② 2　　　　③ 3

④ 4　　　　⑤ 5

37

오른쪽 그림에서 ∠BOC=90°이고
∠AOB=4∠COD일 때, ∠AOB의
크기는?

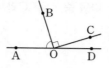

① 71°   ② 72°

③ 73°   ④ 74°

⑤ 75°

38

오른쪽 그림과 같이 선분 AB의
길이를 한 변의 길이로 하는 정삼
각형을 작도하려고 한다.
작도 순서를 바르게 나열하시오.

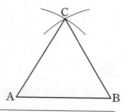

ㄱ. $\overline{AC}$, $\overline{BC}$를 그린다.

ㄴ. 두 점 A, B를 각각 중심으로 하고 반지름의 길이
가 $\overline{AB}$인 원을 그려 두 원의 교점을 C라고 한다.

ㄷ. $\overline{AB}$의 길이를 잰다.

39

오른쪽 그림에서 ∠EAB=∠BAD,
∠DAC=∠CAF일 때, ∠x의 크기
는?

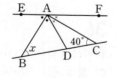

① 40°   ② 45°

③ 50°   ④ 55°

⑤ 60°

40

오른쪽 그림에서 △ABC와
△CDE가 정삼각형이고
$\overline{AE}$=3 cm, $\overline{BC}$=9 cm일 때,
$\overline{AD}$의 길이는?

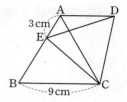

① 5 cm   ② 6 cm

③ 7 cm   ④ 8 cm

⑤ 9 cm

41

아래 그림은 ∠APB와 크기가 같은 각을 직선 l 위의 한 점
Q를 꼭짓점으로 하여 작도한 것이다.
다음 중 옳은 것은? (정답 2개)

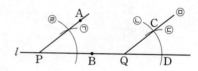

① $\overline{AP}=\overline{CQ}$

② ∠APB=∠CQD

③ 동위각의 크기가 같으므로 $\overrightarrow{PA}$와 $\overrightarrow{QC}$는 평행하다.

④ 엇각의 크기가 같으므로 $\overrightarrow{PA}$와 $\overrightarrow{QC}$는 평행하다.

⑤ 맞꼭지각의 크기가 서로 같다는 성질을 이용하였다.

42

오른쪽 그림과 같은 정삼각형
ABC에서 $\overline{BD}=\overline{CE}$이다.
∠EBC=20°일 때, ∠AFE의 크
기는?

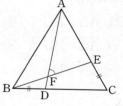

① 55°   ② 60°

③ 65°   ④ 70°

⑤ 75°

43

오른쪽 그림과 같은 직육면체에서 모서리 AB와 평행하고, 모서리 AD와 꼬인 위치에 있는 모서리의 개수는?

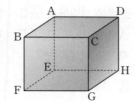

① 1   ② 2

③ 3   ④ 4

⑤ 5

44

다음 그림은 두 변의 길이와 그 끼인각의 크기가 주어졌을 때, 삼각형을 작도하는 과정이다. 작도 순서를 바르게 나열한 것은?

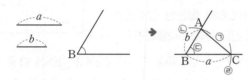

① ㉠ㅡ㉡ㅡ㉢ㅡ㉣   ② ㉡ㅡ㉠ㅡ㉣ㅡ㉢

③ ㉢ㅡ㉠ㅡ㉡ㅡ㉣   ④ ㉢ㅡ㉣ㅡ㉡ㅡ㉠

⑤ ㉣ㅡ㉠ㅡ㉢ㅡ㉡

45

오른쪽 그림과 같은 직육면체에서 평면 AFGD와 수직인 평면은?

(정답 2개)

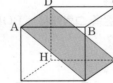

① 면 ABCD

② 면 AEFB

③ 면 BFGC

④ 면 AEHD

⑤ 면 DHGC

46

오른쪽 그림과 같은 정사각형 ABCD에서 ∠AGD=∠BFA=90°일 때, $\overline{GF}$의 길이는?

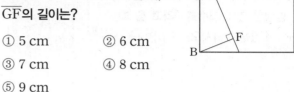

① 5 cm   ② 6 cm

③ 7 cm   ④ 8 cm

⑤ 9 cm

47

오른쪽 그림에서 △ABC가 정삼각형이고, $\overline{AD}=\overline{BE}=\overline{CF}$일 때, 다음 중 옳지 않은 것은?

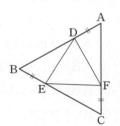

① $\overline{DB}=\overline{EC}$

② ∠ADF=∠BED

③ ∠DEF=60°

④ $\overline{DF}=\overline{EF}$

⑤ $\overline{DE}=\overline{AF}$

48

다음 그림에서 두 점 M, N은 각각 $\overline{AB}$, $\overline{BC}$의 중점이고, $\overline{AB}:\overline{BC}=3:2$이다. $\overline{MN}=10$ cm일 때, $\overline{AB}$의 길이를 구하시오.

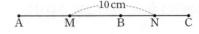

49

오른쪽 그림과 같이 두 밑면이 정오각형인 오각기둥에서 모서리 AB와 수직인 모서리의 개수를 a, 모서리 BG와 평행한 면의 개수를 b라고 할 때, $a+b$의 값을 구하시오.

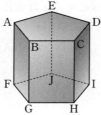

52

오른쪽 그림에서 $\overline{AC}=2\overline{CD}$, $\overline{AB}=2\overline{BC}$이고, $\overline{AD}=18$ cm일 때, $\overline{BC}$의 길이는?

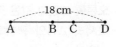

① 4 cm 　② $\dfrac{9}{2}$ cm 　③ 5 cm

④ $\dfrac{11}{2}$ cm 　⑤ 6 cm

50

다음 중 △ABC의 모양과 크기가 하나로 정해지는 것은?

(정답 2개)

① $\overline{AB}=9$ cm, $\overline{BC}=3$ cm, $\overline{CA}=5$ cm
② $\overline{AB}=12$ cm, $\overline{BC}=10$ cm, $\angle B=50°$
③ $\overline{AB}=5$ cm, $\overline{AC}=6$ cm, $\angle C=30°$
④ $\overline{AC}=9$ cm, $\angle A=30°$, $\angle B=70°$
⑤ $\angle A=30°$, $\angle B=50°$, $\angle C=100°$

53

오른쪽 그림에서 사각형 ABCD와 사각형 CFGE는 정사각형이다. △BCE와 합동인 삼각형과 합동 조건을 차례로 나열하면?

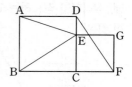

① △DCF, SAS 합동 　② △DCF, SSS 합동
③ △DCF, ASA 합동 　④ △ADE, SAS 합동
⑤ △ADE, SSS 합동

51

오른쪽 그림은 밑면이 평행사변형인 사각뿔을 면 EFGH에 평행하게 자른 입체도형이다. 모서리 AD와 만나는 모서리의 개수를 a, 모서리 BF와 꼬인 위치에 있는 모서리의 개수를 b라 할 때, ab의 값을 구하시오.

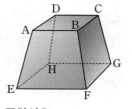

54

오른쪽 그림에서 $\angle BOD$의 크기는?

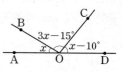

① 131° 　② 133°
③ 135° 　④ 137°
⑤ 139°

55

오른쪽 그림과 같은 직육면체에 대한 다음 설명 중 옳지 않은 것은?

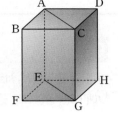

① $\overline{AC}$와 평행한 선분은 $\overline{EG}$뿐이다.

② $\overline{EH}$와 꼬인 위치에 있는 모서리는 4개이다.

③ $\overline{EG}$는 면 AEGC에 포함된다.

④ $\overline{AC}$는 면 CGHD와 수직이다.

⑤ 면 AEGC와 평행한 모서리는 2개이다.

56

삼각형의 세 변의 길이가 5 cm, 10 cm, x cm일 때, x의 값이 될 수 있는 자연수의 개수를 구하시오.

57

오른쪽 그림과 같은 전개도로 만들어진 사각뿔에 대하여 모서리 AB와 꼬인 위치에 있는 모서리의 개수는?

① 1   ② 2
③ 3   ④ 4
⑤ 5

58

오른쪽 그림에서 $\angle x : \angle y : \angle z = 3 : 7 : 5$일 때, $\angle x$의 크기를 구하시오.

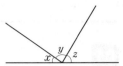

59

△ABC의 한 변 AB와 그 양 끝 각 $\angle A$, $\angle B$가 주어졌을 때, 다음 중 △ABC를 작도하는 순서로 옳지 않은 것은?

① $\angle A \to \angle B \to \overline{AB}$ ② $\angle A \to \overline{AB} \to \angle B$
③ $\overline{AB} \to \angle A \to \angle B$ ④ $\overline{AB} \to \angle B \to \angle A$
⑤ $\angle B \to \overline{AB} \to \angle A$

60

오른쪽 그림에서 △ABC와 △ADE는 정삼각형이다. $\angle CAE = 40°$일 때, $\angle ABD$의 크기는?

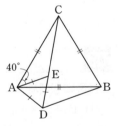

① 18°   ② 20°
③ 22°   ④ 24°
⑤ 26°

대단원 테스트 [고난도]

01

오른쪽 그림에서
∠AOP＝2∠BOP,
∠BOC＝3∠BOQ일 때,
∠POQ의 크기를 구하시오.

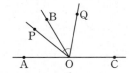

02

오른쪽 그림에서
$\angle AOB=\frac{1}{4}\angle BOC$,
$\angle DOE=\frac{1}{4}\angle COD$일 때,
∠FOG의 맞꼭지각과 그 크기를 구하시오.

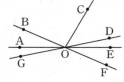

03

오른쪽 그림에서
∠AOB＝∠BOC,
∠COD＝∠DOE일 때,
∠BOD의 크기를 구하시오.

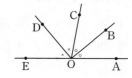

04

다음 중 공간에서 서로 다른 세 직선 l, m, n과 두 평면 P, Q에 대한 설명으로 옳은 것은?

① $l /\!/ P$, $l /\!/ Q$이면 $P /\!/ Q$

② $l \perp P$, $l \perp Q$이면 $P /\!/ Q$

③ $l /\!/ P$, $m /\!/ P$이면 $l /\!/ m$

④ $l \perp m$, $l \perp n$이면 $m /\!/ n$

⑤ $l \perp P$, $P /\!/ Q$이면 $l /\!/ Q$

05

오른쪽 그림의 전개도로 정육면체를 만들 때, 다음 설명 중 옳은 것은?

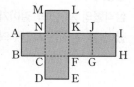

① $\overline{AN}$과 $\overline{EF}$는 일치한다.

② $\overline{ML}$과 $\overline{IJ}$는 평행하다.

③ $\overline{NK}$와 $\overline{DE}$는 직교한다.

④ $\overline{BC}$와 $\overline{KF}$는 꼬인 위치에 있다.

⑤ $\overline{AB}$와 $\overline{EF}$는 한 점에서 만난다.

06

다음 중 공간에서의 위치 관계에 대한 설명으로 옳지 않은 것은? (정답 2개)

① 한 직선에 평행한 서로 다른 두 직선은 평행하다.

② 한 직선에 수직인 서로 다른 두 평면은 평행하다.

③ 한 평면에 평행한 서로 다른 두 직선은 평행하다.

④ 한 평면에 수직인 서로 다른 두 직선은 평행하다.

⑤ 한 직선과 꼬인 위치에 있는 서로 다른 두 직선은 꼬인 위치에 있다.

07

다음 중 서로 다른 세 평면 P, Q, R에 대한 설명으로 옳은 것은?

① $P \perp Q$, $P \perp R$이면 $Q /\!/ R$이다.
② $P /\!/ Q$, $Q /\!/ R$이면 $P \perp R$이다.
③ $P /\!/ Q$, $P \perp R$이면 $Q \perp R$이다.
④ $P \perp Q$, $Q /\!/ R$이면 $P /\!/ R$이다.
⑤ $P \perp Q$, $P \perp R$이면 $Q \perp R$이다.

08

다음 그림에서 $\angle x + \angle y$의 크기를 구하시오.

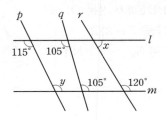

09

오른쪽 그림에서 $l /\!/ m$일 때, $\angle x$의 크기를 구하시오.

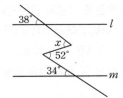

10

오른쪽 그림에서 $l /\!/ m$이고, 사각형 ABCD는 정사각형이다. 대각선 BD의 연장선과 직선 l이 만나는 점을 E라 하고 $\angle a : \angle b = 5 : 1$일 때, $\angle x$의 크기를 구하시오.

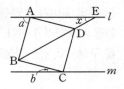

11

오른쪽 그림에서 $l /\!/ m$이고 $\angle CAB = 2\angle EAC$, $\angle CBA = 2\angle CBD$일 때, $\angle ACB$의 크기를 구하시오.

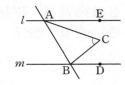

12

오른쪽 그림에서 $l /\!/ m$이고, $\angle PAB = \angle BAD$, $\angle DCB = \angle BCQ$일 때, $\angle x$의 크기를 구하시오.

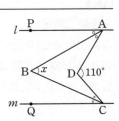

13

세 변의 길이가 자연수이고 세 변의 길이의 합이 27인 삼각형을 작도하려고 한다. 작도할 수 있는 이등변삼각형의 개수를 구하시오. (단, 정삼각형은 제외한다.)

14

삼각형의 세 변의 길이가 각각 4, 5, a일 때, 가능한 모든 자연수 a의 값의 합은?

① 30   ② 35   ③ 36

④ 44   ⑤ 45

15

오른쪽 그림에서 △ACD, △CBE는 정삼각형이고, $\overline{BD}$와 $\overline{AE}$의 교점이 P일 때, ∠APB의 크기를 구하시오.

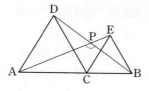

16

오른쪽 그림과 같은 정삼각형 ABC의 변 BC 위에 점 D를 정하고, $\overline{AD}$를 한 변으로 하는 정삼각형 ADE를 그릴 때, 다음 중 옳지 않은 것은?

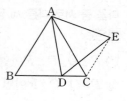

① ∠BAD=∠CAE   ② $\overline{BD}=\overline{CE}$

③ ∠ABD=∠ACE   ④ ∠CDE=∠DAC

⑤ ∠ADB=∠AEC

17

오른쪽 그림과 같은 정삼각형 ABC와 정삼각형 BDE에서 선분 DE와 선분 BC의 교점을 F라 하고 ∠ABD=35°일 때, ∠a+∠b의 크기를 구하시오.

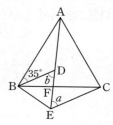

18

오른쪽 그림과 같은 정사각형 ABCD에서 $\overline{BE}=\overline{CF}$, ∠BAE=25°일 때, 다음 중 옳지 않은 것은?

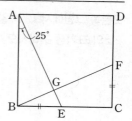

① $\overline{AE}=\overline{BF}$

② $\overline{AG}=\overline{GF}$

③ ∠FBC=25°

④ ∠AEB=∠BFC

⑤ △ABE≡△BCF

19

오른쪽 그림에서 △ABC와 △CDE는 정삼각형이다. $\overline{BC}$와 $\overline{AD}$의 교점을 P라 하고 ∠CBD=20°일 때, ∠CPD의 크기를 구하시오.

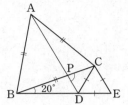

20

오른쪽 그림과 같이 ∠A=90°인 직각이등변삼각형 ABC에서 꼭짓점 A를 지나는 직선 l이 있다. 꼭짓점 B와 C에서 직선 l에 내린 수선의 발을 각각 D, E라고 하자. $\overline{BD}=24$, $\overline{EC}=10$일 때, $\overline{DE}$의 길이를 구하시오.

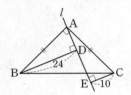

21

오른쪽 그림과 같은 직사각형 ABCD에서 $\overline{AB} : \overline{BC}=4 : 7$, $\overline{BE} : \overline{EC}=3 : 4$, $\overline{CF} : \overline{FD}=3 : 1$일 때, ∠AFE의 크기를 구하시오.

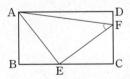

22

오른쪽 그림에서 △ABC는 정삼각형이고 $\overline{AD}=\overline{BE}=\overline{CF}$일 때, ∠QPR의 크기를 구하시오.

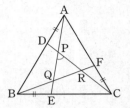

23

오른쪽 그림과 같은 정사각형 ABCD에서 ∠EAF=45°, ∠AEF=70°일 때, ∠AFD의 크기를 구하시오.

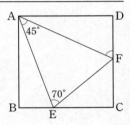

24

오른쪽 그림에서 사각형 EBFG는 정사각형 ABCD를 점 B를 중심으로 시계 반대 방향으로 30°만큼 회전한 것이다. △EAB와 △FCB가 합동일 때, 두 삼각형의 합동 조건과 ∠GEA의 크기를 구하시오.

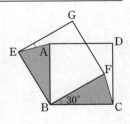

II.
평면도형과 입체도형

오늘의 테스트

만족 불만족

1. 평면도형의 성질 01. 다각형 소단원 집중 연습 _____월_____일	1. 평면도형의 성질 01. 다각형 소단원 테스트 [1회] _____월_____일	1. 평면도형의 성질 01. 다각형 소단원 테스트 [2회] _____월_____일
1. 평면도형의 성질 02. 원과 부채꼴 소단원 집중 연습 _____월_____일	1. 평면도형의 성질 02. 원과 부채꼴 소단원 테스트 [1회] _____월_____일	1. 평면도형의 성질 02. 원과 부채꼴 소단원 테스트 [2회] _____월_____일
1. 평면도형의 성질 중단원 테스트 [1회] _____월_____일	1. 평면도형의 성질 중단원 테스트 [2회] _____월_____일	1. 평면도형의 성질 중단원 테스트 [서술형] _____월_____일
2. 입체도형의 성질 01. 다면체와 회전체 소단원 집중 연습 _____월_____일	2. 입체도형의 성질 01. 다면체와 회전체 소단원 테스트 [1회] _____월_____일	2. 입체도형의 성질 01. 다면체와 회전체 소단원 테스트 [2회] _____월_____일
2. 입체도형의 성질 02. 입체도형의 겉넓이와 부피 소단원 집중연습 _____월_____일	2. 입체도형의 성질 02. 입체도형의 겉넓이와 부피 소단원 테스트 [1회] _____월_____일	2. 입체도형의 성질 02. 입체도형의 겉넓이와 부피 소단원 테스트 [2회] _____월_____일
2. 입체도형의 성질 중단원 테스트 [1회] _____월_____일	2. 입체도형의 성질 중단원 테스트 [2회] _____월_____일	2. 입체도형의 성질 중단원 테스트 [서술형] _____월_____일
Ⅱ. 평면도형과 입체도형 대단원 테스트 _____월_____일	Ⅱ. 평면도형과 입체도형 대단원 테스트 [고난도] _____월_____일	

소단원 집중 연습

01 오른쪽 그림과 같은 오각형 ABCDE에서 다음을 구하시오.

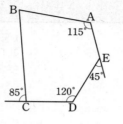

(1) ∠C의 내각의 크기

(2) ∠E의 내각의 크기

(3) ∠A의 외각의 크기

(4) ∠D의 외각의 크기

02 다음 중 정다각형에 대한 설명으로 옳은 것에는 ○표, 옳지 않은 것에는 ×표 하시오.

(1) 정다각형의 모든 변의 길이는 같다. ( )

(2) 모든 변의 길이가 같은 다각형은 정다각형이다. ( )

(3) 정다각형의 모든 내각의 크기는 같다. ( )

(4) 변의 길이가 모두 같아도 내각의 크기가 모두 같지 않으면 정다각형이 아니다. ( )

(5) 세 변의 길이가 같은 삼각형은 정삼각형이다. ( )

03 다음 다각형의 대각선의 개수를 구하시오.

(1) 칠각형

(2) 십이각형

(3) 한 꼭짓점에서 8개의 대각선을 그을 수 있는 다각형

(4) 한 꼭짓점에서 11개의 대각선을 그을 수 있는 다각형

04 대각선의 개수가 다음과 같은 다각형을 구하시오.

(1) 20

(2) 27

(3) 35

(4) 65

05 다음 그림에서 ∠x의 크기를 구하시오.

(1)

(2)
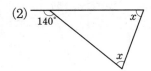

06 다음 그림에서 ∠x, ∠y의 크기를 각각 구하시오.

(1)
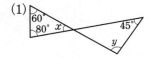

(2)
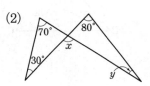

07 내각의 크기의 합이 다음과 같은 다각형을 구하시오.

(1) 540°

(2) 900°

08 다음 그림에서 ∠x의 크기를 구하시오.

(1)
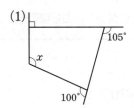

(2)
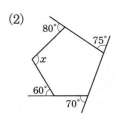

09 다음 정다각형의 한 외각과 한 내각의 크기를 각각 구하시오.

(1) 정육각형

(2) 정팔각형

(3) 정십오각형

10 한 내각의 크기와 한 외각의 크기의 비가 다음과 같은 정다각형을 구하시오.

(1) 1 : 2

(2) 5 : 1

(3) 13 : 2

01
다음 중 다각형이 아닌 것은? (정답 2개)

① 정사각형　　② 직각삼각형　　③ 정사면체

④ 육각형　　⑤ 원

02
한 꼭짓점에서 그을 수 있는 대각선의 개수가 a이고, 이때 생기는 삼각형의 개수가 b인 다각형이 있다. $a+b=19$일 때, 이 다각형의 내각의 크기의 합은?

① 1620°　　② 1800°　　③ 1980°

④ 2160°　　⑤ 2340°

03
한 꼭짓점에서 그을 수 있는 대각선의 개수가 6인 다각형의 대각선의 개수는?

① 14　　② 20　　③ 25

④ 27　　⑤ 35

04
다음 그림에서 $\angle y - \angle x$의 크기는?

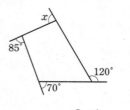

① 7°　　② 9°　　③ 11°

④ 13°　　⑤ 15°

05
오른쪽 그림에서 $\angle x$의 크기는?

① 140°　　② 125°

③ 110°　　④ 100°

⑤ 95°

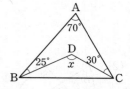

06
오른쪽 그림에서
$\angle a + \angle b + \angle c + \angle d + \angle e + \angle f$
의 크기는?

① 180°　　② 270°

③ 360°　　④ 400°

⑤ 540°

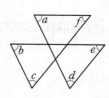

07

보기에서 정십오각형에 대한 설명으로 옳은 것을 모두 고른 것은?

> 보기
> ㄱ. 대각선의 개수는 30이다.
> ㄴ. 한 꼭짓점에서 대각선을 그어 만들 수 있는 삼각형 은 13개이다.
> ㄷ. 한 내각의 크기는 156°이다.
> ㄹ. 한 외각의 크기는 20°이다.

① ㄱ, ㄴ   ② ㄴ, ㄷ   ③ ㄷ, ㄹ
④ ㄱ, ㄴ, ㄹ   ⑤ ㄴ, ㄷ, ㄹ

08

오른쪽 그림에서 $\angle x$의 크기는?

① 30°   ② 35°
③ 40°   ④ 45°
⑤ 50°

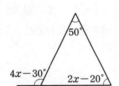

09

대각선의 개수가 20인 정다각형의 한 내각의 크기는?

① 108°   ② 112°   ③ 120°
④ 135°   ⑤ 144°

10

다음 중 내각의 크기의 합과 외각의 크기의 합의 총합이 1080°인 다각형의 꼭짓점의 개수는?

① 4   ② 5   ③ 6
④ 7   ⑤ 8

11

오른쪽 그림에서
$\angle A + \angle B + \angle C + \angle D + \angle E + \angle F + \angle G$
의 크기는?

① 180°   ② 270°
③ 360°   ④ 540°
⑤ 720°

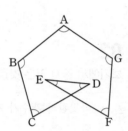

12

오른쪽 그림에서 $\angle E = 45°$일 때, $\angle A + \angle B + \angle C + \angle D$의 크기는?

① 100°   ② 120°
③ 135°   ④ 150°
⑤ 180°

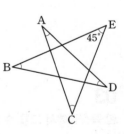

01

다음 조건을 만족하는 다각형의 대각선의 개수를 구하시오.

> (가) 모든 변의 길이가 같고, 모든 내각의 크기가 같다.
> (나) 12개의 선분으로 둘러싸여 있다.

02

보기에서 옳지 않은 것을 모두 고르시오.

> **보기**
> ㄱ. 꼭짓점의 개수가 가장 적은 정다각형은 정삼각형이다.
> ㄴ. 모든 내각의 크기가 같은 다각형을 정다각형이라고 한다.
> ㄷ. 정오각형의 모든 대각선의 길이는 같다.
> ㄹ. 사각형에서 모든 변의 길이가 같으면 내각의 크기도 같다.
> ㅁ. 삼각형에서 변의 길이가 모두 같으면 내각의 크기도 모두 같다.

03

한 꼭짓점에서 그을 수 있는 대각선의 수가 6인 다각형의 내각의 크기의 합을 구하시오.

04

오른쪽 그림과 같이 △ABC의 두 외각의 이등분선이 만나는 교점을 D라 할 때, ∠ADC의 크기를 구하시오.

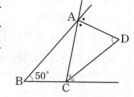

05

오른쪽 그림과 같은 정사각형 ABCD에서 $\overline{BD}$는 대각선이고, ∠DCF＝24°일 때, ∠DEF의 크기를 구하시오.

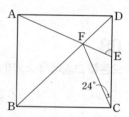

06

오른쪽 그림에서
∠a＋∠b＋∠c＋∠d＋∠e
의 크기를 구하시오.

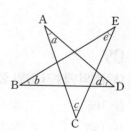

07

오른쪽 그림에서 ∠x의 크기를
구하시오.

08

두 정다각형 A, B의 한 꼭짓점에서 그을 수 있는 대각선의
개수의 비는 3 : 2이고, 두 정다각형의 내각의 크기의 합을
더하면 3060°이다. 정다각형 A는 몇 각형인지 구하시오.

09

오른쪽 그림과 같은 정오각형
ABCDE에서 ∠x, ∠y의 크기를
각각 구하시오.

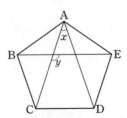

10

오른쪽 그림에서 ∠x의 크기를
구하시오.

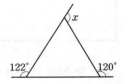

11

오른쪽 그림에서 ∠a의 크기를
구하시오.

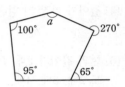

12

10개의 내각을 가지고 있는 다각형의 대각선의 개수를 구하
시오.

01 한 원에 대하여 다음 설명 중 옳은 것에는 ○표, 옳지 않은 것에는 ×표 하시오.

(1) 원 위의 두 점 A, B를 잡아 생기는 호 AB를 기호로 나타내면 $\overline{AB}$이다. ( )

(2) 중심각의 크기가 90°인 부채꼴은 활꼴이다. ( )

(3) 원 위의 두 점 A, B에 대하여 호 AB와 현 AB의 중심각의 크기는 같다. ( )

(4) 길이가 가장 긴 현은 지름이다. ( )

(5) 현의 길이가 2배, 3배, 4배, …가 되면 중심각의 크기도 2배, 3배, 4배, …가 된다. ( )

(6) 현의 길이가 같으면 그 중심각의 크기도 같다. ( )

(7) 호의 길이는 중심각의 크기에 정비례한다. ( )

02 다음 그림에서 x의 값을 구하시오.

(1)

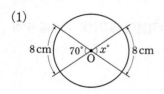

(2)

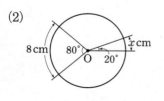

03 다음 그림에서 x, y의 값을 각각 구하시오.

(1)

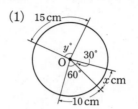

(2)

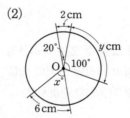

04 다음 그림에서 x의 값을 구하시오.

(1)

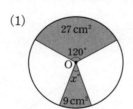

(2)

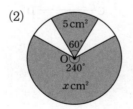

05 다음 그림과 같은 부채꼴의 호의 길이와 넓이를 각각 구하시오.

(1)
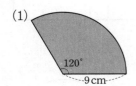

(2)
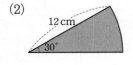

06 다음 그림과 같은 부채꼴에서 x의 값을 구하시오.

(1)
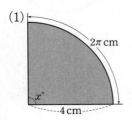

(2)
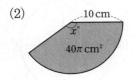

07 다음 그림과 같은 도형의 둘레의 길이와 넓이를 각각 구하시오.

(1)
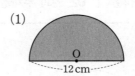

(2)
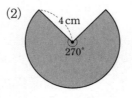

08 다음 그림과 같은 부채꼴의 넓이를 구하시오.

(1)
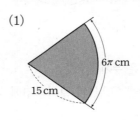

(2)
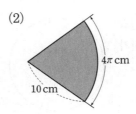

01

오른쪽 그림과 같은 원 O에서 지름 AB의 연장선과 현 CD의 연장선의 교점을 E라고 하자. $\overline{OD}=\overline{DE}$이고, $\overparen{BD}=2$ cm일 때, $\overparen{AC}$의 길이는?

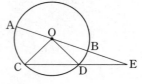

① 4 cm   ② 5 cm   ③ 6 cm

④ 7 cm   ⑤ 8 cm

02

오른쪽 그림과 같은 원 O에서 부채꼴 OCD의 중심각의 크기는 부채꼴 OAB의 중심각의 크기의 3배이다. 다음 설명 중 옳은 것은?

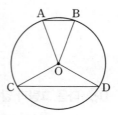

① $\overline{AB}$를 호라고 한다.

② $3\overline{AB}=\overline{CD}$

③ $\overparen{AB}=3\overparen{CD}$

④ $\overparen{CD}$와 $\overline{CD}$로 둘러싸인 도형은 부채꼴이다.

⑤ 부채꼴 OCD의 넓이는 부채꼴 OAB의 넓이의 3배이다.

03

오른쪽 그림과 같은 원 O에서 중심각의 크기가 120°인 부채꼴의 넓이가 12π cm²이다. 중심각의 크기가 30°인 부채꼴의 호의 길이는?

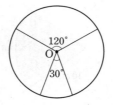

① 5π cm   ② 4π cm

③ 3π cm   ④ 2π cm

⑤ π cm

04

오른쪽 그림에서 $\overparen{AB} : \overparen{BC} : \overparen{AC}=3 : 5 : 7$일 때, ∠AOB의 크기는?

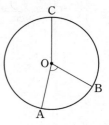

① 68°   ② 70°

③ 72°   ④ 74°

⑤ 76°

05

오른쪽 그림과 같은 원 O에서 ∠AOB=25°, 부채꼴 AOB의 넓이는 20π cm², 부채꼴 COD의 넓이는 80π cm²일 때, ∠COD의 크기는?

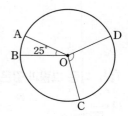

① 80°   ② 90°

③ 100°   ④ 110°

⑤ 120°

06

오른쪽 그림에서 $\overline{AC}$는 원 O의 지름이고 $\overparen{AB} : \overparen{BC}=5 : 4$일 때, ∠OAB의 크기는?

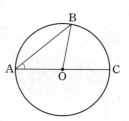

① 36°   ② 38°

③ 40°   ④ 42°

⑤ 44°

07

오른쪽 그림은 반원 O의 양 끝 점 A, B에서 원 위의 한 점 C와 이은 후, $\overline{AC}$와 $\overline{BC}$를 반지름으로 하는 부채꼴을 그린 것이다. $\angle ACB=90°$이고 $\overline{AC}=\overline{BC}=10$ cm일 때, 색칠한 부분의 넓이는?

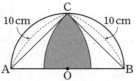

① $\left(\dfrac{25}{2}\pi-25\right)$ cm²   ② $(25\pi-50)$ cm²

③ $(100-25\pi)$ cm²   ④ $\dfrac{25}{2}\pi$ cm²

⑤ 50 cm²

08

오른쪽 그림과 같은 두 반원으로 이루어진 도형에서 색칠한 부분의 둘레의 길이는?

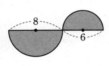

① 7π ② 14π ③ $7\pi+14$

④ $14\pi+14$ ⑤ 21π

09

오른쪽 그림과 같은 정사각형 ABCD의 한 변의 길이가 10 cm일 때, 색칠한 부분의 넓이는?

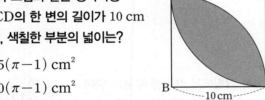

① $25(\pi-1)$ cm²

② $50(\pi-1)$ cm²

③ $25(\pi-2)$ cm²

④ $50(\pi-2)$ cm²

⑤ $25(\pi+2)$ cm²

10

오른쪽 그림에서 점 O는 원의 중심이고, $\overline{AD}/\!/\overline{OC}$, $\angle COB=40°$, $\overset{\frown}{BC}=5$ cm일 때, $\overset{\frown}{AD}$의 길이는?

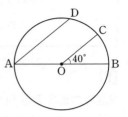

① 10 cm   ② $\dfrac{25}{2}$ cm

③ 15 cm   ④ $\dfrac{35}{2}$ cm

⑤ 20 cm

11

오른쪽 그림과 같은 정사각형에서 색칠한 부분의 둘레의 길이를 a, 색칠한 부분의 넓이를 b라고 할 때, $b-a$의 값은?

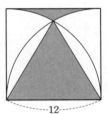

① $48+24\pi$ ② $96-28\pi$

③ $96+28\pi$ ④ $108-28\pi$

⑤ $144-24\pi$

12

오른쪽 그림과 같은 부채꼴에서 색칠한 부분의 둘레의 길이와 넓이를 각각 구하면?

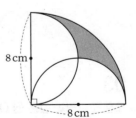

① 4π cm, $(4\pi-8)$ cm²

② 6π cm, $(4\pi-8)$ cm²

③ 6π cm, $(8\pi-16)$ cm²

④ 8π cm, $(8\pi-16)$ cm²

⑤ 8π cm, $(8\pi+16)$ cm²

01

오른쪽 그림과 같은 원 O에서
∠COD=3∠AOB일 때, 보기에
서 옳은 것의 개수를 구하시오.

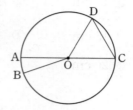

보기
ㄱ. $\overarc{CD}=3\overarc{AB}$
ㄴ. $\overline{CD}=3\overline{AB}$
ㄷ. $\overline{CD}>3\overline{AB}$
ㄹ. △COD의 넓이는 △AOB의 넓이의 3배이다.
ㅁ. 부채꼴 COD의 넓이는 부채꼴 AOB의 넓이의 3배이다.

02

오른쪽 그림에서 ∠x의 크기를
구하시오.

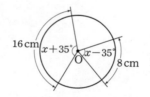

03

오른쪽 그림과 같은 원 O에서
$\overline{AB}/\!/\overline{DO}$이고 ∠ABO=40°,
$\overarc{AD}=3$ cm일 때, $\overarc{AB}$의 길이를
구하시오.

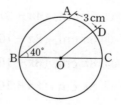

04

오른쪽 그림과 같은 원 O에서
$\overarc{AB}=\overarc{BC}$일 때, 보기에서 옳은 것의
개수를 구하시오.

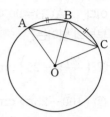

보기
ㄱ. $\overarc{AB}=\frac{1}{2}\overarc{AC}$
ㄴ. $\overline{AC}=2\overline{AB}$
ㄷ. $\overarc{AC}=2\overarc{BC}$
ㄹ. ∠AOC=2∠BOC
ㅁ. (부채꼴 AOB의 넓이)=(부채꼴 BOC의 넓이)

05

오른쪽 그림과 같은 부채꼴에서 호의
길이는 π cm이고 중심각의 크기는
30°일 때, 반지름의 길이를 구하시오.

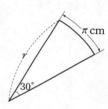

06

오른쪽 그림에서 색칠한 부분의 넓이
와 둘레의 길이를 각각 구하시오.

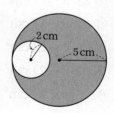

07

오른쪽 그림은 중심각의 크기가 90°인 부채꼴과 반원으로 이루어진 도형이다. 색칠한 부분의 넓이를 구하시오.

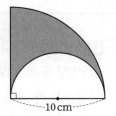

08

오른쪽 그림과 같은 원 O에서 $\overline{OD}=3$ cm, $\overline{BD}=3$ cm이고, 부채꼴 OAB(작은 쪽)의 넓이는 12π cm² 일 때, 색칠한 부분의 넓이를 구하시오.

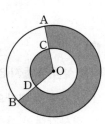

09

오른쪽 그림과 같이 직각삼각형 ABC의 세 변을 각각 지름으로 하는 반원을 그렸다. 색칠한 부분의 넓이를 구하시오.

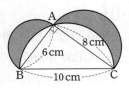

10

오른쪽 그림과 같은 부채꼴에서 $\angle x$의 크기를 구하시오.

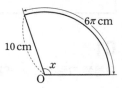

11

오른쪽 그림과 같은 원 O에서 색칠한 부분의 둘레의 길이와 넓이를 각각 구하시오.

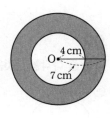

12

오른쪽 그림과 같은 부채꼴에서 색칠한 부분의 둘레의 길이와 넓이를 각각 구하시오.

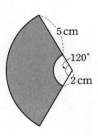

중단원 테스트 [1회]

01

오른쪽 그림에서 ∠x의 크기는?

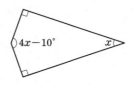

① 38°   ② 39°

③ 40°   ④ 41°

⑤ 42°

02

다음 중 다각형인 것은?

①   ②   ③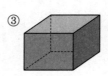

④   ⑤

03

오른쪽 그림에서 ∠x의 크기는?

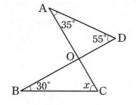

① 45°   ② 50°

③ 55°   ④ 60°

⑤ 65°

04

다음 설명 중 옳지 않은 것은?

① 활꼴은 한 원에서 호와 현으로 이루어진 도형이다.

② 한 원에서 부채꼴의 넓이는 중심각의 크기에 정비례한다.

③ 부채꼴에서 중심각은 두 반지름이 이루는 각이다.

④ 한 원에서 현의 길이는 중심각의 크기에 정비례한다.

⑤ 중심각의 크기가 180°이면 부채꼴과 활꼴은 같아진다.

05

다음 설명 중 옳지 않은 것은?

① 삼각형의 내각의 크기의 합은 180°이다.

② 정사각형의 한 내각의 크기는 90°이다.

③ 육각형의 내각의 크기의 합은 720°이다.

④ 팔각형의 외각의 크기의 합은 180°×8이다.

⑤ 삼각형의 한 외각의 크기는 이와 이웃하지 않는 두 내각의 크기의 합과 같다.

06

오른쪽 그림과 같은 원 O에서 부채꼴 AOB와 부채꼴 COD의 넓이의 비가 4 : 3일 때, $\overarc{AB}$와 $\overarc{CD}$의 길이의 비는?

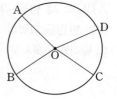

① 2 : 1   ② 2 : 3

③ 3 : 1   ④ 4 : 1

⑤ 4 : 3

07

한 내각의 크기와 한 외각의 크기의 비가 $8:1$인 정다각형이 있다. 이 정다각형의 내부에 있는 한 점과 각 꼭짓점에 선을 그었을 때 생기는 삼각형의 개수를 구하시오.

08

오른쪽 그림과 같이 중심이 O인 반원에서 $\overline{AB}/\!/\overline{OC}$이고 호 BC의 길이는 10 cm일 때, 호 AB의 길이는?

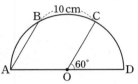

① 6 cm   ② 7 cm   ③ 8 cm

④ 9 cm   ⑤ 10 cm

09

오른쪽 그림과 같은 정사각형에서 색칠한 부분의 둘레의 길이와 넓이를 차례대로 구하면?

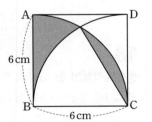

① $(3\pi+12)$ cm, π cm^2

② $(3\pi+12)$ cm, 3π cm^2

③ $(4\pi+12)$ cm, 2π cm^2

④ $(5\pi+12)$ cm, 2π cm^2

⑤ $(5\pi+12)$ cm, 3π cm^2

10

내각의 크기의 합이 $1800°$인 정다각형의 한 내각의 크기는?

① $108°$ ② $120°$ ③ $135°$

④ $144°$ ⑤ $150°$

11

오른쪽 그림은 지름의 길이가 8 cm인 원의 내부에 두 개의 반원을 그린 것이다. 색칠한 부분의 둘레의 길이는?

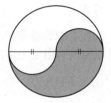

① 6π cm   ② 7π cm

③ 8π cm   ④ 9π cm

⑤ 10π cm

12

오른쪽 그림에서
$\angle a + \angle b + \angle c + \angle d$
$\qquad + \angle e + \angle f + \angle g$
의 크기를 구하시오.

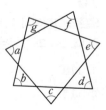

13

한 내각의 크기와 한 외각의 크기의 비가 2 : 1인 정다각형의 외각의 합은?

① 90°   ② 180°   ③ 270°

④ 360°   ⑤ 알 수 없다.

14

오른쪽 그림과 같은 오각형 ABCDE에서 ∠D의 외각은?

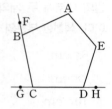

① ∠FBA   ② ∠FCG

③ ∠CDE   ④ ∠EDH

⑤ ∠AED

15

오른쪽 그림에서 ∠ABD = ∠CBD일 때, ∠x의 크기는?

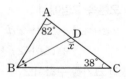

① 110°   ② 111°

③ 112°   ④ 113°

⑤ 114°

16

다음 중 정오각형에 대한 설명으로 옳지 않은 것은?

① 꼭짓점은 5개이다.

② 변의 개수는 5이다.

③ 내각의 크기는 모두 같다.

④ 대각선의 개수는 10이다.

⑤ 대각선의 길이는 모두 같다.

17

다음 중 한 내각의 크기가 120°인 정다각형은?

① 정오각형   ② 정육각형   ③ 정칠각형

④ 정팔각형   ⑤ 정구각형

18

정십육각형의 한 내각의 크기를 ∠a, 한 외각의 크기를 ∠b라 할 때, ∠a − ∠b의 크기는?

① 108°   ② 118°   ③ 120°

④ 135°   ⑤ 144°

19

오른쪽 그림에서 $\angle a + \angle b + \angle c$
의 크기는?

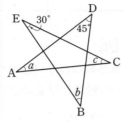

① $95°$ ② $100°$

③ $105°$ ④ $110°$

⑤ $115°$

20

오른쪽 그림과 같은 원 O에서 길이가
가장 긴 현의 길이가 $8\,cm$일 때, $\overarc{AB}$
의 길이는?

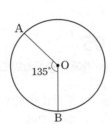

① $3\pi\,cm$ ② $4\pi\,cm$

③ $6\pi\,cm$ ④ $16\pi\,cm$

⑤ $48\pi\,cm$

21

오른쪽 그림과 같은 원 O에서
$\angle AOB = 80°$, $\angle COD = 40°$일
때, 다음 중 옳지 않은 것은?

(정답 2개)

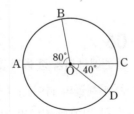

① $\overline{AB} = 2\overline{CD}$

② $\overline{OA} = \overline{OD}$

③ $\overarc{AB} = 2\overarc{CD}$

④ $\triangle OAB = 2\triangle OCD$

⑤ (부채꼴 OAB의 넓이) $= 2 \times$ (부채꼴 OCD의 넓이)

22

십일각형의 한 꼭짓점에서 그을 수 있는 대각선의 개수를 a,
이때 생기는 삼각형의 개수를 b라 할 때, $a+b$의 값은?

① 16 ② 17 ③ 18

④ 19 ⑤ 20

23

한 꼭짓점에서 그을 수 있는 대각선을 모두 그으면 12개의
삼각형으로 이루어지는 다각형이 있다. 이 다각형에서 대각
선의 개수는?

① 20 ② 36 ③ 54

④ 65 ⑤ 77

24

오른쪽 그림과 같은 사각형은 한 변의
길이가 8인 정사각형이다. 색칠한 부
분의 넓이는?

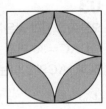

① $4\pi - 8$ ② $32\pi - 16$

③ $32\pi - 32$ ④ $32\pi - 64$

⑤ $64\pi - 64$

중단원 테스트 [2회]

테스트한 날	맞은 개수
월 일	/ 24

01

어떤 다각형의 내부의 임의의 한 점에서 각 꼭짓점을 연결하였더니 8개의 삼각형이 생겼다. 이 다각형의 한 꼭짓점에서 그을 수 있는 대각선의 개수는?

① 4   ② 5   ③ 6

④ 7   ⑤ 8

02

한 외각의 크기가 36°인 정다각형의 내각의 크기의 합은?

① 900°   ② 1080°   ③ 1260°

④ 1440°   ⑤ 1620°

03

오른쪽 그림과 같은 반원 O에서 $\angle BAC = 30°$이고, $\overset{\frown}{BC} = 3$ cm 일 때, $\overset{\frown}{AC}$의 길이는?

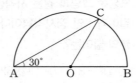

① 3 cm   ② 6 cm

③ 9 cm   ④ 12 cm

⑤ 15 cm

04

오른쪽 그림과 같은 부채꼴에서 색칠한 부분의 넓이는?

① 8π cm²   ② 16π cm²

③ 20π cm²   ④ 36π cm²

⑤ 64π cm²

05

보기에서 중심각의 크기에 정비례하는 것의 개수는?

보기	
ㄱ. 반지름의 길이	ㄴ. 호의 길이
ㄷ. 현의 길이	ㄹ. 활꼴의 넓이
ㅁ. 부채꼴의 넓이	

① 1   ② 2   ③ 3

④ 4   ⑤ 5

06

한 원에서 다음 중 옳지 않은 것은?

① 부채꼴의 넓이는 중심각의 크기에 정비례한다.

② 한 원에서 길이가 가장 긴 현은 지름이다.

③ 길이가 같은 두 호에 대한 중심각의 크기는 같다.

④ 길이가 같은 두 현에 대한 중심각의 크기는 같다.

⑤ 중심각의 크기가 3배가 되면 현의 길이도 3배가 된다.

07

한 외각의 크기가 24°인 정다각형에 대한 설명으로 옳지 않은 것은?

① 변의 개수는 15이다.

② 한 내각의 크기는 156°이다.

③ 내각의 크기의 합은 2440°이다.

④ 대각선의 개수는 90이다.

⑤ 한 꼭짓점에서 그을 수 있는 대각선의 개수는 12이다.

08

오른쪽 그림과 같은 정팔각형에서 ∠x의 크기는?

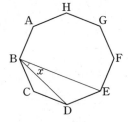

① 22.5°　　② 25°

③ 27.5°　　④ 30°

⑤ 32.5°

09

오른쪽 그림에서 ∠AOB=∠BOC=∠COD일 때, 다음 중 옳지 않은 것은?

① $\overline{AB}=\overline{BC}$

② $\overline{AC}=2\overline{BC}$

③ $\overparen{AC}=2\overparen{AB}$

④ $\overparen{AC}=\overparen{BD}$

⑤ 부채꼴 OAD의 넓이는 부채꼴 OAB의 넓이의 3배이다.

10

오른쪽 그림과 같이 $\overline{AB}$를 지름으로 하는 원 O에서 $\overline{OD}=\overline{CD}$일 때, $\overparen{BD}:\overparen{AE}$는?

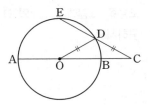

① 1 : 2　　② 1 : 3

③ 2 : 3　　④ 3 : 4

⑤ 4 : 5

11

오른쪽 그림에서 ∠x+∠y의 크기를 구하시오.

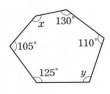

12

오른쪽 그림에서 ∠a+∠b+∠c+∠d의 크기는?

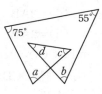

① 210°　　② 230°

③ 250°　　④ 270°

⑤ 290°

13

오른쪽 그림에서 ∠x의 크기를
구하시오.

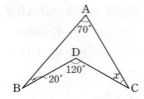

14

오른쪽 그림과 같은 원 O에서
$\overline{AB}\,/\!/\,\overline{OC}$, $\overparen{AB} : \overparen{BC} = 8 : 5$일 때,
∠BOC의 크기를 구하시오.

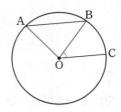

15

오른쪽 그림과 같은 원 O에서
∠COD=2∠AOB일 때, 보기에서
옳은 것을 모두 고른 것은?

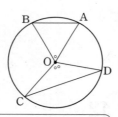

보기
ㄱ. $\overparen{CD}=2\overparen{AB}$
ㄴ. $\overline{CD}=2\overline{AB}$
ㄷ. △OCD=2△OAB
ㄹ. 부채꼴 OCD의 넓이는 부채꼴 OAB의 넓이의 2배
   이다.

① ㄱ, ㄴ   ② ㄱ, ㄷ   ③ ㄱ, ㄹ
④ ㄴ, ㄹ   ⑤ ㄷ, ㄹ

16

오른쪽 그림에서 ∠x+∠y의 크기는?

① 70°   ② 80°

③ 90°   ④ 100°

⑤ 110°

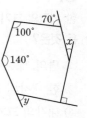

17

다음 중 다각형인 것은? (정답 2개)

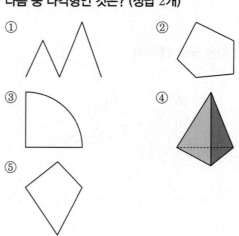

18

오른쪽 그림과 같은 △ABC에서
∠A의 크기는 ∠B의 크기보다
10°만큼 작고, ∠C의 크기는 ∠B의
크기의 2배일 때, ∠B의 크기를 구하
시오.

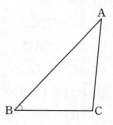

19

오른쪽 그림과 같은 정육각형에서
∠x의 크기는?

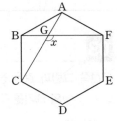

① 110°   ② 120°

③ 130°   ④ 140°

⑤ 150°

20

오른쪽 그림과 같은 정사각형에서 색칠한 부분의 넓이를 구하시오.

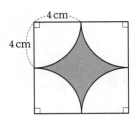

21

한 원에서 부채꼴과 활꼴이 같아지는 경우의 중심각의 크기는?

① 90°   ② 100°   ③ 120°

④ 150°   ⑤ 180°

22

다음 설명 중 옳은 것은?

① 정다각형의 대각선의 길이는 모두 같다.

② 십각형의 대각선의 개수는 45이다.

③ 변의 길이가 모두 같은 육각형은 정육각형이다.

④ 이십각형의 한 꼭짓점에서 그을 수 있는 대각선의 개수는 16이다.

⑤ 한 꼭짓점에서 대각선을 모두 그었을 때 생기는 삼각형의 개수가 9인 다각형은 십일각형이다.

23

오른쪽 그림과 같은 정오각형 ABCDE에 대한 설명으로 옳지 않은 것은?

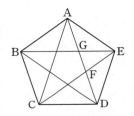

① 내각의 크기의 합은 540°이다.

② ∠DCE=∠DEC=30°

③ ∠AFC=108°

④ $\overline{BE} /\!/ \overline{CD}$

⑤ △ABG는 이등변삼각형이다.

24

어떤 다각형의 내각의 크기의 합이 400°보다는 크고 700°보다는 작다. 이 다각형의 한 꼭짓점에서 그을 수 있는 대각선의 개수를 구하시오.

중단원 테스트 [서술형]

01

내각의 크기의 합이 $1620°$인 다각형의 꼭짓점의 개수를 a, 대각선의 개수를 b라 할 때, $a+b$의 값을 구하시오.

> 해결 과정

> 답

03

오른쪽 그림과 같은 정오각형에서 $\angle x - \angle y$의 크기를 구하시오.

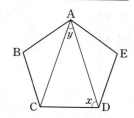

> 해결 과정

> 답

02

오른쪽 그림과 같은 △ABC에서 점 P는 ∠B의 외각과 ∠C의 외각의 이등분선의 교점이다. ∠BAC=50° 일 때, ∠x의 크기를 구하시오.

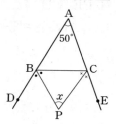

> 해결 과정

> 답

04

오른쪽 그림과 같은 사각형 ABCD의 두 내각 ∠B, ∠C 의 이등분선의 교점을 E라고 할 때, ∠x의 크기를 구하시오.

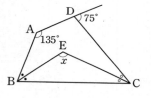

> 해결 과정

> 답

05

오른쪽 그림과 같은 원 O에서
$\overline{AB}=\overline{BC}$, $\overline{AO}=9$ cm,
$\angle ABO=65°$일 때, $\overarc{AC}$의 길이를
구하시오.

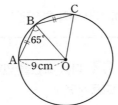

> 해결 과정

> 답

06

오른쪽 그림과 같은 부채꼴에서 색칠
한 부분의 둘레의 길이와 넓이를 각
각 구하시오.

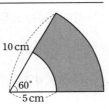

> 해결 과정

> 답

07

오른쪽 그림과 같이 $\overline{AB}$를 지
름으로 하는 반원 O에서
$\overline{AD}\,/\!/\,\overline{OC}$이고 $\angle BOC=36°$,
부채꼴 BOC의 넓이는
12π cm²일 때, 부채꼴 AOD의 넓이를 구하시오.

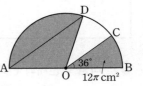

> 해결 과정

> 답

08

오른쪽 그림에서 색칠한 부분의 넓이
를 a cm², 둘레의 길이를 b cm라고
할 때, $b-a$의 값을 구하시오.

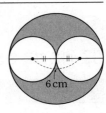

> 해결 과정

> 답

01 다음 다면체의 면의 개수와 몇 면체인지 각각 구하시오.

(1)

(2)

02 다음 표를 완성하시오.

구분	오각기둥	오각뿔	오각뿔대
옆면의 모양			
꼭짓점의 개수			
모서리의 개수			
면의 개수			

03 다음 조건을 만족시키는 정다면체를 보기에서 모두 고르시오.

> 보기
> ㄱ. 정사면체　　ㄴ. 정육면체　　ㄷ. 정팔면체
> ㄹ. 정십이면체　　ㅁ. 정이십면체

(1) 각 면의 모양이 정삼각형인 정다면체

(2) 각 꼭짓점에 모인 면의 개수가 3인 정다면체

04 정다면체에 대한 다음 설명 중 옳은 것에는 ○표, 옳지 않은 것에는 ×표 하시오.

(1) 정다면체는 모두 5가지뿐이다.　　　　　(　)

(2) 각 꼭짓점에 모인 면의 개수가 4인 정다면체는 없다.
　　　　　　　　　　　　　　　　　(　)

(3) 각 면의 모양이 정오각형인 정다면체는 정십이면체뿐이다.　　　　　　　　　　　(　)

(4) 정육면체의 꼭짓점의 개수와 정팔면체의 면의 개수는 서로 같다.　　　　　　　　　(　)

05 다음 평면도형을 직선 *l*을 축으로 하여 1회전 시킬 때 생기는 회전체를 그리고, 그 이름을 말하시오.

(1)

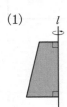

(2)

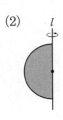

06 다음 평면도형을 직선 *l*을 축으로 하여 1회전 시킬 때 생기는 회전체를 그리시오.

(1)

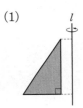

(2)

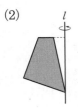

07 다음 회전체를 회전축에 수직인 평면으로 자를 때 생기는 단면과 회전축을 포함한 평면으로 자를 때 생기는 단면을 각각 구하시오.

(1)

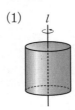

(2)

(3)

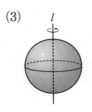

(4)

01

정다면체에 대한 다음 설명 중 옳지 않은 것은?

① 정다면체는 모두 5가지뿐이다.

② 정다면체의 각 면은 모두 합동이다.

③ 한 꼭짓점에 모이는 면의 개수는 같다.

④ 정십이면체의 한 꼭짓점에 모이는 면의 개수는 3이다.

⑤ 각 면은 정삼각형, 정사각형, 정오각형, 정육각형으로 이루어져 있다.

02

다음 중 다면체와 그 옆면을 이루는 다각형의 모양을 잘못 짝 지은 것은?

① 정육면체 ⇨ 정사각형

② 삼각뿔 ⇨ 삼각형

③ 사면체 ⇨ 사각형

④ 오각뿔대 ⇨ 사다리꼴

⑤ 오각기둥 ⇨ 직사각형

03

다음 중 원뿔대의 전개도는?

①

②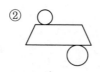

③

④

⑤

04

다음 조건을 모두 만족하는 입체도형은?

> (가) 다면체이다.
> (나) 각 면은 합동인 정삼각형이다.
> (다) 각 꼭짓점에 모이는 면의 개수는 같다.
> (라) 한 꼭짓점에 5개의 모서리가 모인다.

① 정사면체　　② 정육면체　　③ 정팔면체

④ 정십이면체　　⑤ 정이십면체

05

다음 중 직선 *l*을 축으로 하는 회전체가 아닌 것은?

①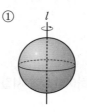

②

③

④

⑤

06

면의 개수와 꼭짓점의 개수가 모두 10인 다면체는?

① 팔각뿔대　　② 팔각기둥　　③ 구각뿔

④ 십각뿔　　⑤ 정팔면체

07

면의 개수가 가장 적은 정다면체의 꼭짓점의 개수를 a, 면의 개수가 가장 많은 정다면체의 꼭짓점의 개수를 b라고 할 때, $a+b$의 값은?

① 14   ② 16   ③ 18

④ 20   ⑤ 22

08

오른쪽 그림과 같은 사다리꼴을 직선 l을 축으로 하여 1회전 시킬 때 생기는 회전체에 대한 설명으로 옳지 않은 것은?

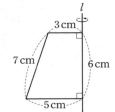

① 원뿔대이다.

② 회전체의 높이는 6 cm이다.

③ 회전축과 수직인 평면으로 자른 단면은 모두 합동인 원이다.

④ 회전축을 포함하는 평면으로 자를 때 생기는 단면의 넓이는 48 cm²이다.

⑤ 회전축을 포함하는 평면으로 자른 단면은 회전축을 대칭축으로 하는 선대칭도형이다.

09

오른쪽 입체도형은 어떤 도형을 회전시킨 것인가?

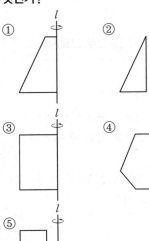

10

오른쪽 그림은 어떤 회전체를 회전축을 포함하는 평면과 회전축에 수직인 평면으로 자른 단면이다. 이 회전체를 바르게 나타낸 것은?

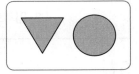

①   ②

③   ④

⑤

11

오른쪽 그림은 원뿔의 전개도이다. $\angle x$의 크기는?

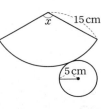

① 90°   ② 100°

③ 110°   ④ 120°

⑤ 130°

12

다음 중 다면체에 대한 설명으로 옳지 않은 것은?

① 각기둥의 옆면은 모두 직사각형이다.

② 정각뿔의 옆면은 모두 이등변삼각형이다.

③ 각뿔대의 옆면은 모두 사다리꼴이다.

④ 각기둥의 두 밑면은 합동이다.

⑤ 각뿔대의 두 밑면은 합동이다.

01

다음 조건을 모두 만족하는 입체도형을 쓰시오.

> (가) 다면체이다.
> (나) 각 면은 모두 합동이다.
> (다) 한 꼭짓점에 모이는 면의 개수는 4이다.

02

오른쪽 그림과 같은 전개도로 만들어지는 정다면체의 모서리의 개수를 구하시오.

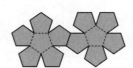

03

보기에서 정다면체에 대한 설명으로 옳지 않은 것의 개수를 구하시오.

> 보기
> ㄱ. 정팔면체의 꼭짓점의 개수는 8이다.
> ㄴ. 정육면체는 면의 모양이 정사각형이다.
> ㄷ. 정십이면체는 면의 모양이 정오각형이다.
> ㄹ. 정사면체의 한 꼭짓점에 모이는 면의 개수는 3이다.
> ㅁ. 정이십면체의 한 꼭짓점에 모이는 면의 개수는 5이다.

04

'옆면이 모두 사각형인 입체도형'을 보기에서 모두 고르시오.

> 보기
> ㄱ. 정육면체   ㄴ. 원뿔   ㄷ. 삼각뿔대
> ㄹ. 정팔면체   ㅁ. 정사면체   ㅂ. 구
> ㅅ. 원기둥   ㅇ. 직육면체   ㅈ. 원뿔대

05

오른쪽 그림은 원뿔의 전개도이다. 밑면의 반지름의 길이를 구하시오.

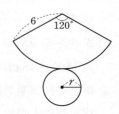

06

보기에서 구에 대한 설명 중 옳은 것을 모두 고르시오.

> 보기
> ㄱ. 회전축은 하나뿐이다.
> ㄴ. 구의 전개도는 그릴 수 없다.
> ㄷ. 구를 평면으로 자를 때 생기는 단면은 항상 원이다.
> ㄹ. 구를 회전축에 수직인 평면으로 자를 때 생기는 단면은 항상 합동인 원이다.
> ㅁ. 반원의 지름을 지나는 직선을 회전축으로 하여 1회전 시킬 때 생기는 입체도형이다.

07

오른쪽 그림과 같은 입체도형을 자를 때, 단면이 될 수 있는 도형을 보기에서 모두 고르시오.

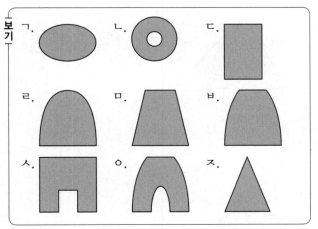

보기
ㄱ. ㄴ. ㄷ. ㄹ. ㅁ. ㅂ. ㅅ. ㅇ. ㅈ.

08

오른쪽 그림과 같은 사각형을 각 변을 회전축으로 하여 1회전 시켜서 얻을 수 있는 회전체의 단면을 보기에서 모두 고르시오. (단, 회전축에 수직인 평면으로 자르거나 회전축을 포함하는 평면으로 자른다.)

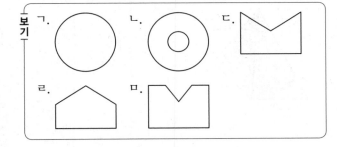

보기
ㄱ. ㄴ. ㄷ. ㄹ. ㅁ.

09

오른쪽 그림과 같은 정육면체를 세 점 A, C, F를 지나는 평면으로 자를 때, 잘린 부분의 단면은 어떤 도형인지 구하시오.

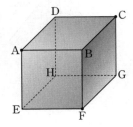

10

어떤 각뿔의 모서리와 꼭짓점의 개수의 차가 23일 때, 이 각뿔의 면의 개수를 구하시오.

11

오른쪽 그림과 같은 사다리꼴을 직선 l 을 축으로 하여 1회전 시켜서 생긴 입체도형을 회전축을 포함하는 평면으로 잘랐을 때 생기는 단면의 넓이를 구하시오.

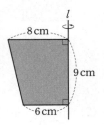

12

보기에서 회전체에 대한 설명으로 옳지 않은 것을 모두 고르시오.

보기
ㄱ. 원기둥, 원뿔, 원뿔대, 구는 모두 회전체이다.
ㄴ. 구는 어떤 방향으로 잘라도 그 잘린 면은 항상 원이다.
ㄷ. 회전축에 수직인 평면으로 자르면, 그 잘린 면은 항상 원이다.
ㄹ. 회전축을 포함하는 평면으로 자르면, 그 잘린 면은 항상 합동인 원이다.
ㅁ. 회전축을 포함하는 평면으로 자르면, 그 잘린 면은 회전축을 대칭축으로 하는 선대칭도형이다.

소단원 집중 연습

2. 입체도형의 성질 | 02. 입체도형의 겉넓이와 부피

01 다음 그림과 같은 각기둥의 겉넓이와 부피를 각각 구하시오.

(1)
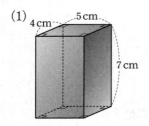

(2)
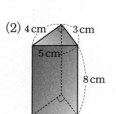

02 다음 그림과 같은 원기둥의 겉넓이와 부피를 각각 구하시오.

(1)
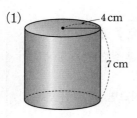

(2)
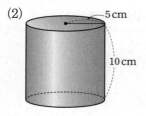

03 다음 그림과 같은 각뿔의 겉넓이를 구하시오.

(1)
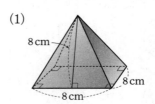

(2)
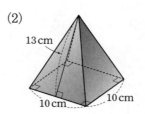

04 다음 그림과 같은 각뿔의 부피를 구하시오.

(1)
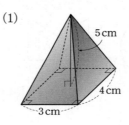

(2)
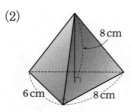

096   Ⅱ. 평면도형과 입체도형

05 다음 그림과 같은 원뿔의 겉넓이를 구하시오.

(1)
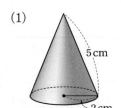

(2)
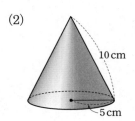

06 다음 그림과 같은 원뿔의 부피를 구하시오.

(1)
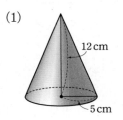

(2)
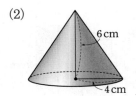

07 다음 그림과 같은 구의 겉넓이와 부피를 각각 구하시오.

(1)
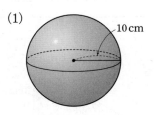

(2)
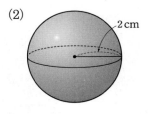

(3)
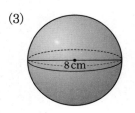

(4)
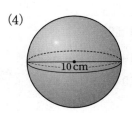

01

오른쪽 그림과 같은 삼각뿔의 겉
넓이는?

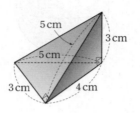

① 25 cm²   ② 27 cm²

③ 28 cm²   ④ 30 cm²

⑤ 32 cm²

02

오른쪽 그림과 같은 원뿔의 부피가
24π cm³일 때, 밑면의 반지름의 길이는?

① 2 cm   ② 3 cm

③ 4 cm   ④ 5 cm

⑤ 6 cm

03

오른쪽 그림과 같이 위는 원기둥
을 이등분한 모양이고 아래는 직
육면체 모양의 비닐하우스를 만
들려고 한다. 색칠한 부분에는
비닐을 깔지 않을 때, 필요한 비닐의 넓이는?

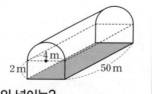

① $(100\pi+210)$ m²   ② $(102\pi+212)$ m²

③ $(104\pi+216)$ m²   ④ $(104\pi+214)$ m²

⑤ $(106\pi+210)$ m²

04

오른쪽 그림은 반지름의 길이가 5 cm인
구의 $\frac{1}{8}$을 잘라 낸 입체도형이다. 이
입체도형의 겉넓이는?

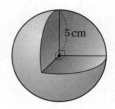

① $\frac{225}{2}\pi$ cm²   ② $\frac{225}{4}\pi$ cm²

③ $\frac{225}{6}\pi$ cm²   ④ $\frac{425}{2}\pi$ cm²

⑤ $\frac{425}{4}\pi$ cm²

05

오른쪽 그림과 같은 전개도로 만
들어지는 각기둥의 부피와 겉넓이
를 차례대로 구하면?

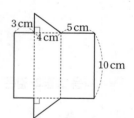

① 48 cm³, 64 cm²

② 48 cm³, 108 cm²

③ 60 cm³, 108 cm²

④ 60 cm³, 132 cm²

⑤ 64 cm³, 132 cm²

06

오른쪽 그림과 같은 사각기둥의 겉넓
이가 108 cm²일 때, h의 값은?

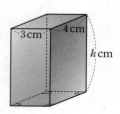

① 5   ② 6

③ 7   ④ 8

⑤ 9

07

오른쪽 그림과 같은 입체도형의 부피는?

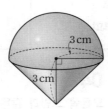

① 9π cm³   ② 27π cm³

③ 36π cm³   ④ 45π cm³

⑤ 63π cm³

08

오른쪽 그림과 같은 입체도형의 겉넓이는?

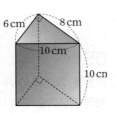

① 240 cm²   ② 264 cm²

③ 288 cm²   ④ 300 cm²

⑤ 312 cm²

09

오른쪽 그림과 같이 밑면의 반지름의 길이가 4 cm인 원뿔의 겉넓이가 48π cm²일 때, x의 값은?

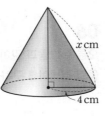

① 6   ② 7

③ 8   ④ 9

⑤ 10

10

오른쪽 그림은 반지름의 길이가 3 cm인 원의 $\frac{1}{4}$을 1회전 시켜서 생긴 입체도형이다. 이 입체도형의 겉넓이는?

① 20π cm²   ② 22π cm²   ③ 23π cm²

④ 25π cm²   ⑤ 27π cm²

11

오른쪽 그림과 같은 입체도형의 겉넓이와 부피는?

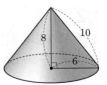

① (겉넓이)$=80\pi$, (부피)$=36\pi$

② (겉넓이)$=96\pi$, (부피)$=46\pi$

③ (겉넓이)$=96\pi$, (부피)$=96\pi$

④ (겉넓이)$=100\pi$, (부피)$=48\pi$

⑤ (겉넓이)$=100\pi$, (부피)$=50\pi$

12

오른쪽 그림과 같은 전개도로 만들어지는 입체도형의 부피는?

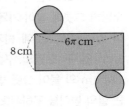

① 70π cm³   ② 72π cm³

③ 74π cm³   ④ 76π cm³

⑤ 78π cm³

01

오른쪽 그림과 같은 삼각뿔의 밑넓이
와 부피를 각각 구하시오.

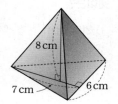

02

오른쪽 그림과 같은 사각기둥의
겉넓이를 구하시오.

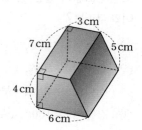

03

오른쪽 그림과 같이 밑면의 반지름의
길이가 5 cm, 높이가 8 cm인 원기둥
모양의 그릇에 물이 가득 차지 않게 들
어 있다. 이 그릇에 반지름의 길이가
3 cm인 구 모양의 구슬을 넣었더니
11π cm³의 물이 그릇 밖으로 넘쳤다. 처음 그릇에 들어 있
던 물의 높이를 구하시오. (단, 그릇과 구슬의 두께는 무시한
다.)

04

오른쪽 그림과 같은 사각뿔대의
부피를 구하시오.

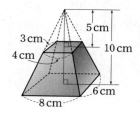

05

오른쪽 그림과 같이 밑면이 부채꼴인 기
둥의 겉넓이를 구하시오.

06

오른쪽 그림과 같이 속이 뚫린 원기
둥의 겉넓이를 구하시오.

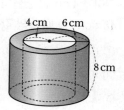

07
오른쪽 그림과 같이 밑면이 부채꼴인 기둥의 부피를 구하시오.

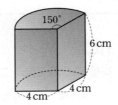

08
오른쪽 그림은 밑면의 반지름의 길이가 3 cm, 모선의 길이가 5 cm인 원뿔의 전개도이다. 이 원뿔의 겉넓이를 구하시오.

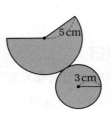

09
오른쪽 그림과 같이 원기둥 안에 구가 꼭 맞게 들어 있다. 구의 겉넓이와 원기둥의 겉넓이의 비를 구하시오.

10
오른쪽 그림과 같은 삼각기둥의 부피가 60 cm³일 때, x의 값을 구하시오.

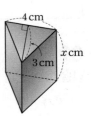

11
오른쪽 그림은 밑면의 반지름의 길이가 8 cm, 높이가 10 cm인 원뿔을 높이가 5 cm가 되도록 잘라 낸 원뿔대이다. 이 원뿔대의 부피를 구하시오.

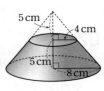

12
오른쪽 그림과 같이 반지름의 길이가 각각 2 cm, 6 cm인 두 구의 부피의 비를 구하시오.

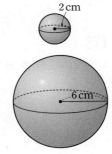

중단원 테스트 [1회]

테스트한 날	맞은 개수
월 일	/ 24

01
다음 중 각 면이 정오각형인 정다면체는?

① 정사면체　　② 정육면체　　③ 정팔면체

④ 정십이면체　　⑤ 정이십면체

02
다음 중 육면체가 아닌 것은?

① 오각뿔　　② 정육면체　　③ 사각기둥

④ 육각기둥　　⑤ 사각뿔대

03
다음 입체도형 중 서로 평행한 면이 한 쌍도 없는 것은?

① 원뿔대　　② 정팔면체　　③ 육각기둥

④ 오각뿔대　　⑤ 정사면체

04
다음 중 입체도형과 그 옆면이 옳게 짝지어진 것은?

① 삼각뿔 ⇨ 삼각형

② 오각뿔 ⇨ 오각형

③ 삼각기둥 ⇨ 삼각형

④ 사각뿔대 ⇨ 삼각형

⑤ 육각기둥 ⇨ 육각형

05
다음 설명 중 옳지 않은 것은?

① 원뿔의 전개도에서 옆면은 부채꼴이다.

② 각뿔대의 두 밑면은 서로 평행하다.

③ n각뿔의 면의 개수는 $n+2$이다.

④ n각뿔대의 모서리의 개수는 $3n$이다.

⑤ 각뿔은 꼭짓점의 개수와 면의 개수가 같다.

06
다음 입체도형 중 꼭짓점의 개수와 면의 개수가 같은 도형은?

① 정사면체　　② 오각뿔대　　③ 정육면체

④ 오각기둥　　⑤ 정팔면체

07

다음 중 주어진 평면도형을 직선 l을 회전축으로 하여 1회전 시켰을 때, 원뿔대가 되는 것은?

①   ②   ③

④   ⑤

08

다음 중 원뿔대를 임의의 평면으로 자를 때 생기는 단면의 모양이 아닌 것은?

①   ②   ③

④   ⑤

09

다음 중 옳지 않은 것은?

다면체	면의 모양	한 꼭짓점에 모인 면의 개수
① 정사면체	정삼각형	3
② 정육면체	정사각형	3
③ 정팔면체	정삼각형	4
④ 정십이면체	정오각형	3
⑤ 정이십면체	정삼각형	4

10

다음 중 오각기둥에 대한 설명으로 옳지 않은 것은?

① 칠면체이다.
② 꼭짓점의 개수는 10이다.
③ 두 밑면은 서로 평행하다.
④ 옆면은 모두 직사각형이다.
⑤ 두 밑면은 합동인 삼각형이다.

11

오른쪽 그림과 같이 반지름의 길이가 4 cm인 구의 내부에 정팔면체가 꼭 맞게 들어 있다. 이 정팔면체의 부피는?

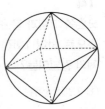

① $256 \, \text{cm}^3$ ② $\dfrac{256}{3} \, \text{cm}^3$

③ $128 \, \text{cm}^3$ ④ $\dfrac{128}{3} \, \text{cm}^3$

⑤ $64 \, \text{cm}^3$

12

오른쪽 그림과 같은 평면도형을 직선 l을 축으로 하여 1회전 시킬 때 생기는 회전체의 겉넓이를 구하시오.

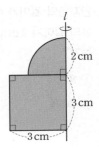

13

오른쪽 그림과 같은 입체도형의 겉넓이는?

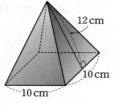

① 240 cm²   ② 290 cm²

③ 340 cm²   ④ 390 cm²

⑤ 440 cm²

14

오른쪽 그림과 같은 도형을 직선 l을 회전축으로 하여 1회전 시킬 때 생기는 회전체의 겉넓이는?

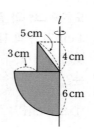

① 123π cm²   ② 126π cm²

③ 135π cm²   ④ 138π cm²

⑤ 144π cm²

15

반지름의 길이가 6 cm인 구 모양의 쇠구슬을 녹여서 반지름의 길이가 2 cm인 구 모양의 쇠구슬을 몇 개 만들 수 있는가?

① 8개   ② 10개   ③ 16개

④ 20개   ⑤ 27개

16

오른쪽 그림과 같은 평면도형을 직선 l을 회전축으로 하여 1회전 시켰다. 이 회전체를 회전축을 포함하는 평면으로 잘랐을 때 생기는 단면의 넓이는?

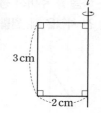

① 4 cm²   ② 8 cm²

③ 9π cm²   ④ 12 cm²

⑤ 4π cm²

17

오른쪽 그림과 같은 기둥의 겉넓이는?

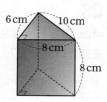

① 240 cm²   ② 264 cm²

③ 288 cm²   ④ 300 cm²

⑤ 312 cm²

18

다음 중 각뿔대에 대한 설명으로 옳지 않은 것은?

① 두 밑면은 서로 평행하다.

② 옆면은 모두 사다리꼴이다.

③ n각뿔대의 면의 개수는 $n+2$이다.

④ 각뿔을 자르면, 언제나 각뿔대를 얻는다.

⑤ 밑면에 포함되지 않은 모든 모서리를 연장한 직선은 한 점에서 만난다.

19

오른쪽 그림과 같이 원기둥에서 일부분을 잘라 낸 입체도형의 겉 넓이는?

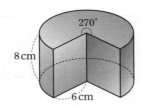

① $(48+126\pi)$ cm^2
② $(48+144\pi)$ cm^2
③ $(96+126\pi)$ cm^2
④ $(96+144\pi)$ cm^2
⑤ $(96+168\pi)$ cm^2

20

오른쪽 그림과 같은 평면도형을 직선 l 을 회전축으로 하여 1회전 시킬 때 생기는 입체도형의 부피는?

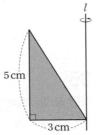

① 24π cm^3 ② 27π cm^3
③ 30π cm^3 ④ 33π cm^3
⑤ 36π cm^3

21

오른쪽 그림과 같은 원뿔대의 부피는?

① $\dfrac{100}{3}\pi$ cm^3 ② $\dfrac{110}{3}\pi$ cm^3
③ 40π cm^3 ④ $\dfrac{130}{3}\pi$ cm^3
⑤ $\dfrac{140}{3}\pi$ cm^3

22

다음 중 정십이면체에 대한 설명으로 옳지 않은 것은?

① 면의 개수는 12이다.
② 모서리의 개수는 30이다.
③ 꼭짓점의 개수는 20이다.
④ 면의 모양은 정삼각형이다.
⑤ 한 꼭짓점에 모인 면의 개수는 3이다.

23

오른쪽 그림과 같은 사각기둥의 부피는?

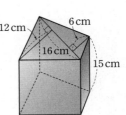

① 1440 cm^3
② 1960 cm^3
③ 1980 cm^3
④ 2080 cm^3
⑤ 2160 cm^3

24

다음 중 회전체에 대한 설명으로 옳지 않은 것은?

① 원뿔을 밑면에 수직인 평면으로 자를 때 생기는 단면은 항상 직사각형이다.
② 구를 회전축을 포함하는 평면으로 자를 때 생기는 단면은 항상 합동인 원이다.
③ 회전체를 회전축에 수직인 평면으로 자를 때 생기는 단면은 원이다.
④ 회전체를 회전축을 포함하는 평면으로 자를 때 생기는 단면은 서로 합동이다.
⑤ 구는 지름을 포함하는 평면으로 자를 때 생기는 단면이 가장 크다.

중단원 테스트 [2회]

테스트한 날	맞은 개수
월 일	/ 24

01

오른쪽 그림과 같은 사각형 ABCD에서 꼭짓점 C를 지나 $\overline{BC}$에 수직인 직선 l을 축으로 하여 1회전 시킬 때 생기는 회전체를 축을 포함하는 평면으로 자를 때, 잘린 면의 넓이는?

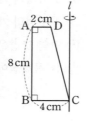

① 42 cm²   ② 44 cm²

③ 46 cm²   ④ 48 cm²

⑤ 50 cm²

02

다음 중 다면체와 그 옆면이 옳게 짝 지어진 것은?

① 삼각뿔 – 사각형   ② 삼각기둥 – 삼각형

③ 사각뿔대 – 삼각형   ④ 정육면체 – 정육각형

⑤ 정십이면체 – 정오각형

03

다음 중 꼭짓점의 개수가 나머지 넷과 다른 것은?

① 칠각뿔   ② 정육면체   ③ 사각뿔대

④ 사각기둥   ⑤ 육각뿔

04

보기에서 정다면체에 대한 설명으로 옳은 것을 모두 고른 것은?

> **보기**
> ㄱ. 정다면체의 모든 면은 합동이다.
> ㄴ. 면이 정오각형인 정다면체는 정십이면체이다.
> ㄷ. 면이 정삼각형인 정다면체는 정육면체와 정팔면체이다.
> ㄹ. 정다면체를 둘러싸고 있는 정다각형의 모양에 따라 정다면체의 이름이 결정된다.

① ㄱ, ㄴ   ② ㄱ, ㄷ   ③ ㄱ, ㄴ, ㄷ

④ ㄱ, ㄴ, ㄹ   ⑤ ㄴ, ㄷ, ㄹ

05

다음 중 팔각뿔에 대한 설명으로 옳지 않은 것은?

① 구면체이다.

② 밑면의 모양은 팔각형이다.

③ 옆면의 모양은 삼각형이다.

④ 모서리의 개수는 16이다.

⑤ 두 밑면은 합동이면서 서로 평행하다.

06

다음 중 모서리의 개수가 가장 많은 다면체는?

① 삼각뿔대   ② 사각뿔   ③ 오각기둥

④ 육각기둥   ⑤ 칠각뿔

07

다음 중 정육면체의 전개도가 될 수 없는 것은?

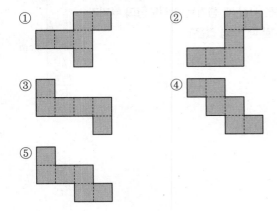

08

다음 중 회전체에 대한 설명으로 옳은 것은?

① 원뿔의 전개도에서 옆면은 삼각형이다.

② 원뿔대는 직사각형을 회전하여 얻어진 회전체이다.

③ 원기둥을 회전축을 포함하는 평면으로 자르면 그 단면은 원이다.

④ 원뿔을 회전축에 수직인 평면으로 자른 단면은 모두 합동이다.

⑤ 회전체를 회전축을 포함하는 평면으로 자른 단면은 선대칭도형이다.

09

정이십면체의 각 면의 한가운데에 있는 점을 연결하여 만든 입체도형의 모서리의 개수를 구하시오.

10

다음 중 어떤 평면으로 잘라도 그 단면이 항상 원인 회전체는?

① 원뿔대   ② 구   ③ 원뿔

④ 원기둥   ⑤ 반구

11

다음 중 꼭짓점의 개수와 면의 개수가 항상 같은 다면체는?

① 각기둥   ② 각뿔   ③ 각뿔대

④ 원뿔   ⑤ 원뿔대

12

오른쪽 그림과 같이 반지름의 길이가 각각 6 cm, 4 cm인 2개의 반구를 붙여 만든 입체도형의 겉넓이는?

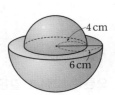

① 104π cm^2 ② 124π cm^2

③ 156π cm^2 ④ 208π cm^2

⑤ 228π cm^2

13

오른쪽 그림과 같은 직육면체의 겉넓이가 80 cm^2일 때, h의 값은?

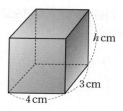

① 4   ② 5

③ 6   ④ 7

⑤ 8

14

다음 그림과 같이 모양과 크기가 같은 직육면체 모양의 물통 A, B, C에 각각 a, b, c의 높이 만큼 물이 들어 있다. 물의 부피가 각각 32 cm^3, 40 cm^3, 64 cm^3일 때, $a : b : c$를 가장 간단한 자연수의 비로 나타내시오.

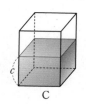

15

오른쪽 그림과 같은 원뿔의 겉넓이가 $39\pi \text{ cm}^2$일 때, 이 원뿔의 모선의 길이를 구하시오.

16

오른쪽 그림과 같은 삼각형을 직선 l을 축으로 하여 1회전 시킬 때 생기는 입체도형의 부피가 $64\pi \text{ cm}^3$일 때, x의 값은?

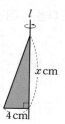

① 10   ② 11

③ 12   ④ 13

⑤ 14

17

아래 그림은 원뿔대와 그 전개도를 나타낸 것이다. 다음 중 색칠한 밑면의 둘레의 길이와 길이가 같은 것은?

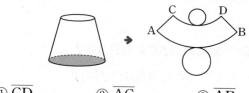

① $\overline{CD}$ ② $\overline{AC}$ ③ $\overline{AB}$

④ $\widehat{AB}$ ⑤ $\widehat{CD}$

18

오른쪽 그림과 같이 밑면의 반지름의 길이가 4 cm인 원뿔을 꼭짓점 A를 중심으로 굴렸더니 5회전하고 처음 위치로 돌아왔다. 원뿔의 옆넓이는?

① $64\pi \text{ cm}^2$ ② $72\pi \text{ cm}^2$ ③ $80\pi \text{ cm}^2$

④ $88\pi \text{ cm}^2$ ⑤ $96\pi \text{ cm}^2$

19

다음은 평면도형을 직선 *l*을 축으로 하여 1회전 시켰을 때 생긴 입체도형과 짝 지어 놓은 것이다. 옳지 않은 것은?

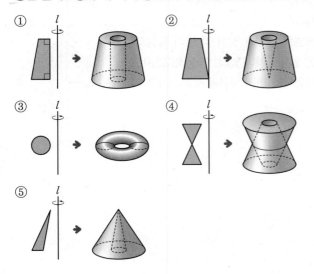

20

오른쪽 그림과 같이 직육면체 모양의 그릇에 물을 가득 채운 후 그릇을 기울여 물을 흘려보 냈을 때, 남아 있는 물의 부피 는?

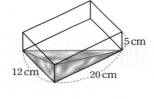

① 100 cm³   ② 150 cm³   ③ 200 cm³

④ 250 cm³   ⑤ 300 cm³

21

다음 정다면체 중 한 꼭짓점에 모인 면이 3개가 아닌 것은?

(정답 2개)

① 정사면체   ② 정육면체   ③ 정팔면체

④ 정십이면체   ⑤ 정이십면체

22

오른쪽 그림과 같은 전개도로 만들어지는 입체도형에 대한 설명으로 옳지 않은 것은?

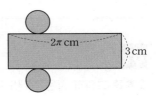

① 높이는 3 cm이다.

② 밑면의 반지름의 길이는 1 cm이다.

③ 만들어지는 입체도형은 원기둥이다.

④ 만들어지는 입체도형은 다면체가 아니다.

⑤ 어떤 평면으로 잘라도 단면의 모양은 원이다.

23

오른쪽 그림과 같이 밑면의 가로의 길이가 18 cm, 세로의 길이가 12 cm인 직육면체에서 부피가 214 cm³인 직육면체를 잘라 내었다. 이 입체도형의 겉넓이가 972 cm² 일 때, 부피는?

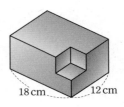

① 1306 cm³   ② 1410 cm³   ③ 1568 cm³

④ 1730 cm³   ⑤ 1872 cm³

24

오른쪽 그림과 같은 전개도로 만들어지는 정다면체에 대한 설명으로 옳지 않은 것은?

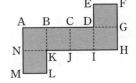

① 정육면체이다.

② 평행한 면은 3쌍이다.

③ 점 C와 겹치는 꼭짓점은 점 E이다.

④ 면 NKLM과 평행한 면은 면 EFGD이다.

⑤ 모서리 JI와 겹치는 모서리는 모서리 EF이다.

중단원 테스트 [서술형]

테스트한 날	맞은 개수
월 일	/ 8

01

오른쪽 그림과 같은 전개도로 만들어지는 정육면체에서 마주 보는 두 면에 적힌 수의 합이 10이 될 때, $a+b-c$의 값을 구하시오.

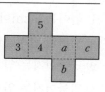

❯ 해결 과정

❯ 답

02

꼭짓점의 개수가 14인 각기둥의 면의 개수를 a, 모서리의 개수를 b라 할 때, $a+b$의 값을 구하시오.

❯ 해결 과정

❯ 답

03

오른쪽 그림과 같이 각 면이 정삼각형인 입체도형이 있다. 이 입체도형이 정다면체가 아닌 이유를 설명하시오.

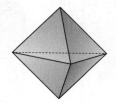

❯ 해결 과정

❯ 답

04

오른쪽 그림과 같은 전개도로 만들어지는 원뿔의 겉넓이를 구하시오.

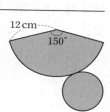

❯ 해결 과정

❯ 답

05

오른쪽 그림과 같은 입체도형의 부피를 구하시오.

> 해결 과정

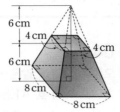

> 답

06

다음 그림과 같은 두 입체도형의 부피가 같을 때, 원뿔의 높이를 구하시오.

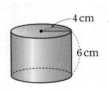
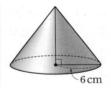

> 해결 과정

> 답

07

지름의 길이가 12 cm인 구 모양의 쇠구슬 1개를 녹여서 지름의 길이가 2 cm인 구 모양의 쇠구슬을 만들 때, 몇 개를 만들 수 있는지 구하시오.

> 해결 과정

> 답

08

오른쪽 그림과 같은 평면도형을 직선 l을 회전축으로 하여 1회전 시킬 때 생기는 회전체의 겉넓이를 구하시오.

> 해결 과정

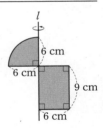

> 답

대단원 테스트

01

십삼각형의 한 꼭짓점에서 그을 수 있는 대각선의 개수를 a, 십삼각형의 대각선의 개수를 b라고 할 때, $a+b$의 값을 구하시오.

02

오른쪽 그림에서 색칠한 부분의 넓이는?

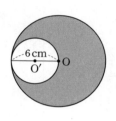

① 18π cm^2 ② 24π cm^2

③ 27π cm^2 ④ 30π cm^2

⑤ 33π cm^2

03

오른쪽 그림과 같은 입체도형의 겉넓이는?

① 100π cm^2 ② 120π cm^2

③ 145π cm^2 ④ 155π cm^2

⑤ 175π cm^2

04

오른쪽 그림과 같은 직사각형 ABCD에서 호 AE는 점 B를 중심으로 하는 사분원의 호이다. 색칠한 두 부분의 넓이가 같을 때, $\overline{BC}$의 길이는?

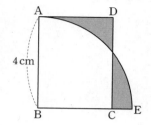

① $\dfrac{\pi}{2}$ cm   ② π cm

③ $\dfrac{3}{2}\pi$ cm   ④ 2 cm

⑤ $\dfrac{5}{2}\pi$ cm

05

다음 조건을 모두 만족시키는 입체도형은?

> (가) 칠면체이다.
> (나) 옆면의 모양은 직사각형이다.
> (다) 두 밑면은 서로 평행하고 합동인 다각형이다.

① 사각뿔   ② 사각기둥   ③ 오각뿔대

④ 오각뿔   ⑤ 오각기둥

06

오른쪽 그림은 밑면의 반지름의 길이가 6 cm인 원기둥의 일부를 잘라낸 것이다. 이 입체도형의 겉넓이와 부피를 차례대로 구하시오.

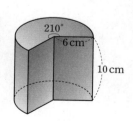

07

오른쪽 그림에서
$\angle a + \angle b + \angle c + \angle d$의 크기
는?

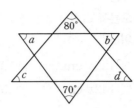

① 180°   ② 190°

③ 200°   ④ 210°

⑤ 220°

08

다음 중 정다면체에 대한 설명으로 옳지 않은 것은?

① 정다면체는 다섯 가지뿐이다.

② 정사면체, 정팔면체, 정이십면체는 면의 모양이 같다.

③ 한 꼭짓점에 6개의 면이 모이는 정다면체가 있다.

④ 정십이면체는 한 꼭짓점에 정오각형이 3개 모인 정
다면체이다.

⑤ 정다면체의 면의 모양은 모두 3가지뿐이다.

09

오른쪽 그림은 원뿔의 전개도이다.
이 원뿔의 밑넓이는?

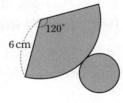

① 2π cm^2 ② 3π cm^2

③ 4π cm^2 ④ 5π cm^2

⑤ 6π cm^2

10

오른쪽 그림과 같은 원 O에서 색
칠한 부분의 둘레의 길이는?

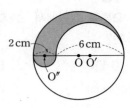

① 16π cm   ② 8π cm

③ 4π cm   ④ 2π cm

⑤ π cm

11

오른쪽 그림과 같은 전개도로
만들어지는 원기둥의 부피는?

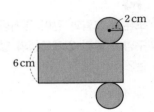

① 12π cm^3

② 18π cm^3

③ 24π cm^3

④ 27π cm^3

⑤ 30π cm^3

12

내각의 크기의 합이 1980°인 다각형의 대각선의 개수는?

① 54   ② 65   ③ 77

④ 108   ⑤ 130

13

오른쪽 그림에서 $\angle x$의 크기
는?

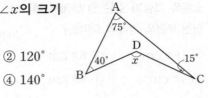

① 110°　　　② 120°

③ 130°　　　④ 140°

⑤ 150°

14

오른쪽 그림과 같이 원기둥에서
구멍이 뚫린 입체도형의 겉넓이
는?

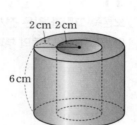

① 48π cm²

② 72π cm²

③ 96π cm²

④ 112π cm²

⑤ 120π cm²

15

한 내각의 크기와 한 외각의 크기의 비가 2 : 1인 정다각형
을 구하시오.

16

오른쪽 그림과 같은 입체도형의 겉넓
이는?

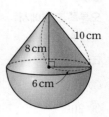

① 122π cm²　　② 132π cm²

③ 142π cm²　　④ 152π cm²

⑤ 162π cm²

17

오른쪽 그림에서
$\overline{AB}=\overline{BC}=\overline{CD}$이고, $\overline{AD}$는 원
의 지름이다. $\overline{AD}=12$ cm일 때,
색칠한 부분의 넓이는?

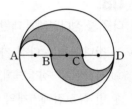

① 8π cm²　　② 12π cm²

③ 16π cm²　　④ 20π cm²

⑤ 24π cm²

18

오른쪽 그림과 같은 전개도로 만들
어지는 정사각뿔의 겉넓이는?

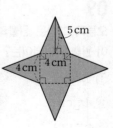

① 48 cm²　　② 50 cm²

③ 52 cm²　　④ 54 cm²

⑤ 56 cm²

19

오른쪽 그림에서 $\angle x + \angle y$의 크기
는?

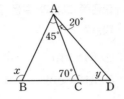

① 150°   ② 155°

③ 160°   ④ 165°

⑤ 170°

20

오른쪽 그림과 같은 사각뿔의 겉넓
이는?

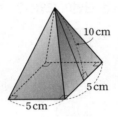

① 125 cm²   ② 150 cm²

③ 175 cm²   ④ 200 cm²

⑤ 225 cm²

21

다음 중 다면체와 그 꼭짓점의 개수가 잘못 짝 지어진 것은?

① 삼각뿔대 – 6   ② 사각기둥 – 8

③ 사면체 – 6   ④ 정팔면체 – 6

⑤ 오각뿔대 – 10

22

오른쪽 그림과 같이 한 변의 길이가
6 cm인 정사각형에서 색칠한 부분의
둘레의 길이는?

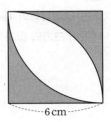

① $(3\pi + 12)$ cm

② $(3\pi + 24)$ cm

③ $(6\pi + 12)$ cm

④ $(6\pi + 24)$ cm

⑤ $(12\pi + 24)$ cm

23

오른쪽 그림에서 $\overline{AD}$가 $\angle BAC$의
이등분선일 때, $\angle x$의 크기를 구하
시오.

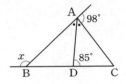

24

다음 중 다각형의 변의 개수를 알 수 있는 조건이 아닌 것은?

① 꼭짓점의 개수   ② 내각의 수

③ 대각선의 개수   ④ 내각의 크기의 합

⑤ 외각의 크기의 합

25

어떤 정다각형의 대각선의 개수가 90일 때, 이 정다각형의 내각의 크기의 합과 한 외각의 크기를 차례대로 구하시오.

26

오른쪽 그림과 같이 가로, 세로의 길이가 각각 6 cm, 5 cm인 직육면체 모양의 그릇을 기울여 물을 담았을 때, 물의 부피가 15 cm³이었다. 이 그릇의 높이는?

① $\dfrac{3}{2}$ cm   ② 2 cm

③ $\dfrac{5}{2}$ cm   ④ 3 cm

⑤ $\dfrac{7}{2}$ cm

27

$\overline{BD}$, $\overline{CD}$는 각각 ∠ABC, ∠ACE의 이등분선일 때, 오른쪽 그림에서 ∠x의 크기는?

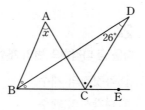

① 48°   ② 52°

③ 56°   ④ 60°

⑤ 64°

28

오른쪽 그림과 같은 입체도형의 부피는?

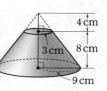

① 64π cm³   ② 204π cm³

③ 312π cm³   ④ 488π cm³

⑤ 936π cm³

29

다음 중 원뿔대를 회전축을 포함하는 평면으로 자를 때 생기는 단면의 모양은?

①   ②   ③

④   ⑤

30

다음 중 원에 대한 설명으로 옳지 않은 것은?

① 원의 현 중에서 가장 긴 것은 지름이다.

② 중심각의 크기가 180°인 부채꼴은 반원이다.

③ 부채꼴은 두 반지름과 호로 이루어진 도형이다.

④ 활꼴은 호와 현으로 이루어진 도형이다.

⑤ 중심각의 크기가 클수록 현의 길이는 길어진다.

31

오른쪽 그림에서 ∠x의 크기는?

① 105° ② 110°

③ 115° ④ 120°

⑤ 125°

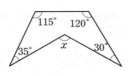

32

다음 중 회전체에 대한 설명으로 옳은 것은? (정답 2개)

① 원기둥을 회전축을 포함하는 평면으로 자른 단면은 직사각형이다.

② 회전축을 포함하는 평면으로 자른 단면은 항상 원이다.

③ 직각삼각형을 한 변을 축으로 하여 1회전 시키면 항상 원뿔이 된다.

④ 구를 평면으로 자른 단면은 항상 원이다.

⑤ 회전축에 수직인 평면으로 자른 단면은 모두 합동이다.

33

다음 중 다각형에 대한 설명으로 옳지 않은 것은?

① 내각의 크기의 합이 720°인 다각형은 육각형이다.

② 한 내각의 크기가 144°인 정다각형은 정십각형이다.

③ 정다각형의 변의 개수가 많을수록 한 내각의 크기는 커진다.

④ 외각의 크기의 합이 360°인 다각형은 사각형이다.

⑤ 한 외각의 크기가 20°인 정다각형은 정십팔각형이다.

34

오른쪽 그림과 같은 직각삼각형 ABC에서 한 변을 축으로 하여 1회전 시켜 원뿔을 만들려고 한다. 보기에서 회전축이 될 수 있는 것을 모두 고르면?

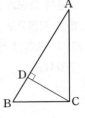

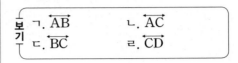

보기
ㄱ. $\overleftrightarrow{AB}$ ㄴ. $\overleftrightarrow{AC}$
ㄷ. $\overleftrightarrow{BC}$ ㄹ. $\overleftrightarrow{CD}$

① ㄱ, ㄴ ② ㄴ, ㄷ ③ ㄷ, ㄹ

④ ㄱ, ㄴ, ㄷ ⑤ ㄴ, ㄷ, ㄹ

35

오른쪽 그림에서 ∠x의 크기는?

① 50° ② 55°

③ 60° ④ 65°

⑤ 70°

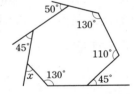

36

오른쪽 그림과 같은 원 O에서 $\overline{AD}$∥$\overline{OC}$이고 ∠COB=40°, $\overparen{BC}$=8 cm일 때, $\overparen{AD}$의 길이를 구하시오.

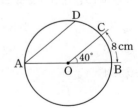

37

오른쪽 그림과 같이 직각삼각형의 세 변을 지름으로 하는 반원을 각각 그렸다. 색칠한 부분의 둘레의 길이를 구하시오.

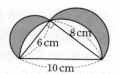

38

오른쪽 그림과 같이 밑면의 반지름의 길이가 3 cm인 원기둥 모양의 통 안에 3개의 공이 꼭 맞게 들어 있다. 원기둥 안의 빈 공간의 부피는?

① 48π cm³   ② 50π cm³
③ 52π cm³   ④ 54π cm³
⑤ 56π cm³

39

오른쪽 그림에서 $\angle x$의 크기는?

① $86°$ ② $88°$
③ $90°$ ④ $92°$
⑤ $94°$

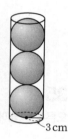

40

오른쪽 그림과 같은 입체도형의 겉넓이는?

① 12π cm²   ② 14π cm²
③ 16π cm²   ④ 18π cm²
⑤ 20π cm²

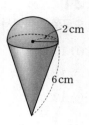

41

오른쪽 그림과 같은 원 O에서 $\overline{AB}/\!/\overline{CD}$이고 $\angle AOC=20°$, $\overparen{AC}=2$ cm일 때, $\overparen{CD}$의 길이는?

① 12 cm   ② 14 cm
③ 16 cm   ④ 18 cm
⑤ 20 cm

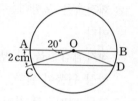

42

모서리의 개수가 18인 각기둥은 몇 면체인가?

① 육면체   ② 칠면체   ③ 팔면체
④ 구면체   ⑤ 십면체

43

오른쪽 그림과 같이 한 변의 길이가 $4a$인 정사각형 ABCD에서 색칠한 부분의 넓이는?

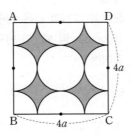

① $16a^2-4\pi a^2$
② $6\pi a^2-16a^2$
③ $16a^2-3\pi a^2$
④ $8\pi a^2-16a^2$
⑤ $10\pi a^2-16a^2$

44

오른쪽 그림에서
$\angle a+\angle b+\angle c+\angle d+\angle e$
$\qquad +\angle f+\angle g+\angle h+\angle i$
의 크기는?

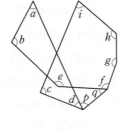

① $360°$ ② $540°$
③ $720°$ ④ $900°$
⑤ $1080°$

45

오른쪽 그림과 같은 직육면체에서 사면체 C-BGD의 부피는?

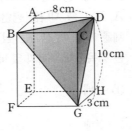

① $24\,cm^3$ ② $28\,cm^3$
③ $32\,cm^3$ ④ $36\,cm^3$
⑤ $40\,cm^3$

46

오른쪽 그림에서 부채꼴 OST의 넓이는 2π이고 원 O의 넓이는 12π일 때, $\angle x+\angle y$의 크기는?

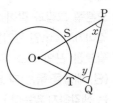

① $90°$ ② $120°$
③ $210°$ ④ $240°$
⑤ $300°$

47

지수는 여행을 가서 직육면체에 삼각기둥이 붙어있는 모양의 기념품을 샀다. 기념품에는 그림 ㈎와 같이 16 cm 높이까지 액체가 들어 있다. 이것을 액체의 표면이 면 ABCD와 평행이 되도록 그림 ㈏와 같이 거꾸로 하여 놓았을 때, 액체가 들어 있지 않은 부분의 높이가 6 cm가 되었다. 또 이것을 그림 ㈐와 같이 옆으로 놓을 때, x의 값은?

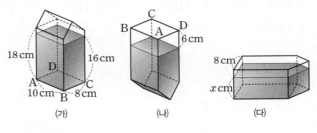

① $\frac{60}{11}$ ② $\frac{65}{11}$ ③ $\frac{70}{11}$
④ $\frac{75}{11}$ ⑤ $\frac{80}{11}$

48

오른쪽 그림과 같이 원기둥 안에 구와 원뿔이 꼭 맞게 들어 있다. 원기둥, 구, 원뿔의 부피의 비를 가장 간단한 자연수의 비로 나타내시오.

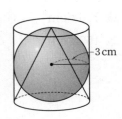

49

오른쪽 그림과 같이 밑면의 반지름의 길이가 5 cm인 원기둥 3개를 묶는 데 필요한 끈의 최소 길이를 구하시오. (단, 매듭을 묶는 데 필요한 끈의 길이는 생각하지 않는다.)

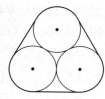

50

오른쪽 그림과 같이 한 변의 길이가 같은 정팔각형과 정오각형을 변끼리 이어 붙였을 때, $\angle x$의 크기는?

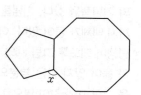

① 120°　　② 117°　　③ 115°

④ 112°　　⑤ 107°

51

오른쪽 그림과 같은 직사각형을 직선 l을 회전축으로 하여 1회전 시킬 때 생기는 입체도형의 부피는?

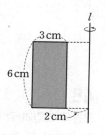

① 100π cm³　　② 120π cm³

③ 126π cm³　　④ 132π cm³

⑤ 152π cm³

52

오른쪽 그림과 같은 반구의 겉넓이가 192π cm²일 때, 이 반구의 반지름의 길이는?

① 6 cm　　② $\dfrac{13}{2}$ cm　　③ 7 cm

④ $\dfrac{15}{2}$ cm　　⑤ 8 cm

53

다음 중 회전체에 대한 설명으로 옳지 않은 것은?

① 한 직선을 축으로 하여 평면도형을 1회전 시킬 때 생기는 입체도형을 회전체라고 한다.

② 직사각형의 한 변을 축으로 하여 1회전 시킨 회전체는 원기둥이다.

③ 직각삼각형의 한 변을 축으로 하여 1회전 시킨 회전체는 원뿔이다.

④ 회전체를 회전축에 수직인 평면으로 자를 때 생기는 단면은 원이다.

⑤ 회전체를 회전축을 포함하는 평면으로 자를 때 생기는 단면은 모두 합동이다.

54

오른쪽 그림은 한 모서리의 길이가 8 cm인 정육면체이다. 세 꼭짓점 A, F, C를 지나는 평면으로 정육면체를 자를 때 생기는 삼각뿔의 부피는 정육면체 부피의 몇 배인가?

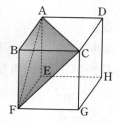

① $\dfrac{1}{2}$배　　② $\dfrac{1}{3}$배

③ $\dfrac{1}{4}$배　　④ $\dfrac{1}{5}$배

⑤ $\dfrac{1}{6}$배

55

오른쪽 그림과 같은 정사각형에서 색칠한 부분의 넓이를 구하시오.

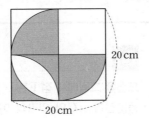

20 cm

20 cm

56

오른쪽 그림과 같은 전개도로 만들어지는 입체도형의 겉넓이와 부피를 차례대로 구하시오.

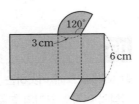

120°

3 cm

6 cm

57

다음 중 각뿔대에 대한 설명으로 옳지 않은 것은?

① n각뿔대의 면의 개수는 $n+2$이다.

② 칠각뿔대의 면의 개수는 9이다.

③ 모든 각뿔대의 옆면은 사다리꼴이다.

④ 사각뿔대의 모서리의 개수는 12이다.

⑤ n각뿔대의 모서리의 개수는 n각기둥의 모서리의 개수보다 더 많다.

58

오른쪽 그림은 반지름의 길이가 10 cm인 구의 $\dfrac{1}{4}$을 구의 중심을 지나도록 잘라 내고 남은 부분이다. 이 입체도형의 겉넓이는?

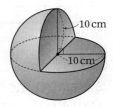

10 cm

10 cm

① 280π cm^2 ② 320π cm^2

③ 360π cm^2 ④ 400π cm^2

⑤ 440π cm^2

59

오른쪽 그림에서 $\angle a + \angle b$의 값은?

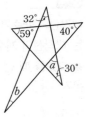

32° 40°

59°

a 30°

b

① $66°$ ② $67°$

③ $68°$ ④ $69°$

⑤ $70°$

60

오른쪽 그림과 같이 한 모서리의 길이가 10 cm인 정육면체에서 한 변의 길이가 4 cm인 정사각형 모양의 구멍이 각 면의 중앙을 관통할 때, 이 입체도형의 부피를 구하시오.

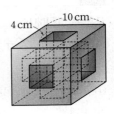

4 cm 10 cm

대단원 테스트 [고난도]

01

오른쪽 그림과 같은 정오각형 ABCDE에서 ∠x의 크기를 구하시오.

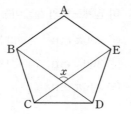

02

대각선의 개수가 252인 다각형의 한 꼭짓점에서 그을 수 있는 대각선의 개수를 a, 내부의 한 점에서 각 꼭짓점에 선분을 그었을 때 생기는 삼각형의 개수를 b라 할 때, $a+b$의 값은?

① 41   ② 45   ③ 49

④ 53   ⑤ 57

03

오른쪽 그림에서
∠A+∠B+∠C+∠D+∠E
의 크기는?

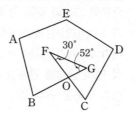

① 432°   ② 440°

③ 458°   ④ 470°

⑤ 476°

04

오른쪽 그림에서 점 E는 ∠B의 이등분선과 ∠C의 외각의 이등분선의 교점이다. ∠BEC=32°일 때, ∠x의 크기는?

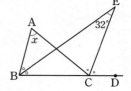

① 40°   ② 46°

③ 52°   ④ 58°

⑤ 64°

05

한 내각과 그에 이웃하는 외각의 크기의 비가 7 : 2인 정다각형의 내각의 크기의 합을 구하시오.

06

오른쪽 그림에서
∠a+∠b+∠c+∠d
      +∠e−∠f+∠g
의 크기를 구하시오.

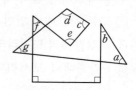

07

오른쪽 그림에서 사각형 ABCD는 정사각형이고 $\overline{DE}=\overline{DC}$, $\angle EDA=35°$일 때, $\angle x$의 크기를 구하시오.

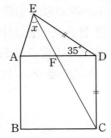

08

오른쪽 그림과 같이 원 O의 지름 AB와 현 AC가 이루는 각의 크기가 50°일 때, $\overparen{AC}:\overparen{BC}$를 가장 간단한 자연수의 비로 나타내시오.

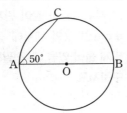

09

오른쪽 그림은 정사각형과 부채꼴로 이루어져 있다. 색칠한 부분의 둘레의 길이와 넓이를 각각 구하시오.

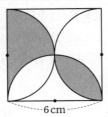

10

다음 그림과 같이 한 변의 길이가 9 cm인 정삼각형을 직선 l 위에서 미끄러지지 않게 한 바퀴 굴릴 때, 점 A가 움직인 거리를 구하시오.

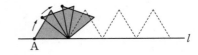

11

다음 [그림 1], [그림 2]는 밑면인 원의 반지름의 길이가 r cm인 원기둥 모양의 통을 끈을 사용하여 두 가지 방법으로 묶은 것이다. 매듭의 길이가 같을 때, 끈은 어느 쪽이 얼마만큼 더 필요한지 구하시오.

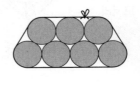

[그림 1]　　　　[그림 2]

12

오른쪽 그림과 같이 반지름의 길이가 1 cm인 원을 한 변의 길이가 3 cm인 정삼각형 ABC의 둘레 위로 굴려서 처음 위치에 돌아오도록 하였다. 원이 지나간 부분의 넓이를 구하시오.

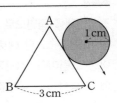

13

n각뿔대의 꼭짓점, 모서리, 면의 개수를 각각 v, e, f라고 할 때, $v+e-f$의 값을 n을 사용하여 나타내시오.

16

오른쪽 그림과 같은 원뿔에서 밑면의 한 점 A에서 출발하여 옆면을 한 바퀴 돌아 다시 점 A로 돌아오는 가장 짧은 선의 길이를 구하시오.

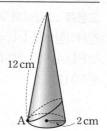

14

오른쪽 그림과 같은 정팔면체를 네 점 A, G, F, H를 지나는 평면으로 자를 때 생기는 단면의 넓이를 구하시오.
(단, 두 점 G, H는 각각 모서리 BE, CD의 중점이다.)

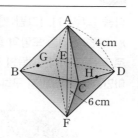

17

오른쪽 그림과 같이 반지름의 길이가 6 cm인 구의 내부에 정팔면체가 꼭 맞게 들어 있을 때, 정팔면체의 부피를 구하시오.

15

정사면체를 평면으로 자르면 2개의 입체도형으로 나뉘어진다. 다음은 그 한 예로 정사면체가 사면체와 오면체로 나뉘어진 그림이다. 정사면체가 m면체와 n면체로 나뉘어졌을 때, 가능한 $m+n$의 값을 모두 구하시오.

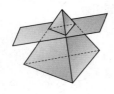 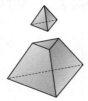

18

오른쪽 그림은 한 모서리의 길이가 2 cm인 정육면체 10개를 쌓아 올린 것이다. 이 입체도형의 겉넓이를 구하시오.

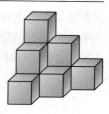

19

오른쪽 그림과 같이 지름의 길이가 10 cm인 공 3 개가 원기둥 모양의 통에 꼭 맞게 들어 있다. 이 통 속의 빈 공간의 부피를 구하시오.

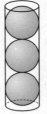

22

오른쪽 그림과 같이 한 모서리의 길이가 6 cm인 정육면체에서 한 변의 길이가 2 cm인 정사각형 모양의 구멍이 각 면의 중앙을 관통할 때, 이 입체도형의 겉넓이와 부피를 각각 구하시오.

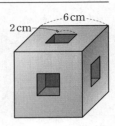

20

다음 [그림 1]과 같이 우유갑 안에 높이가 5 cm만큼 우유가 남아 있다. [그림 2]와 같이 우유갑을 거꾸로 하면 우유가 없는 부분의 높이가 8 cm일 때, 우유갑의 부피를 구하시오.

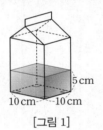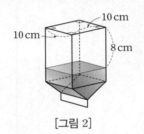

[그림 1]   [그림 2]

23

오른쪽 그림과 같이 밑면의 반지름의 길이가 5 cm인 원뿔을 꼭짓점을 중심으로 하여 3바퀴를 굴렸더니 처음 위치로 되돌아왔다고 한다. 이 원뿔의 옆넓이를 구하시오.

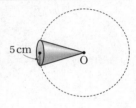

21

오른쪽 그림의 색칠한 부분을 직선 l을 회전축으로 하여 1회전 시킬 때 생기는 회전체의 부피를 구하시오.

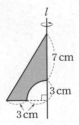

24

오른쪽 그림과 같은 입체도형은 반지름의 길이가 각각 3 cm, 6 cm인 두 반구를 포개어 놓은 것이다. 이 입체도형의 겉넓이를 구하시오.

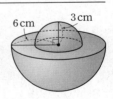

Ⅲ.
통계

오늘의 테스트

1. 자료의 정리와 해석 01. 줄기와 잎 그림, 도수분포표 소단원 집중 연습 _____월 _____일	1. 자료의 정리와 해석 01. 줄기와 잎 그림, 도수분포표 소단원 테스트 [1회] _____월 _____일	1. 자료의 정리와 해석 01. 줄기와 잎 그림, 도수분포표 소단원 테스트 [2회] _____월 _____일
1. 자료의 정리와 해석 02. 히스토그램과 도수분포다각형 소단원 집중 연습 _____월 _____일	1. 자료의 정리와 해석 02. 히스토그램과 도수분포다각형 소단원 테스트 [1회] _____월 _____일	1. 자료의 정리와 해석 02. 히스토그램과 도수분포다각형 소단원 테스트 [2회] _____월 _____일
1. 자료의 정리와 해석 03. 상대도수 소단원 집중 연습 _____월 _____일	1. 자료의 정리와 해석 03. 상대도수 소단원 집중연습 _____월 _____일	1. 자료의 정리와 해석 03. 상대도수 소단원 집중연습 _____월 _____일
1. 자료의 정리와 해석 중단원 테스트 [1회] _____월 _____일	1. 자료의 정리와 해석 중단원 테스트 [2회] _____월 _____일	1. 자료의 정리와 해석 중단원 테스트 [서술형] _____월 _____일
Ⅲ. 통계 대단원 테스트 _____월 _____일	Ⅲ. 통계 대단원 테스트 [고난도] _____월 _____일	

01 다음은 어느 반 학생들의 미술 실기 점수를 조사한 것이다. 물음에 답하시오.

(단위: 점)

| 76, 65, 81, 67, 75, 83, 70, 58, 76, 64, |
| 74, 77, 71, 94, 57, 68, 97, 85, 62, 89 |

(1) 위의 자료를 줄기와 잎 그림으로 나타내시오.

미술 실기 점수

(5|7은 57점)

줄기	잎
5	7
6	
7	
8	
9	

(2) 잎이 가장 많은 줄기를 구하시오.

(3) 미술 실기 점수가 3번째로 높은 학생의 점수를 구하시오.

02 다음은 어느 모둠 학생들의 봉사활동 시간을 조사하여 나타낸 줄기와 잎 그림이다. 물음에 답하시오.

봉사활동 시간

(1|0은 10시간)

줄기	잎						
1	0	0	1	2	2	6	9
2	1	3	4	4	5	9	
3	2	4	5	5			
4	0						

(1) 잎이 가장 많은 줄기와 가장 적은 줄기를 차례대로 구하시오.

(2) 이 모둠 전체 학생 수를 구하시오.

(3) 봉사활동 시간이 30시간 이상인 학생 수를 구하시오.

03 다음은 지수네 반 학생들이 등교하는 데 걸리는 시간을 조사하여 나타낸 줄기와 잎 그림이다. 물음에 답하시오.

등교 시간

(0|5는 5분)

줄기	잎					
0	5	8	9			
1	0	5	5	5	7	8
2	0	3	5	5	8	9	9
3	0	2	2	5	5	5

(1) 지수네 반 전체 학생 수를 구하시오.

(2) 등교하는 데 걸리는 시간이 10분 미만인 학생 수를 구하시오.

(3) 지수가 등교하는 데 걸리는 시간이 25분일 때, 등교하는 데 걸리는 시간이 지수보다 긴 학생 수를 구하시오.

04 다음은 영미가 지난 20일 동안 하루에 읽은 책의 쪽수를 조사하여 나타낸 줄기와 잎 그림이다. 물음에 답하시오.

하루에 읽은 책의 쪽수

(2|0은 20쪽)

줄기	잎					
2	0	3	3	5	9	
3	0	1	2	4	7	7	9
4	1	2	5	6	6	
5	1	2	6			

(1) 잎이 가장 많은 줄기를 구하시오.

(2) 영미가 하루에 가장 많이 읽은 책의 쪽수를 구하시오.

(3) 하루에 책을 40쪽 이상 읽은 날수를 구하시오.

05 다음은 어느 반 학생들의 하루 동안의 독서 시간을 조사하여 나타낸 것이다. 도수분포표를 완성하고 물음에 답하시오.

(단위: 분)

25	15	35	12
50	40	65	50
36	32	40	55
42	16	10	35
8	73	40	21
41	58	27	52

(1) 다음 도수분포표를 완성하시오.

독서 시간(분)	도수(명)
$0^{이상} \sim 15^{미만}$	3
15 ~ 30	
30 ~ 45	
45 ~ 60	
60 ~ 75	2
합계	

(2) 계급의 크기를 구하시오.

(3) 계급의 개수를 구하시오.

(4) 독서 시간이 50분인 학생이 속하는 계급을 구하시오.

(5) 도수가 가장 큰 계급의 계급값을 구하시오.

06 다음은 어느 야구팀 선수들의 홈런 수를 조사하여 나타낸 도수분포표이다. 물음에 답하시오.

홈런 수(개)	도수(명)
$0^{이상} \sim 10^{미만}$	3
10 ~ 20	2
20 ~ 30	5
30 ~ 40	6
40 ~ 50	4
합계	20

(1) 계급의 크기를 구하시오.

(2) 계급의 개수를 구하시오.

(3) 도수가 가장 작은 계급을 구하시오.

(4) 홈런 수가 25개인 선수가 속하는 계급의 계급값을 구하시오.

(5) 홈런 수가 많은 쪽에서 7번째인 학생이 속하는 계급의 도수를 구하시오.

(6) 홈런 수가 20개 이상 30개 미만인 선수 수의 백분율을 구하시오.

01

오른쪽은 어느 마을 주민 19명의 나이를 조사하여 나타낸 줄기와 잎 그림이다. 다음 중 옳지 않은 것은?

나이

(0|9는 9세)

줄기	잎
0	9
1	0 5 8
2	2
3	5 7 9
4	0 3 3 5 5
5	2 3 4 5 7 9

① 줄기 4의 잎은 3, 5이다.

② 줄기 3의 잎은 5, 7, 9이다.

③ 잎이 가장 많은 줄기는 5이다.

④ 나이가 50세 이상인 주민은 6명이다.

⑤ 10대인 주민은 3명이다.

[02 ~ 03] 오른쪽 표는 학생 50명의 던지기 기록을 조사하여 나타낸 도수분포표이다. 다음 물음에 답하시오.

기록(m)	학생 수(명)
$15^{이상} \sim 20^{미만}$	3
20 ~ 25	8
25 ~ 30	11
30 ~ 35	A
35 ~ 40	13
40 ~ 45	3
합계	50

02

A의 값은?

① 2   ② 10   ③ 12

④ 15   ⑤ 22

03

다음 중 옳지 않은 것은?

① 계급의 개수는 6이다.

② 계급의 크기는 5 m이다.

③ 기록이 25 m 미만인 학생 수는 8명이다.

④ 도수가 가장 큰 계급은 35 m 이상 40 m 미만이다.

⑤ 던지기 기록이 20번째로 좋은 학생이 속한 계급의 계급값은 32.5 m이다.

04

오른쪽 도수분포표는 어느 반 학생들의 키를 정리한 것이다. 키가 작은 쪽에서 15번째에 해당하는 학생이 속하는 계급의 도수는?

키(cm)	도수(명)
$135^{이상} \sim 140^{미만}$	1
140 ~ 145	4
145 ~ 150	a
150 ~ 155	14
155 ~ 160	8
160 ~ 165	3
합계	40

① 14명   ② 10명

③ 9명   ④ 8명

⑤ 4명

05

오른쪽 표는 어느 반 학생의 줄넘기 기록을 조사하여 나타낸 도수분포표이다. 다음 설명 중 옳은 것은?

줄넘기 기록(회)	학생 수(명)
$30^{이상} \sim 35^{미만}$	2
35 ~ 40	4
40 ~ 45	7
45 ~ 50	8
50 ~ 55	6
55 ~ 60	3
합계	

① 계급의 크기는 6회이다.

② 이 반 학생 수는 25명이다.

③ 줄넘기 기록이 40회 미만인 학생은 9명이다.

④ 계급값이 42.5회인 계급의 도수는 8명이다.

⑤ 도수가 가장 큰 계급은 45회 이상 50회 미만이다.

06

오른쪽 도수분포표는 학생 60명의 몸무게를 조사한 것이다. 몸무게가 60 kg 이상인 학생은 전체의 몇 %인가?

몸무게(kg)	도수(명)
$40^{이상} \sim 45^{미만}$	6
45 ~ 50	14
50 ~ 55	18
55 ~ 60	13
60 ~ 65	7
65 ~ 70	2
합계	60

① 12 %   ② 13 %

③ 15 %   ④ 20 %

⑤ 24 %

07

오른쪽 도수분포표는 어느 학교 학생들의 영어 성적을 나타낸 것이다. 영어 성적이 70점 미만인 학생 수는?

① 43명   ② 19명
③ 15명   ④ 13명
⑤ 11명

점수(점)	도수(명)
$50^{이상}$ ~ $60^{미만}$	8
60 ~ 70	11
70 ~ 80	25
80 ~ 90	13
90 ~ 100	3
합계	60

08

오른쪽은 어느 반 학생들의 음악 수행평가 점수에 대한 줄기와 잎 그림이다. 다음 중 옳은 것은?

수행평가 점수

(1|1은 11점)

줄기	잎
1	1 7
2	0 0 3 6 7 9
3	2 5 5 8
4	0 1 2 3 5 6 7
5	0

① 전체 학생 수는 19명이다.
② 변량은 학생의 수이다.
③ 점수가 높은 쪽에서 6번째인 학생의 점수는 26점이다.
④ 점수가 20점인 학생 수는 3명이다.
⑤ 점수가 20점 이상 40점 이하인 학생 수는 11명이다.

09

오른쪽 표는 어느 학교 학생들의 키에 대한 도수분포표이다.
키가 150 cm 이상인 학생은 전체의 몇 %인가?

① 2 %   ② 8 %
③ 10 %   ④ 30 %
⑤ 40 %

키(cm)	학생 수(명)
$130^{이상}$ ~ $140^{미만}$	7
140 ~ 150	23
150 ~ 160	15
160 ~ 170	
170 ~ 180	1
합계	50

10

오른쪽 도수분포표는 1학년 학생 50명의 수학 성적을 나타낸 것이다. 수학 성적이 20등인 학생이 속하는 계급은?

① 50점 이상 60점 미만
② 60점 이상 70점 미만
③ 70점 이상 80점 미만
④ 80점 이상 90점 미만
⑤ 90점 이상 100점 미만

점수(점)	도수(명)
$50^{이상}$ ~ $60^{미만}$	3
60 ~ 70	9
70 ~ 80	17
80 ~ 90	
90 ~ 100	6
합계	50

11

오른쪽 표는 어느 학교 학생 50명의 몸무게를 조사한 도수분포표이다. 몸무게가 50 kg 미만인 학생 수는?

① 24명   ② 26명
③ 28명   ④ 30명
⑤ 32명

몸무게(kg)	도수(명)
$35^{이상}$ ~ $40^{미만}$	4
40 ~ 45	7
45 ~ 50	15
50 ~ 55	13
55 ~ 60	8
60 ~ 65	3
합계	50

12

오른쪽 표는 어느 날 버스 정류장에서 사람들이 버스를 기다리는 시간을 분 단위로 조사하여 만든 도수분포표이다. 도수가 가장 큰 계급은?

① 0분 이상 3분 미만
② 3분 이상 6분 미만
③ 6분 이상 9분 미만
④ 9분 이상 12분 미만
⑤ 12분 이상 15분 미만

계급(분)	도수(명)
$0^{이상}$ ~ $3^{미만}$	4
3 ~ 6	11
6 ~ 9	14
9 ~ 12	
12 ~ 15	2
15 ~ 18	1
합계	40

01

계급의 크기가 5인 도수분포표에서 어떤 계급의 계급값이 17.5일 때, 변량 32가 속하는 계급의 계급값을 구하시오.

02

오른쪽 표는 어느 반 학생들의 몸무게를 조사하여 만든 도수분포표이다. A의 값을 구하시오.

몸무게(kg)	학생 수(명)
$35^{이상} \sim 40^{미만}$	5
40 ~ 45	7
45 ~ 50	10
50 ~ 55	A
55 ~ 60	5
60 ~ 65	3
합계	40

03

아래 자료는 학생 30명의 수학 성적이다. 70점부터 시작해서 계급의 크기가 5인 도수분포표를 만든다고 할 때, 성적이 좋은 쪽에서 10번째인 학생이 속하는 계급을 구하시오.

(단위 : 점)

86	90	95	82	85	76	90	88	82	85
99	92	84	83	89	80	72	95	78	75
77	84	74	93	84	96	79	92	80	88

[04 ~ 05] 오른쪽 표는 학생 40명에 대한 수학 성적을 나타낸 것이다. 다음 물음에 답하시오.

점수(점)	학생 수(명)
$40^{이상} \sim 50^{미만}$	2
50 ~ 60	6
60 ~ 70	A
70 ~ 80	11
80 ~ 90	8
90 ~ 100	3
합계	40

04

위의 도수분포표에서 A의 값을 구하시오.

05

도수가 가장 큰 계급의 계급값을 구하시오.

06

다음은 어느 반 학생들의 한 달 동안 읽은 책의 권수를 남녀별로 나타낸 줄기와 잎 그림이다. 보기에서 옳은 것의 개수를 구하시오.

한 달 동안 읽은 책수

(0|1은 1권)

잎(남)						줄기	잎(여)						
	5	3	2	1	0	0	1	3	5	7			
8	7	5	4	4	3	3	1	0	3	4	5	6	7	9
			6	5		2	0	2	4	6	8		

보기

ㄱ. 잎이 가장 적은 줄기는 2이다.

ㄴ. 이 반 학생은 모두 30명이다.

ㄷ. 책을 제일 많이 읽은 학생과 적게 읽은 학생의 차는 28권이다.

ㄹ. 이 반은 남학생이 여학생보다 더 많다.

ㅁ. 여학생은 한 사람당 평균 15권의 책을 읽었다.

07

오른쪽 표는 어느 반 학생 40명의 던지기 기록을 조사하여 나타낸 도수분포표이다. A에 알맞은 수를 구하시오.

계급(m)	도수(명)
16^{이상} ~ 20^{미만}	3
20 ~ 24	7
24 ~ 28	A
28 ~ 32	11
32 ~ 36	6
36 ~ 40	2
40 ~ 44	1
합계	40

08

오른쪽 표는 학생들의 등교하는 데 걸리는 시간을 조사하여 도수분포표로 나타낸 것이다. 계급의 수를 A, 계급의 크기를 B분이라 할 때, $A+B$의 값을 구하시오.

시간(분)	도수(명)
5^{이상} ~ 15^{미만}	3
15 ~ 25	6
25 ~ 35	10
35 ~ 45	9
45 ~ 55	7
55 ~ 65	5
합계	40

09

오른쪽은 어느 모둠 학생들의 100 m 달리기 기록을 줄기와 잎 그림으로 나타낸 것이다. 잎이 가장 많은 줄기를 A, 기록이 여섯 번째로 좋은 학생이 속해 있는 줄기를 B라 할 때, $A+B$의 값을 구하시오.

100 m 달리기 기록

(1|6은 16초)

줄기	잎				
1	6	8	9	7	9
2	3	1	3	0	
3	1				

10

다음은 학생들이 하루 동안 게임을 한 시간을 나타낸 줄기와 잎 그림이다. 줄기가 2인 잎의 합이 35일 때, A의 값을 구하시오.

게임을 한 시간

(1|2는 12분)

줄기	잎						
1	2	3	7	1	8		
2	7	4	3	9	6	A	
3	5	3	7	8	1	0	
4	4	3	6	7	0	3	2
5	5	9	4	2			

11

오른쪽 표는 어느 반 학생들의 수학 성적을 조사하여 나타낸 도수분포표이다. 60점 미만인 학생이 전체의 35 %일 때, B의 값을 구하시오.

점수(점)	도수(명)
40^{이상} ~ 50^{미만}	A
50 ~ 60	9
60 ~ 70	11
70 ~ 80	B
80 ~ 90	4
90 ~ 100	1
합계	40

12

오른쪽 표는 어느 중학교 1학년 학생 50명의 몸무게를 조사하여 나타낸 도수분포표이다. 몸무게가 45 kg 이상 55 kg 미만인 학생은 전체의 몇 %인지 구하시오.

몸무게(kg)	도수(명)
35^{이상} ~ 40^{미만}	2
40 ~ 45	5
45 ~ 50	13
50 ~ 55	A
55 ~ 60	9
60 ~ 65	3
합계	50

01 다음은 어느 반 학생들의 영어 점수를 조사하여 나타낸 도수분포표이다. 이를 히스토그램으로 나타내시오.

영어 점수(점)	도수(명)
50^{이상} ~ 60^{미만}	3
60 ~ 70	6
70 ~ 80	9
80 ~ 90	7
90 ~ 100	5
합계	30

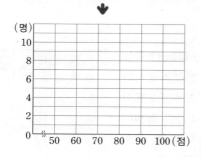

02 아래 그림은 어느 반 학생들의 하루 동안의 인터넷 접속 시간을 조사하여 나타낸 히스토그램이다. 다음을 구하시오.

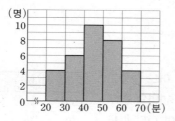

(1) 계급의 크기

(2) 도수가 가장 큰 계급

(3) 이 반 전체 학생 수

(4) 인터넷 접속 시간이 50분 이상인 학생 수

03 아래 그림은 어느 반 학생들의 키를 조사하여 나타낸 히스토그램이다. 다음을 구하시오.

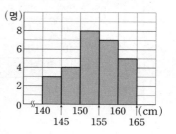

(1) 이 반 전체 학생 수

(2) 키가 큰 쪽에서 10번째인 학생이 속하는 계급의 도수

(3) 키가 150 cm 이상인 학생 수

04 아래 그림은 어느 반 학생 32명의 몸무게를 조사하여 나타낸 히스토그램인데 일부가 찢어져 보이지 않는다. 다음을 구하시오.

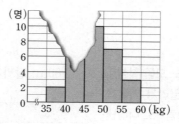

(1) 몸무게가 40 kg 이상 45 kg 미만인 학생 수

(2) 도수가 가장 작은 계급

05 다음은 어느 반 학생들이 한 달 동안 읽은 책의 수를 조사하여 나타낸 도수분포표이다. 이를 도수분포다각형으로 나타내시오.

책의 수(권)	도수(명)
$2^{이상}$ ~ $4^{미만}$	3
4 ~ 6	7
6 ~ 8	8
8 ~ 10	5
10 ~ 12	2
합계	25

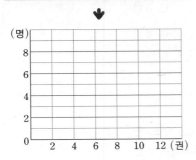

06 다음 그림은 어느 반 학생들이 1년 동안 본 영화 수를 조사하여 나타낸 도수분포다각형이다. 다음을 구하시오.

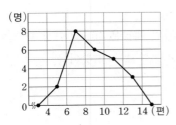

(1) 계급의 개수

(2) 도수가 가장 큰 계급

(3) 영화를 10편 이상 본 학생 수

07 다음 그림은 어느 반 학생들의 봉사활동 시간을 조사하여 나타낸 도수분포다각형이다. 다음을 구하시오.

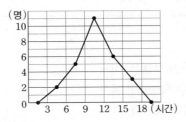

(1) 이 반 전체 학생 수

(2) 도수분포다각형과 가로축으로 둘러싸인 부분의 넓이

08 다음 그림은 어느 반 학생 40명의 몸무게를 조사하여 나타낸 도수분포다각형인데 일부가 찢어져 보이지 않는다. 몸무게가 55 kg 미만인 학생이 29명일 때, 다음을 구하시오.

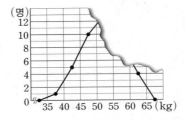

(1) 몸무게가 50 kg 이상 55 kg 미만인 학생 수

(2) 몸무게가 55 kg 이상 60 kg 미만인 학생 수

01

오른쪽 히스토그램은 어느 중학교 1학년 학생들의 통학 시간을 조사한 것이다. 조사에 참여한 1학년 학생 수는?

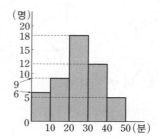

① 35명　　② 40명

③ 45명　　④ 50명

⑤ 55명

02

오른쪽 그림은 어느 반 학생들의 몸무게에 대한 도수분포다각형이다. 몸무게가 45 kg 미만인 학생 수는?

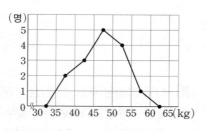

① 1명　　　② 2명　　　③ 3명

④ 4명　　　⑤ 5명

03

오른쪽 그림은 어느 반 학생들의 매달리기 기록을 히스토그램으로 나타낸 것이다. 20초 이상 매달린 학생은 전체의 몇 %인가?

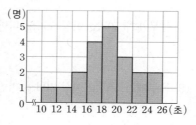

① 33 %　　　② 34 %　　　③ 35 %

④ 36 %　　　⑤ 37 %

04

오른쪽 그림은 어느 반 학생들의 통학 시간을 조사하여 나타낸 히스토그램이다. 통학 시간이 40분 이상 걸리는 학생 수는?

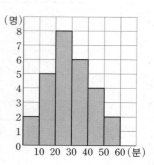

① 2명　　② 4명

③ 6명　　④ 8명

⑤ 10명

05

오른쪽 그림은 어느 반 학생들의 몸무게를 히스토그램으로 나타낸 것이다. 다음 중 옳지 않은 것은?

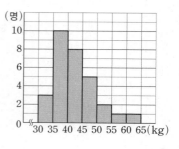

① 계급의 개수는 7이다.

② 계급의 크기는 5 kg이다.

③ 몸무게가 가장 많이 나가는 학생은 65 kg을 넘지 않는다.

④ 도수가 8명인 계급은 40 kg 이상 45 kg 미만이다.

⑤ 이 반의 학생은 모두 35명이다.

06

오른쪽 그림은 어느 중학교에서 개최한 단축 마라톤 대회에 참가한 학생들의 기록을 나타낸 도수분포다각형이다. 도수분포다각형과 가로축으로 둘러싸인 부분의 넓이는?

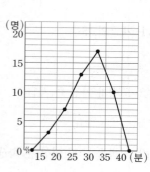

① 210　　② 230

③ 250　　④ 270

⑤ 290

07

오른쪽 그림은 어느 반 학생들의 하루 평균 게임 시간을 조사하여 나타낸 도수분포다각형이다. 다음 중 옳지 않은 것은?

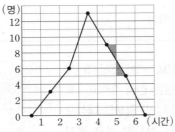

① 이 반 전체 학생은 36명이다.

② 계급의 크기는 1시간이다.

③ 2시간 이상 3시간 미만인 계급에 속하는 학생은 6명이다.

④ 위 그래프에서 색칠한 두 삼각형의 넓이는 같다.

⑤ 하루에 4시간 이상 게임을 하는 학생은 모두 9명이다.

08

오른쪽 도수분포다각형은 학생들이 한 달 동안 도서관을 이용한 횟수를 조사하여 만든 것이다. 15회 이상 또는 7회 미만 이용한 학생은 전체의 몇 %인가?

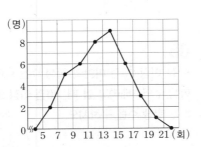

① 15 %　　② 30 %　　③ 45 %

④ 50 %　　⑤ 60 %

09

오른쪽 그림은 어느 반 학생들의 과학 성적을 나타낸 도수분포다각형이다. 이 반 전체 학생 수는?

① 25명　　② 28명

③ 33명　　④ 40명

⑤ 42명

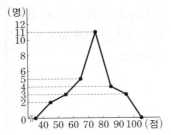

10

오른쪽 그래프는 어느 반 학생들의 공던지기 기록을 나타낸 것으로 일부가 보이지 않는다. 25 m 미만을 던진 학생이 전체의 40 %라고 할 때, 도수분포다각형의 가장 높은 꼭짓점에서 가로축에 내린 수선에 의해 나누어지는 두 다각형의 넓이의 비는?

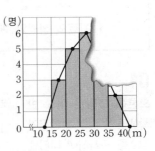

① 11 : 9　　② 9 : 7　　③ 7 : 3

④ 4 : 3　　⑤ 3 : 2

11

아래 그림은 어느 반 학생들의 수학 성적을 나타낸 것이다. 다음 중 옳지 않은 것은?

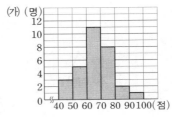 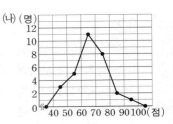

① 그래프 (가)를 히스토그램이라고 한다.

② 그래프 (나)를 도수분포다각형이라고 한다.

③ (가)에서 직사각형의 넓이의 합이 (나)에서 그래프와 가로축으로 이루어진 넓이보다 크다.

④ 이 반 전체 학생 수는 30명이다.

⑤ 도수가 가장 큰 계급은 60점 이상 70점 미만이다.

12

오른쪽 그림은 학생들이 한 달 동안 읽은 책의 수를 조사하여 나타낸 것이다. 책을 10번째로 많이 읽은 학생이 속한 계급의 계급값은?

 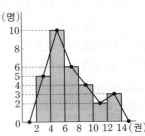

① 3권　　② 5권

③ 7권　　④ 9권

⑤ 11권

01

오른쪽 그림은 어느 반 학생들의 수학 수행평가 점수를 조사하여 나타낸 히스토그램이다. 수행평가 점수가 16점 이상인 학생은 전체의 몇 %인지 구하시오.

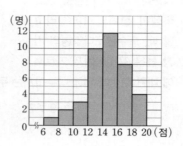

02

오른쪽 그림은 학생들의 미술 성적을 조사하여 나타낸 도수분포다각형이다. 미술 성적이 높은 쪽에서 8번째인 학생이 속하는 계급을 구하시오.

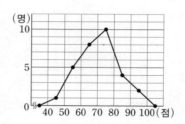

03

오른쪽 히스토그램은 어느 반 학생들의 한 달 동안의 독서량을 나타낸 것이다. 도수가 가장 큰 계급의 직사각형의 넓이를 구하시오.

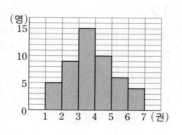

[04~05] 오른쪽 그림은 전국 중학교 1학년 3반 학생을 대상으로 실시한 비교 평가의 수학 성적을 조사하여 점수별 학생 수를 반올림하여 천 명 단위로 나타낸 히스토그램의 일부분이다. 다음 물음에 답하시오.

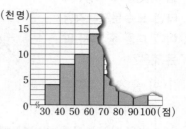

04

50점 미만의 학생이 전체의 24 %일 때, 시험을 치른 전체 학생 수를 구하시오.

05

80점 이상 90점 미만의 학생 수는 90점 이상 100점 미만의 학생 수의 3배라고 할 때, 80점 이상 90점 미만인 계급에 속하는 학생 수를 구하시오.

06

오른쪽 그림은 1학년 학생들의 하루 EBS 시청 시간을 조사하여 나타낸 히스토그램이다. 조사한 전체 학생 수를 구하시오.

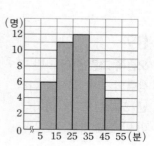

07

다음 히스토그램과 도수분포표를 비교하여 A, B, C, D, E 에 알맞은 것을 각각 구하시오.

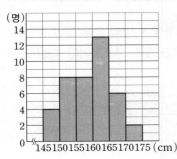

키(cm)	도수(명)
145^{이상} ~ 150^{미만}	4
150 ~ 155	8
A	B
160 ~ 165	13
165 ~ 170	C
D	2
합계	E

08

오른쪽 그림은 어느 반 학생들의 수학 성적에 대한 도수분포다각형이다. 성적이 70점 미만인 학생은 전체의 몇 %인지 구하시오.

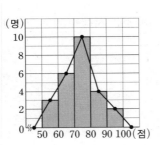

09

오른쪽 그림은 학생들의 100 m 달리기 기록을 조사하여 나타낸 도수분포다각형이다. 기록이 좋은 쪽에서 10번째인 학생이 속한 계급을 구하시오.

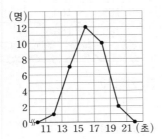

10

오른쪽 그림은 어느 중학교 1학년 학생들의 100 m 달리기 기록에 대한 도수분포다각형이다. 보기에서 옳은 것을 모두 고르시오.

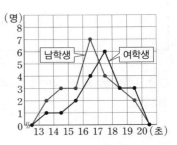

보기

ㄱ. 남학생의 도수분포다각형과 여학생의 도수분포다각형의 넓이가 같다.

ㄴ. 남학생의 기록이 여학생의 기록보다 좋은 편이다.

ㄷ. 남학생 중 여섯 번째로 잘 달리는 학생은 15초 이상 16초 미만인 계급에 속한다.

ㄹ. 여학생의 기록 중 도수가 가장 큰 계급의 계급값은 16.5초이다.

11

오른쪽 그림은 어떤 학생이 사격을 반복 시행한 결과를 나타낸 것이다. 사격을 한 총 횟수를 구하시오.

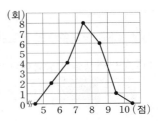

12

오른쪽 그림은 어느 반 학생들의 일주일 동안의 인터넷 이용 시간을 조사하여 나타낸 도수분포다각형인데 일부가 지워졌다. 인터넷 이용 시간이 13시간 미만인 학생이 전체의 40 %라고 할 때, 인터넷 이용 시간이 13시간 이상 15시간 미만인 학생 수를 구하시오.

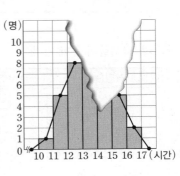

01 다음 중 옳은 것에는 ○표, 옳지 않은 것에는 ×표 하시오.

(1) 상대도수의 총합은 1이다. ( )

(2) (어떤 계급의 상대도수)$=\dfrac{(\text{그 계급의 도수})}{(\text{도수의 총합})}$ ( )

(3) 도수가 가장 큰 계급의 상대도수가 가장 크다. ( )

(4) 상대도수는 그 계급의 도수에 반비례한다. ( )

(5) 도수의 총합이 다른 두 자료의 분포 상태를 비교할 때 상대도수를 이용하면 편리하다. ( )

02 다음 상대도수의 분포표를 완성하시오.

(1) A반 학생들의 팔굽혀펴기 횟수

횟수(회)	도수(명)	상대도수
$0^{이상} \sim 5^{미만}$	2	
5 ~ 10	5	
10 ~ 15	8	
15 ~ 20	4	
20 ~ 25	1	
합계	20	

(2) B반 학생들의 통학 거리

거리(m)	도수(명)	상대도수
$0^{이상} \sim 100^{미만}$		0.15
100 ~ 200		0.25
200 ~ 300		0.3
300 ~ 400		0.2
400 ~ 500		0.1
합계	40	1

03 아래 표는 어느 반 학생 40명의 하루 동안 걷는 시간을 조사하여 나타낸 상대도수의 분포표이다. 다음을 구하시오.

시간(분)	상대도수
$20^{이상} \sim 30^{미만}$	A
30 ~ 40	0.3
40 ~ 50	0.15
50 ~ 60	0.1
합계	1

(1) A의 값

(2) 걷는 시간이 40분 이상인 학생 수

(3) 걷는 시간이 50분 이상인 학생 수의 백분율

04 아래 표는 어느 반 학생들의 키를 조사하여 나타낸 상대도수의 분포표이다. 다음을 구하시오.

거리(m)	도수(명)	상대도수
$140^{이상} \sim 145^{미만}$		B
145 ~ 150	6	
150 ~ 155	7	
155 ~ 160	5	0.2
160 ~ 165	4	
합계	A	

(1) A의 값

(2) B의 값

05 다음은 어느 반 학생들의 한 달 동안 읽은 책의 수를 조사하여 나타낸 상대도수의 분포표이다. 이를 도수분포다각형 모양으로 그리시오.

책의 수(권)	상대도수
$2^{이상}$ ~ $4^{미만}$	0.1
4 ~ 6	0.2
6 ~ 8	0.3
8 ~ 10	0.25
10 ~ 12	0.15
합계	1

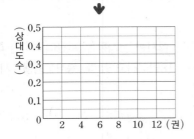

06 아래 그림은 어느 반 학생 30명의 오래 매달리기 기록에 대한 상대도수의 분포를 나타낸 그래프이다. 다음 계급의 학생 수를 구하시오.

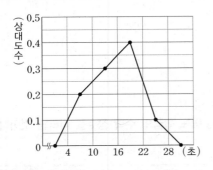

(1) 4초 이상 10초 미만

(2) 16초 이상 22초 미만

07 다음 그림은 어느 중학교 1학년 남학생과 여학생의 100 m 달리기 기록에 대한 상대도수의 분포를 나타낸 그래프이다. 물음에 답하시오.

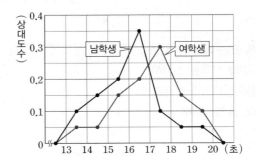

(1) 13초 이상 14초 미만의 상대도수를 각각 구하시오.

(2) 16초 이상 17초 미만의 상대도수를 각각 구하시오.

(3) 18초 이상 19초 미만의 상대도수를 각각 구하시오.

(4) 여학생보다 남학생의 비율이 더 높은 계급의 개수를 구하시오.

(5) 남학생과 여학생에서 도수가 가장 큰 계급을 각각 구하시오.

(6) 남학생과 여학생 중 달리기 기록이 상대적으로 더 좋은 쪽을 구하시오.

01

오른쪽 표는 어느 반 학생들의 수학 성적을 조사하여 만든 상대도수의 분포표이다. A의 값은?

점수(점)	상대도수
$40^{이상} \sim 50^{미만}$	0.05
50 ~ 60	0.10
60 ~ 70	0.20
70 ~ 80	A
80 ~ 90	0.15
90 ~ 100	0.10
합계	1

① 0.22
② 0.28
③ 0.30
④ 0.36
⑤ 0.40

02

오른쪽 그림은 어느 반 학생들의 음악 성적에 대한 상대도수의 분포를 그래프로 나타낸 것이다. 전체 학생이 40명일 때, 70점 이상 80점 미만인 학생은 몇 명인가?

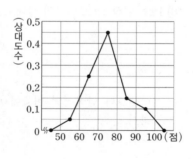

① 13명
② 15명
③ 18명
④ 19명
⑤ 21명

03

어떤 계급의 상대도수는 0.2이다. 전체 인원이 40명일 때, 이 계급에 속하는 학생 수는?

① 6명
② 8명
③ 10명
④ 12명
⑤ 14명

[04~05]

오른쪽 그림은 어느 봉사동아리 학생들이 여름방학 동안 실시한 봉사활동 시간에 대한 상대도수의 분포를 그래프로 나타낸 것이다. 봉사활동 시간이 5시간 이상인 학생이 전체의 55 %라고 할 때, 다음 물음에 답하시오.

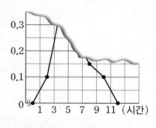

04

여름방학 동안 실시한 봉사활동 시간이 5시간 이상 7시간 미만인 학생이 18명이라고 할 때, 봉사활동을 7시간 이상 한 학생 수는?

① 13명
② 14명
③ 15명
④ 16명
⑤ 17명

05

수민이는 여름방학 동안 봉사활동을 5시간 하였다. 수민이보다 봉사활동 시간이 적은 학생 수를 a명, 봉사 동아리 전체 학생 수를 b명이라고 할 때, $a+b$의 값은?

① 80
② 82
③ 85
④ 87
⑤ 90

06

다음 표는 어느 학급의 수학 점수를 나타낸 것이다. $A+B$의 값은?

점수(점)	도수(명)	상대도수
$50^{이상} \sim 60^{미만}$	4	0.10
60 ~ 70	6	0.15
70 ~ 80	A	0.35
80 ~ 90	16	B
합계	40	

① 11.4
② 12.4
③ 13.4
④ 14.4
⑤ 14.5

07

A학교와 B학교의 전체 학생 수의 비가 1 : 3이고, 혈액형이 O형인 학생 수의 비는 3 : 4이다. A학교와 B학교에서 혈액형이 O형인 학생의 상대도수의 비는?

① 1 : 2   ② 3 : 1   ③ 5 : 2

④ 7 : 3   ⑤ 9 : 4

08

오른쪽 그림은 어느 학교 학생들의 수학 성적에 대한 상대도수를 나타낸 그래프이다. 90점 이상인 학생이 5명일 때, 이 학교의 전체 학생 수는?

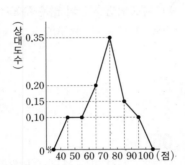

① 20명   ② 35명

③ 40명   ④ 50명

⑤ 70명

09

오른쪽 그림은 학생들의 던지기 기록에 대한 도수분포다각형이다. 43 m를 던진 학생이 속하는 계급의 상대도수는?

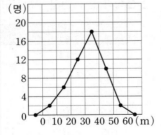

① 0.1   ② 0.2

③ 0.3   ④ 0.4

⑤ 0.5

10

오른쪽 그림은 제기차기 대회에 참가한 선수 50명의 기록에 대한 상대도수의 분포를 나타낸 그래프이다. 60회 미만인 학생 수는?

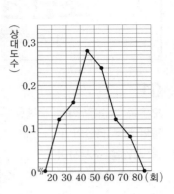

① 50명   ② 40명

③ 30명   ④ 20명

⑤ 10명

11

오른쪽 그림은 어느 중학교 1학년 학생 50명의 국어 성적에 대한 상대도수의 분포를 나타낸 그래프이다. 국어 성적이 80점 이상인 학생은 전체의 몇 %인가?

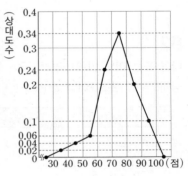

① 18 %   ② 25 %   ③ 30 %

④ 36 %   ⑤ 45 %

12

다음 표는 어느 학급 학생들의 수학 성적에 대한 상대도수의 분포표의 일부이다. 이 학급의 총 학생 수는?

계급(점수)	도수(명)	상대도수
30이상 ~ 40미만		
40 ~ 50	3	0.05
50 ~ 60	1	
60 ~ 70		

① 52명   ② 54명   ③ 56명

④ 58명   ⑤ 60명

01

오른쪽 그림은 학생들의 하루 동안의 운동 시간을 조사하여 나타낸 히스토그램이다. 60분 이상 80분 미만인 계급의 상대도수를 구하시오.

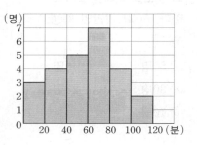

02

다음 표는 어느 반 학생들의 국어 성적을 조사하여 나타낸 상대도수의 분포표이다. $a+b+c+d+e$의 값을 구하시오.

점수(점)	도수(명)	상대도수
$50^{이상} \sim 60^{미만}$	a	0.1
60 ~ 70	3	0.15
70 ~ 80	8	b
80 ~ 90	c	0.25
90 ~ 100	2	0.1
합계	d	e

03

오른쪽 그림은 어느 반 학생들의 음악 성적에 대한 상대도수의 분포를 그래프로 나타낸 것이다. 도수가 가장 큰 계급을 구하시오.

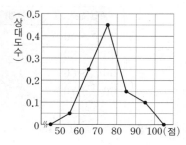

[04 ~ 05] 오른쪽 그림은 어느 학급 학생 40명의 하루 평균 자기주도학습 시간을 조사하여 나타낸 상대도수의 그래프이다. 다음 물음에 답하시오.

04

자기주도학습 시간이 많은 쪽에서 20 %인 학생이 속한 계급의 상대도수를 구하시오.

05

하루에 3시간 이상 4시간 미만으로 자기주도학습을 하는 학생 수를 구하시오.

06

다음 표는 어느 학교 학생들의 키를 조사하여 나타낸 것이다. 키가 작은 쪽부터 13번째인 학생이 속하는 계급의 도수는 전체의 몇 %인지 구하시오.

점수(점)	도수(명)	상대도수
$135^{이상} \sim 140^{미만}$	4	0.08
140 ~ 145	7	0.14
145 ~ 150	15	0.30
150 ~ 155	12	A
155 ~ 160	8	0.16
160 ~ 165	3	0.06
165 ~ 170	1	0.02
합계	50	1

07

오른쪽 표는 어느 중학교 1학년과 2학년 학생들의 몸무게를 조사한 것이다. 50 kg 이상 55 kg 미만인 계급의 상대도수는 어느 학년이 더 큰지 구하시오.

몸무게(kg)	도수(명)	
	1학년	2학년
$35^{이상} \sim 40^{미만}$	2	1
40 ~ 45	5	6
45 ~ 50	14	8
50 ~ 55	12	14
55 ~ 60	5	11
60 ~ 65	2	6
65 ~ 70	0	4
합계	40	50

08

다음 표는 어느 중학교 1학년 1반과 1학년 전체의 국어 성적을 상대도수로 나타낸 것이다. 성적이 60점 이상 70점 미만인 학생이 1반에서 9명, 1학년 전체에서 51명일 때, 1학년 1반과 1학년 전체 학생 수를 각각 구하시오.

점수(점)	상대도수	
	1학년 1반	1학년 전체
$50^{이상} \sim 60^{미만}$	0.14	0.13
60 ~ 70	0.18	0.17
70 ~ 80	0.36	0.45
80 ~ 90	0.22	0.18
90 ~ 100	0.10	0.07
합계	1	1

09

오른쪽 표는 어느 반 학생들의 하루 평균 TV 시청 시간을 조사하여 나타낸 것이다. TV 시청 시간이 4시간 이상 5시간 미만인 학생이 3명일 때, 반 전체 학생 수를 구하시오.

시청 시간(시간)	상대도수
$0^{이상} \sim 1^{미만}$	0.05
1 ~ 2	
2 ~ 3	0.3
3 ~ 4	0.1
4 ~ 5	0.075
5 ~ 6	0.025
합계	

10

오른쪽 그림은 A, B 두 중학교 학생들을 대상으로 지난 1개월 동안의 봉사활동 시간을 조사하여 나타낸 상대도수의 그래프이다. A중학교 학생은 400명, B중학교 학생은 500명이라고 한다. 8시간 이상 봉사활동을 한 A, B 두 중학교 학생 수의 비가 $a : b$일 때, $a+b$의 값을 구하시오. (단, a, b는 서로소인 자연수이다.)

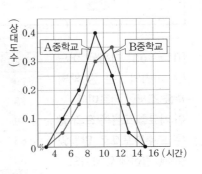

11

오른쪽 표는 어느 중학교 1학년 학생들의 혈액형을 조사한 것이다. 각 혈액형의 상대도수를 비교할 때, 전체보다 1반의 상대도수가 더 큰 혈액형을 구하시오.

혈액형	도수(명)	
	1반	전체
O	13	56
A	14	50
B	15	60
AB	8	34
합계	50	200

12

오른쪽 그림은 어느 반 학생들의 독서시간을 조사하여 상대도수의 그래프로 나타낸 것인데 일부가 훼손되었다. 독서시간이 60분 이상 90분 미만인 학생이 12명이라고 할 때, 독서시간이 120분 이상 150분 미만인 학생 수를 구하시오.

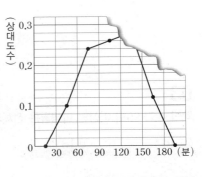

중단원 테스트 [1회]

테스트한 날	맞은 개수
월 일	/ 24

[01 ~ 03] 다음은 어느 반 30명의 1분 당 맥박 수를 조사한 자료이다. 이 자료를 오른쪽 표와 같은 도수분포표로 만들었을 때, 물음에 답하시오.

맥박 수(회)	도수(명)
$70^{이상} \sim 75^{미만}$	2
75 ~ 80	A
80 ~ 85	B
85 ~ 90	7
90 ~ 95	6
합계	30

84	72	93	90	80	81	92	86	74	82
84	76	77	91	88	87	79	89	82	88
83	90	85	94	78	82	85	80	75	81

01

A와 B의 값을 각각 구하시오.

02

맥박 수가 80회 이상 90회 미만인 학생 수는?

① 10명　　　② 12명　　　③ 13명
④ 15명　　　⑤ 17명

03

맥박 수가 90회 이상인 학생들은 전체의 몇 %인가?

① 10 %　　　② 15 %　　　③ 20 %
④ 25 %　　　⑤ 30 %

04

도수분포표에 대한 다음 설명 중 옳지 않은 것은?

① 자료를 수량으로 나타낸 것을 변량이라 한다.

② 변량을 일정한 간격으로 나눈 구간을 계급이라 한다.

③ 구간의 너비를 계급의 크기라 한다.

④ 계급의 최댓값을 계급값이라 한다.

⑤ 각 계급에 속하는 자료의 수를 그 계급의 도수라 한다.

[05 ~ 06] 다음은 어느 반 학생들의 음악 성적을 나타낸 것이다. 물음에 답하시오.

점수(점)	도수(명)	상대도수
$50^{이상} \sim 60^{미만}$	2	0.08
60 ~ 70	A	0.16
70 ~ 80	9	C
80 ~ 90	B	0.24
90 ~ 100	4	
합계	D	

05

A, B, C, D의 값을 차례대로 구하시오.

06

음악 성적이 80점 이상인 학생 수는?

① 4명　　　② 6명　　　③ 9명
④ 10명　　　⑤ 19명

[07 ~ 09] 오른쪽 그림은 어느 독서토론 동아리 학생들의 국어 성적을 히스토그램으로 나타낸 것이다. 다음 물음에 답하시오.

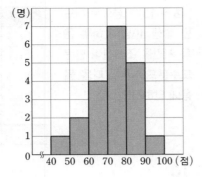

07

독서토론 동아리 학생은 모두 몇 명인가?

① 15명   ② 18명   ③ 20명

④ 21명   ⑤ 25명

08

독서토론 동아리에서 국어 성적이 7번째로 좋은 학생이 속하는 계급의 계급값은?

① 55점   ② 65점   ③ 75점

④ 85점   ⑤ 95점

09

위 그래프에서 도수가 가장 큰 계급의 상대도수는?

① 0.05   ② 0.1   ③ 0.2

④ 0.25   ⑤ 0.35

[10 ~ 11] 오른쪽 그림은 어느 반 학생 40명의 수학 성적에 대한 도수분포다각형이다. 다음 물음에 답하시오.

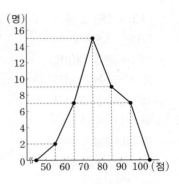

10

수학 성적이 80점 이상인 학생 수는?

① 7명   ② 9명   ③ 15명

④ 16명   ⑤ 31명

11

수학 성적이 90점 이상인 학생은 전체의 몇 %인가?

① 12.5 %   ② 15 %   ③ 17.5 %

④ 20 %   ⑤ 22.5 %

12

다음 설명 중 옳은 것은?

① 상대도수의 합은 항상 1이다.

② 상대도수는 그 값이 1보다 큰 경우도 있다.

③ 상대도수는 각 계급의 도수에 반비례한다.

④ 상대도수의 분포표만으로도 전체 도수의 합을 알 수 있다.

⑤ 상대도수의 분포를 도수분포다각형 모양으로 나타낸 그래프와 가로축으로 둘러싸인 부분의 넓이는 항상 1이다.

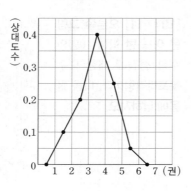

[13 ~ 15] 오른쪽 그림은 A중학교 학생 200명을 대상으로 한 달 동안 읽은 책의 권수를 조사하여 상대도수의 분포를 그래프로 나타낸 것이다. 다음 물음에 답하시오.

13
도수가 가장 큰 계급의 계급값은?

① 1.5권   ② 2.5권   ③ 3.5권
④ 4.5권   ⑤ 5.5권

14
한 달 동안 책을 4권 이상 읽은 학생은 전체의 몇 %인가?

① 15 %   ② 20 %   ③ 25 %
④ 30 %   ⑤ 35 %

15
한 달 동안 읽은 책이 3권 미만인 학생 수를 구하시오.

[16 ~ 18] 오른쪽은 어느 반 학생 40명의 하루 운동 시간을 조사하여 만든 도수분포표이다. 다음 물음에 답하시오.

운동 시간(분)	도수(명)
$10^{이상}$ ~ $20^{미만}$	4
20 ~ 30	9
30 ~ 40	13
40 ~ 50	A
50 ~ 60	6
합계	40

16
도수가 가장 작은 계급의 계급값을 x분, 도수가 가장 큰 계급의 계급값을 y분이라 할 때, $x+y$의 값은?

① 35   ② 40   ③ 45
④ 50   ⑤ 55

17
하루에 운동을 40분 하는 학생이 속하는 계급의 계급값은?

① 15분   ② 25분   ③ 35분
④ 45분   ⑤ 55분

18
위 도수분포표에서 도수가 가장 작은 계급의 상대도수를 구하시오.

[19 ～ 20] 오른쪽 그림은 윤아네 반 학생들의 수면 시간을 조사하여 나타낸 도수분포다각형이다. 물음에 답하시오.

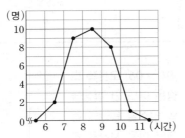

19

이 그래프에서 알 수 없는 것은?

① 윤아네 반 전체 학생 수
② 가장 많은 학생들이 속하는 계급
③ 윤아네 반 학생들의 수면 시간의 분포
④ 수면 시간이 가장 긴 학생의 수면 시간
⑤ 그래프와 가로축으로 둘러싸인 부분의 넓이

20

윤아의 수면 시간이 긴 쪽에서 10번째라고 할 때, 윤아가 속한 계급의 도수는?

① 1명   ② 2명   ③ 8명
④ 9명   ⑤ 10명

21

오른쪽 그림은 어느 중학교 선생님들의 나이를 조사하여 나타낸 도수분포다각형인데 일부가 찢어져 보이지 않는다. 40세 미만인 선생님 수와

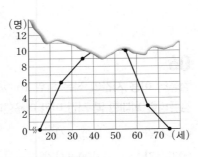

40세 이상인 선생님 수의 비가 3 : 5일 때, 40세 이상 50세 미만인 선생님 수를 구하시오.

[22 ～ 23] 다음은 어느 중학교 육상부 학생들의 50 m 달리기 기록을 조사하여 만든 줄기와 잎 그림이다. 물음에 답하시오.

(6 | 7은 6.7초)

줄기	잎						
6	7	8	9	9			
7	0	1	3	6	7	9	
8	1	2	4	5	6	7	9
9	0	2	3				

22

육상부 학생은 모두 몇 명인지 구하시오.

23

기록이 8.8초를 넘는 학생들에게 특별 훈련을 받게 하려고 한다. 특별 훈련을 받게 될 학생은 전체의 몇 %인지 구하시오.

24

오른쪽 그림은 어느 반 학생들의 줄넘기 횟수를 조사하여 나타낸 히스토그램이다. 줄넘기 기록이 50회 이상 60회 미만인 계급의 상대도수는?

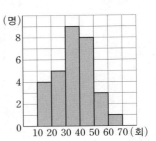

① 0.05   ② 0.1
③ 0.15   ④ 0.2
⑤ 0.25

중단원 테스트 [2회]

테스트한 날	맞은 개수
월 일	/ 24

[01 ~ 02] 오른쪽 그림은 어느 학교 1학년 학생들의 던지기 기록을 도수분포다각형으로 나타낸 것이다. 다음 물음에 답하시오.

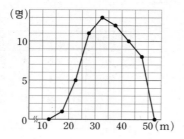

01

다음 중 옳지 않은 것은?

① 계급의 개수는 7이다.

② 계급의 크기는 5 m이다.

③ 45 m 이상 던진 학생 수는 8명이다.

④ 25 m도 던지지 못하는 학생은 전체의 12 %이다.

⑤ 던지기 기록이 좋은 순서대로 10번째인 학생이 속하는 계급의 계급값은 42.5 m이다.

02

35 m 이상 40 m 미만 던진 학생들은 전체의 몇 %인가?

① 10 %   ② 12 %   ③ 15 %

④ 20 %   ⑤ 24 %

03

계급의 크기가 10인 도수분포표에서 어떤 계급이 a 이상 b 미만이고 이 계급의 계급값이 35일 때, $a+b$의 값을 구하시오.

[04 ~ 06] 오른쪽 그림은 어느 반 학생들의 일주일 동안의 컴퓨터 이용 시간을 조사하여 상대도수의 분포를 그래프로 나타낸 것이다. 다음 물음에 답하시오.

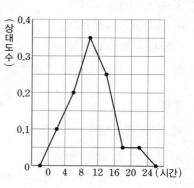

04

일주일 동안의 컴퓨터 이용 시간이 8시간 이상 12시간 미만인 학생이 7명일 때, 12시간 이상 16시간 미만인 계급에 속하는 학생 수를 구하시오.

05

컴퓨터 이용 시간이 많은 상위 10 %의 학생을 대상으로 컴퓨터 게임 중독 조사를 하려고 한다. 일주일에 컴퓨터를 몇 시간 이상 이용하는 학생을 대상으로 조사해야 하는지 구하시오.

06

컴퓨터 이용 시간이 적은 하위 10 %의 학생들은 일주일에 컴퓨터를 최대한 몇 시간 미만 이용한다고 말할 수 있는가?

① 2시간   ② 3시간   ③ 4시간

④ 5시간   ⑤ 6시간

07

오른쪽 그림은 어느 모둠 학생들의 수학 성적을 히스토그램으로 나타낸 것이다. 70점 이상인 학생은 전체의 몇 %인지 구하시오.

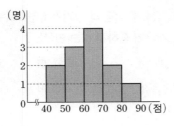

[08 ~ 09] 오른쪽 표는 어느 중학교 1학년 학생 50명의 수학 성적에 대한 도수분포표이다. 다음 물음에 답하시오.

수학 성적(점)	도수(명)
$50^{이상} \sim 60^{미만}$	7
60 ~ 70	A
70 ~ 80	B
80 ~ 90	9
90 ~ 100	2
합계	50

08

수학 성적이 80점 이상인 학생은 전체의 몇 %인가?

① 11 % ② 15 % ③ 20 %
④ 22 % ⑤ 25 %

09

수학 성적이 70점 미만인 학생이 전체의 40 %일 때, A, B의 값을 각각 구하시오.

[10 ~ 11] 다음은 어느 반 학생들의 통학 시간을 조사하여 나타낸 것이다. 물음에 답하시오.

통학 시간(분)	도수(명)	상대도수
$0^{이상} \sim 10^{미만}$	8	A
10 ~ 20		0.225
20 ~ 30		
30 ~ 40	7	
40 ~ 50		
합계	40	

10

A의 값은?

① 0.1 ② 0.12 ③ 0.16
④ 0.18 ⑤ 0.2

11

통학 시간이 30분 미만인 학생이 30명일 때, 계급값이 25분인 계급에 속하는 학생 수는?

① 14명 ② 13명 ③ 12명
④ 11명 ⑤ 10명

12

오른쪽 표는 어느 중학교 학생 20명의 100 m 달리기 기록에 대한 표이다. 달리기 기록이 좋은 상위 10 % 이내의 학생들은 적어도 몇 초 이내에 100 m를 달린다고 말할 수 있는지 구하시오.

계급(초)	도수(명)
$13^{이상} \sim 15^{미만}$	2
15 ~ 17	7
17 ~ 19	8
19 ~ 21	3
합계	20

[13 ~ 15] 오른쪽 표는 어느 반 학생 40명의 몸무게를 조사하여 나타낸 도수분포표이다. $A=2B$인 관계가 있을 때, 다음 물음에 답하시오.

몸무게(kg)	도수(명)
35^{이상} ~ 40^{미만}	3
40 ~ 45	7
45 ~ 50	A
50 ~ 55	10
55 ~ 60	B
60 ~ 65	2
합계	40

13

A, B의 값을 각각 구하시오.

14

몸무게가 다섯 번째로 많이 나가는 학생이 속하는 계급의 계급값은?

① 52.5kg   ② 55 kg   ③ 57.5 kg
④ 60 kg   ⑤ 62.5 kg

15

다음 중 위의 표에 대한 설명으로 옳지 않은 것은?

① 계급의 개수는 6이다.
② 계급의 크기는 5 kg이다.
③ 자료의 분포 상태를 알 수 있다.
④ 몸무게가 가장 적게 나가는 학생의 몸무게는 알 수 없다.
⑤ 몸무게가 55 kg인 학생이 속하는 계급의 도수는 10명이다.

16

다음 중 계급의 크기가 6인 도수분포표에서 계급값이 27인 계급에 속하지 않는 변량은?

① 24   ② 25   ③ 27
④ 29   ⑤ 30

17

오른쪽 그래프는 어느 중학교 1학년과 2학년 학생들의 하루 평균 운동 시간에 대한 상대도수의 분포를 함께 나타낸 것이다. 다음 설명 중 옳은 것은?

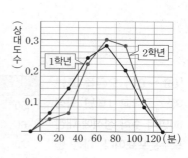

① 1학년의 학생 수와 2학년의 학생 수는 서로 같다.
② 운동 시간은 2학년이 1학년보다 상대적으로 더 길다.
③ 1학년 중 운동 시간이 20분 미만인 학생은 1학년 전체의 20 %이다.
④ 운동 시간이 40분 이상 80분 미만인 학생의 비율은 1학년이 더 높다.
⑤ 운동 시간이 100분 이상인 학생 수는 2학년보다 1학년이 더 많다.

18

A, B 두 반의 전체 도수의 비가 3 : 4이고, 어떤 계급의 도수의 비가 5 : 6일 때, 이 계급의 상대도수의 비는?

① 5 : 8   ② 8 : 9   ③ 9 : 8
④ 9 : 10   ⑤ 10 : 9

[19~20] 오른쪽 그림은 수아네 반 학생들의 멀리뛰기 기록을 줄기와 잎 그림으로 나타낸 것이다. 물음에 답하시오.

멀리뛰기 기록

(11|3은 113 cm)

줄기			잎		
11	3	5	9		
12	1	2	6	8	
13	0	2	6	7	9
14	2	4	4	8	
15	2	4	5		

19

수아의 기록은 144 cm이다. 수아보다 기록이 좋은 학생 수를 구하시오.

20

수아네 반에서 가장 멀리 뛴 학생의 기록과 가장 가깝게 뛴 학생의 기록의 차를 구하시오.

21

아래 표는 어느 반 학생들의 영어 성적을 조사하여 나타낸 것이다. 다음 설명 중 옳지 않은 것은?

영어 성적(점)	도수(명)	상대도수
$50^{이상} \sim 60^{미만}$	4	0.16
60 ~ 70	5	B
70 ~ 80	6	0.24
80 ~ 90	A	C
90 ~ 100	5	D
합계	25	1

① 전체 학생은 25명이다.
② $B=C=D=0.2$
③ 영어 성적이 80점 이상인 학생들은 전체의 40 %이다.
④ 영어 성적이 11번째로 좋은 학생이 속한 계급의 계급값은 85점이다.
⑤ 영어 성적이 70점 이상 90점 미만인 학생은 전체의 44 %이다.

22

오른쪽 그림은 어느 반 학생들의 키를 조사하여 히스토그램과 도수분포다각형으로 나타낸 것이다. 다음 중 옳지 않은 것은?

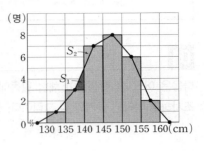

① 직사각형의 세로의 길이는 도수를 나타낸다.
② 도수의 총합은 27명이다.
③ 두 삼각형 S_1, S_2의 넓이는 같다.
④ 히스토그램의 직사각형의 넓이의 합은 135이다.
⑤ 도수분포다각형과 가로축으로 둘러싸인 부분의 넓이는 270이다.

23

오른쪽 그림은 어느 중학교 1학년 학생 240명의 사회 성적을 조사하여 상대도수의 분포를 그래프로 나타낸 것인데 일부가 찢어져 보이지 않는다. 사회 성적이 60점 이상 70점 미만인 학생 수를 구하시오.

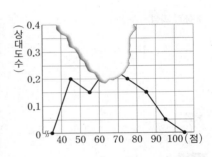

24

오른쪽 그림은 어느 반 학생들을 대상으로 인터넷 사용 시간을 조사하여 히스토그램으로 나타낸 것이다. 인터넷 사용 시간이 많은 쪽에서 10번째인 학생이 속하는 계급의 계급값을 구하시오.

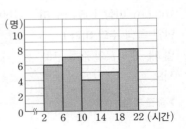

중단원 테스트 [서술형]

01

다음은 어느 반 학생들이 체험 활동에서 캔 감자의 개수를 조사하여 나타낸 줄기와 잎 그림이다. 물음에 답하시오.

감자의 개수

(0|7은 7개)

줄기	잎
0	7 8 9
1	0 1 2 4 4 5
2	0 2 3 5 5 7 8 9 9
3	1 2 2 3 4 6 9
4	1 2 5 6 6

(1) 가장 많이 캔 학생과 가장 적게 캔 학생의 감자의 개수의 차를 구하시오.

(2) 감자를 20개 미만 캔 학생은 전체의 몇 %인지 구하시오.

➤ 해결 과정

➤ 답

02

오른쪽 표는 어느 반 학생 50명의 키를 조사하여 나타낸 도수분포표이다. 키가 155 cm 이상 160 cm 미만인 학생 수와 키가 160 cm 이상 165 cm 미만인 학생 수의 비가 6 : 5 일 때, $A-B$의 값을 구하시오.

키(cm)	학생 수(명)
$140^{이상} \sim 145^{미만}$	5
145 ~ 150	8
150 ~ 155	15
155 ~ 160	A
160 ~ 165	B
합계	50

➤ 해결 과정

➤ 답

03

오른쪽 표는 어느 반 학생들이 한 학기 동안 읽은 책의 수를 조사하여 나타낸 도수분포표이다. 책을 5권 이상 7권 미만 읽은 학생이 전체의 30 %일 때, $A-B$의 값을 구하시오.

책의 수(권)	학생 수(명)
$1^{이상} \sim 3^{미만}$	1
3 ~ 5	6
5 ~ 7	A
7 ~ 9	8
9 ~ 11	B
11 ~ 13	2
합계	30

➤ 해결 과정

➤ 답

04

오른쪽 표는 어느 반 학생 50명의 국어 성적을 조사하여 나타낸 도수분포표이다.
$A : B : C = 1 : 2 : 1$일 때, 국어 성적이 80점 이상 90점 미만인 학생은 전체의 몇 %인지 구하시오.

국어 성적(점)	학생 수(명)
$70^{이상} \sim 75^{미만}$	A
75 ~ 80	8
80 ~ 85	B
85 ~ 90	12
90 ~ 95	6
95 ~ 100	C
합계	50

➤ 해결 과정

➤ 답

05

오른쪽 그림은 어느 반 학생들의 하루 수면 시간을 조사하여 나타낸 히스토그램이다. 직사각형 A와 B의 넓이의 비가 3 : 2일 때, a의 값과 이 반 전체 학생 수를 차례대로 구하시오.

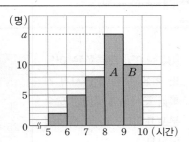

> 해결 과정

> 답

06

오른쪽 그림은 어느 반 학생 32명의 수면 시간을 조사하여 나타낸 도수분포다각형인데 일부가 찢어져서 보이지 않는다. 수면 시간이 7시간 이상 8시간 미만인 학생이 전체의 25 %일 때, 수면 시간이 6시간 이상 7시간 미만인 학생 수를 구하시오.

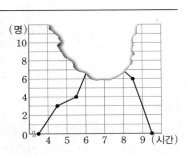

> 해결 과정

> 답

07

다음은 어느 학교 1학년 학생들을 대상으로 여름방학 동안 도서관을 이용한 횟수를 조사하여 나타낸 상대도수의 분포표이다. A, B의 값을 각각 구하시오.

횟수(회)	학생 수(명)	상대도수
0이상 ~ 5미만	80	0.4
5 ~ 10	56	A
10 ~ 15	B	0.22
15 ~ 20		
20 ~ 25		
합계		

> 해결 과정

> 답

08

오른쪽 그림은 어느 반 학생들의 체험활동 시간을 조사하여 나타낸 상대도수의 그래프인데 일부가 찢어져 보이지 않는

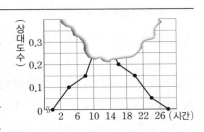

다. 체험활동 시간이 6시간 이상 10시간 미만인 학생 수가 6명일 때, 체험활동 시간이 10시간 이상 14시간 미만인 학생 수를 구하시오.

> 해결 과정

> 답

대단원 테스트

01

아래는 어느 봉사활동 단체 회원들의 나이를 조사하여 나타낸 줄기와 잎 그림이다. 다음 중 옳지 않은 것은?

회원들의 나이

(2 | 0은 20세)

줄기				잎				
2	0	0	1	1	3	4	7	7	8
3	2	3	4	4	5	5	6	9
4	0	2	2	3	9			
5	1	3	4					

① 잎이 가장 적은 줄기는 5이다.

② 회원 수가 가장 많은 줄기는 2이다.

③ 전체 회원 수는 25명이다.

④ 나이가 20세인 회원은 3명이다.

⑤ 나이가 50세 이상인 회원은 전체의 12 %이다.

02

다음 중 도수분포표에 대한 설명으로 옳지 않은 것은?

① 변량을 일정한 간격으로 나눈 구간을 계급이라고 한다.

② 각 계급의 가운데 값을 계급값이라고 한다.

③ 변량을 나눈 구간의 너비를 계급의 크기라고 한다.

④ 각 계급에 속하는 자료의 수를 그 계급의 도수라고 한다.

⑤ 계급의 크기를 크게 할수록 분포 상태를 잘 알 수 있다.

03

어느 반 학생들을 대상으로 지난 일주일 동안의 독서 시간을 조사하였더니 7시간 이상 8시간 미만인 계급의 학생이 14명이고, 상대도수가 0.4였다. 이 반 학생은 모두 몇 명인가?

① 30명   ② 32명   ③ 35명

④ 38명   ⑤ 40명

[04 ~ 05] 오른쪽은 어느 반 학생 40명의 던지기 기록을 조사하여 나타낸 도수분포표이다. 다음 물음에 답하시오.

기록(m)	학생 수(명)
$15^{이상}$ ~ $20^{미만}$	3
20 ~ 25	8
25 ~ 30	A
30 ~ 35	11
35 ~ 40	5
40 ~ 45	3
합계	40

04

A의 값은?

① 5   ② 7   ③ 9

④ 10   ⑤ 12

05

던지기 기록이 9번째로 좋은 학생이 속하는 계급의 계급값은?

① 22.5 m   ② 27.5 m   ③ 32.5 m

④ 37.5 m   ⑤ 42.5 m

06

다음은 어느 반 학생들의 수학 성적을 조사하여 나타낸 것이다. $A+B+C+D+E$의 값은?

수학 성적(점)	학생 수(명)	상대도수
$40^{이상}$ ~ $50^{미만}$	2	0.04
50 ~ 60	A	0.16
60 ~ 70	12	0.24
70 ~ 80	B	0.28
80 ~ 90	9	D
90 ~ 100	5	0.1
합계	C	E

① 72.18   ② 72.22   ③ 72.24

④ 73.18   ⑤ 73.22

07

다음 표는 어느 학교 학생들의 몸무게를 측정하여 나타낸 것인데 일부가 찢어져서 보이지 않는다. 몸무게가 45 kg 이상 50 kg 미만인 계급의 상대도수를 구하시오.

몸무게(kg)	도수(명)	상대도수
40^{이상}~45^{미만}	6	0.05
45 ~50	12	
50 ~55		

08

아래는 어느 반 학생들의 키를 조사하여 줄기와 잎 그림으로 나타낸 것이다. 다음 중 옳지 않은 것은?

키

(14 | 2는 142 cm)

잎(여학생)	줄기	잎(남학생)
9 9 8 8 6 6 4 4	14	2 3 7 8 8 9
9 8 8 6 2 1	15	0 2 3 4 4 5 6 8
3 2 1	16	5 6 7 9

① 남학생 중 키가 가장 큰 학생은 169 cm이다.
② 여학생의 잎이 가장 많은 줄기는 14이다.
③ 조사 대상이 된 학생은 모두 35명이다.
④ 학생들의 키는 140 cm대와 150 cm대에 몰려 있다.
⑤ 키가 가장 작은 학생은 여학생이다.

09

A, B 두 반의 전체 도수의 비가 4 : 3이고 어떤 계급의 도수의 비가 8 : 5일 때, 이 계급의 상대도수의 비는?

① 4 : 5   ② 5 : 4   ③ 5 : 6
④ 6 : 5   ⑤ 12 : 1

10

오른쪽 표는 어느 반 영어 성적을 조사하여 나타낸 도수분포표이다. 다음 중 옳지 않은 것은?

영어 성적(점)	학생 수(명)
60^{이상} ~ 70^{미만}	3
70 ~ 80	8
80 ~ 90	13
90 ~ 100	6
합계	

① 계급의 개수는 4이다.
② 계급의 크기는 10점이다.
③ 조사 대상 학생 수는 30명이다.
④ 변량은 모두 60점 이상 100점 미만에 포함된다.
⑤ 영어 성적이 7번째로 높은 학생이 속한 계급의 계급값은 95점이다.

[11 ~ 12] 오른쪽 그림은 어느 반 학생 40명의 과학 성적을 조사하여 나타낸 도수분포다각형이다. 다음 물음에 답하시오.

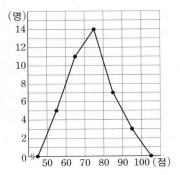

11

과학 성적이 15등인 학생이 속하는 계급의 계급값을 구하시오.

12

과학 성적이 상위 25 % 이내에 들려면 최소한 몇 점 이상을 받아야 하는지 구하시오.

13

오른쪽 표는 어느 반 학생들의 하루 수면 시간을 조사하여 나타낸 도수분포표이다. 도수가 가장 큰 계급의 계급값은?

① 5.5시간

② 6.5시간

③ 7.5시간

④ 8.5시간

⑤ 9.5시간

수면 시간(시간)	학생 수(명)
4^{이상} ~ 5^{미만}	1
5 ~ 6	2
6 ~ 7	A
7 ~ 8	12
8 ~ 9	9
9 ~ 10	1
합계	35

14

오른쪽 그림은 어느 반 학생 40명의 50 m 달리기 기록에 대한 상대도수의 분포를 나타낸 그래프인데 일부가 찢어져 보이지 않는다. 기록이 8.0초 이상 8.5초 미만인 학생 수를 구하시오.

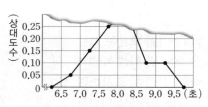

15

오른쪽 표는 어느 반 학생들이 한 달 동안 등교 시각에 지각한 횟수를 조사하여 나타낸 도수분포표이다. 지각 횟수가 2회 이상 4회 미만인 학생은 전체의 몇 %인가?

① 20 %　② 25 %

③ 27 %　④ 30 %

⑤ 35 %

지각 횟수(회)	학생 수(명)
0^{이상} ~ 2^{미만}	13
2 ~ 4	9
4 ~ 6	3
6 ~ 8	2
8 ~ 10	2
10 ~ 12	1
합계	30

16

오른쪽 그림은 어느 중학교 1학년 남학생과 여학생의 100 m 달리기 기록을 조사하여 나타낸 도수분포다각형이다. 다음 중 옳은 것은?

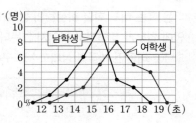

① 남학생 수가 여학생 수보다 많다.

② 여학생의 기록이 남학생의 기록보다 좋은 편이다.

③ 여학생의 기록 중 도수가 가장 큰 계급의 계급값은 16초이다.

④ 남학생 중 기록이 15초 미만인 학생은 남학생 전체의 30 %이다.

⑤ 각각의 그래프와 가로축으로 둘러싸인 부분의 넓이는 같다.

17

다음 설명 중 옳지 않은 것은?

① 도수의 총합은 변량의 총 개수와 같다.

② 히스토그램을 통해 자료의 분포 상태를 한눈에 알아볼 수 있다.

③ 상대도수의 분포를 나타낸 그래프에서 전체 도수는 알 수 없다.

④ 상대도수는 전체 도수가 다른 두 가지 이상의 자료의 분포 상태를 비교할 때 편리하다.

⑤ 히스토그램은 도수분포표의 각 계급의 중간값을 가로축에 표시하고, 그 계급의 도수를 세로축에 표시한다.

18

어느 반 학생의 사회 성적을 조사한 결과 60점 이상 70점 미만인 계급의 학생 수가 16명이고, 상대도수가 0.32일 때, 이 반 전체 학생 수는?

① 30명　　② 35명　　③ 40명

④ 45명　　⑤ 50명

[19 ~ 20] 오른쪽 표는 어느 반 학생 40명의 주말 동안의 TV 시청 시간을 조사하여 나타낸 도수분포표이다. 다음 물음에 답하시오.

시청 시간(시간)	학생 수(명)
0^{이상} ~ 2^{미만}	a
2 ~ 4	$4a$
4 ~ 6	15
6 ~ 8	7
8 ~ 10	3
합계	40

19

도수가 가장 큰 계급의 계급값을 구하시오.

20

TV 시청 시간이 2시간 이상 4시간 미만인 학생은 전체의 몇 %인지 구하시오.

21

오른쪽 그림은 어느 반 학생들의 한끼 식사 시간을 조사하여 나타낸 히스토그램인데 일부가 찢어져 보이지 않는다. 계급값이 27.5분인 계급의 도수는 식사 시간이 25분 이상인 도수의 $\frac{1}{2}$이라고 할 때, 계급값이 27.5분인 계급의 상대도수를 구하시오.

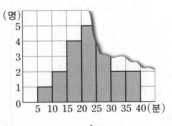

22

계급의 크기가 7인 도수분포표에서 a 이상 b 미만인 계급의 계급값이 43.5일 때, a, b의 값을 각각 구하시오.

[23 ~ 24] 오른쪽 그림은 어느 반 학생 50명의 영어 성적에 대한 상대도수의 분포를 나타낸 그래프이다. 다음 물음에 답하시오.

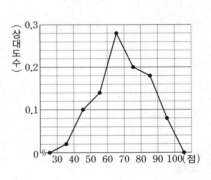

23

영어 성적이 80점 이상인 학생은 전체의 몇 %인가?

① 22 %   ② 24 %   ③ 26 %

④ 28 %   ⑤ 30 %

24

영어 성적이 높은 쪽에서 12번째인 학생이 속하는 계급의 상대도수를 구하시오.

[25 ～ 26] 오른쪽 표는 어느 반 학생 50명의 수학 성적을 조사하여 나타낸 도수분포표이다. 다음 물음에 답하시오.

수학 성적(점)	학생 수(명)
40^{이상} ～ 50^{미만}	3
50 ～ 60	6
60 ～ 70	13
70 ～ 80	
80 ～ 90	10
90 ～ 100	6
합계	50

25
수학 성적이 70점 이상 80점 미만인 계급의 도수는?

① 6명   ② 8명   ③ 10명
④ 12명   ⑤ 14명

26
수학 성적이 80점 이상인 학생은 전체의 몇 %인가?

① 25 %   ② 26 %   ③ 28 %
④ 30 %   ⑤ 32 %

27
오른쪽 그림은 어느 프로그램의 시청자들의 나이에 대한 상대도수의 분포를 나타낸 그래프인데 일부분이 얼룩져 보이지 않는다. 나이가 10세

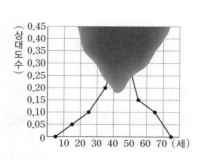

이상 20세 미만인 시청자가 2명일 때, 나이가 40세 이상 50세 미만인 시청자 수를 구하시오.

28
A, B 두 집단의 도수의 총합의 비는 11 : 15이고, 두 집단의 어떤 한 계급에 대한 상대도수의 비가 5 : 3이라고 할 때, A, B 두 집단의 그 계급에 대한 도수의 비를 가장 간단한 자연수의 비로 나타내시오.

29
오른쪽 그림은 학급 인원 수가 같은 A, B 두 반의 매달리기 기록에 대한 도수분포다각형이다. 보기에서 옳은 것을 모두 고른 것은?

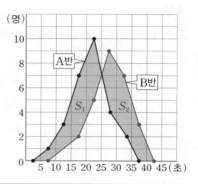

보기
ㄱ. $S_1 < S_2$
ㄴ. B반의 기록이 A반의 기록보다 좋은 편이다.
ㄷ. 각 반에서 도수가 가장 큰 계급의 계급값은 A반보다 B반이 더 크다.
ㄹ. 기록이 가장 좋은 학생 3명이 학교 대표로 대회에 나간다면 3명 모두 A반에 있다.

① ㄱ, ㄴ   ② ㄱ, ㄷ   ③ ㄴ, ㄷ
④ ㄴ, ㄹ   ⑤ ㄷ, ㄹ

30
오른쪽 그림은 어느 반 학생들의 국어 성적에 대한 도수분포다각형이다. 다음 설명 중 옳지 않은 것은?

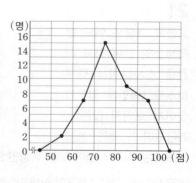

① 계급의 개수는 5이다.
② 도수가 가장 작은 계급의 계급값은 55점이다.
③ 국어 성적이 70점 미만인 학생은 전체의 20 %이다.
④ 이 반 학생 수는 모두 40명이다.
⑤ 성적이 높은 쪽에서 10번째인 학생이 속하는 계급의 도수는 9명이다.

31

다음은 우리나라의 산 25개의 높이를 조사하여 나타낸 도수분포다각형이다. 높이가 1500 m 이상 2000 m 미만인 계급의 상대도수를 구하시오.

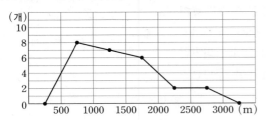

[32 ~ 33]

[32 ~ 33] 오른쪽 그림은 어느 중학교 학생 50명의 몸무게를 조사하여 나타낸 히스토그램이다. 다음 물음에 답하시오.

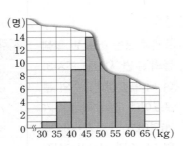

32

몸무게가 55 kg 이상 60 kg 미만인 학생이 전체의 20 %일 때, 50 kg 이상 55 kg 미만인 계급의 상대도수를 구하시오.

33

몸무게가 15번째로 무거운 학생이 속하는 계급의 계급값을 구하시오.

[34 ~ 35]

[34 ~ 35] 오른쪽 그림은 어느 중학교 1학년 학생들의 하루 스마트폰 사용 시간에 대한 상대도수의 분포를 나타낸 그래프인데 일부가 찢어져 보이지 않는다. 다음 물음에 답하시오.

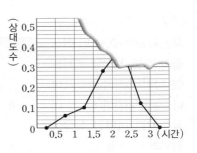

34

스마트폰 사용 시간이 2시간 이상 2.5시간 미만인 계급의 상대도수를 구하시오.

35

스마트폰 사용 시간이 1시간 미만인 학생이 15명일 때, 스마트폰 사용 시간이 2시간 이상 2.5시간 미만인 학생 수를 구하시오.

36

오른쪽 표는 어느 반 학생들의 일주일 동안의 운동 시간을 조사하여 나타낸 도수분포표이다. 운동 시간이 8시간 이상인 계급의 도수가 2시간 미만인 계급의 도수보다 3만큼 클 때, A, B의 값을 각각 구하시오.

운동 시간(시간)	학생 수(명)
$0^{이상} \sim 2^{미만}$	A
2 ~ 4	7
4 ~ 6	11
6 ~ 8	4
8 ~ 10	B
합계	37

37

오른쪽 표는 어느 반 학생들의 수면 시간을 조사하여 나타낸 도수분포표이다. 수면 시간이 6시간 이상 7시간 미만인 학생이 전체의 40 %일 때, $A-B$의 값은?

수면 시간(시간)	학생 수(명)
$4^{이상}$ ~ $5^{미만}$	2
5 ~ 6	5
6 ~ 7	A
7 ~ 8	7
8 ~ 9	B
합계	30

① 7 ② 8
③ 9 ④ 10
⑤ 11

40

오른쪽 그림은 어느 반 학생들의 몸무게를 조사하여 나타낸 도수분포다각형이다. 몸무게가 50 kg 이상 55 kg 미만인 계급의 상대도수는?

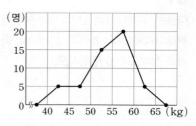

① 0.1 ② 0.2 ③ 0.3
④ 0.4 ⑤ 0.5

[38~39] 오른쪽 그림은 어느 반 학생들의 턱걸이 기록을 조사하여 나타낸 히스토그램이다. 다음 물음에 답하시오.

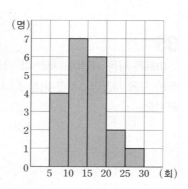

38

턱걸이 기록이 15회 미만인 학생은 전체의 몇 %인지 구하시오.

39

이 반에서 턱걸이를 5번째로 많이 한 학생이 속한 계급을 구하시오.

41

오른쪽 표는 어느 반 학생들의 수면 시간을 조사하여 나타낸 상대도수의 분포표이다. 전체 학생 수가 25명이고 $A:B=3:2$일 때, 수면 시간이 6시간 이상 7시간 미만, 8시간 이상 9시간 미만인 학생 수를 차례대로 구하시오.

수면 시간(시간)	상대도수
$5^{이상}$ ~ $6^{미만}$	0.24
6 ~ 7	A
7 ~ 8	0.36
8 ~ 9	B
합계	1

42

어떤 도수분포표에서 계급의 크기가 8이고, 계급값이 22일 때, 다음 중 이 계급의 변량 x가 될 수 없는 것은?

① 18 ② 20 ③ 22
④ 24 ⑤ 26

43

오른쪽 표는 어느 중학교 학생들의 국어 성적에 대한 상대도수의 분포표이다. 20점 이상 40점 미만인 계급의 학생 수가 80점 이상 100점 미만인 계급의 학생 수의 $\frac{1}{12}$일 때, $y-3x$의 값을 구하시오.

국어 성적(점)	상대도수
20^{이상} ~ 40^{미만}	x
40 ~ 60	0.28
60 ~ 80	0.46
80 ~ 100	y
합계	1

44

오른쪽 표는 어느 반 학생 20명의 오래 매달리기 기록을 조사하여 나타낸 도수분포표인데 일부가 보이지 않는다. 기록이 25초 이상인 학생이 전체의 35 %일 때, 22.5초보다 짧게 매달린 학생 수는 x명 이상 y명 이하이다. $x+y$의 값을 구하시오.

기록(초)	계급값	학생 수(명)
	7.5	1
	12.5	A
	17.5	4
	22.5	6
	27.5	B
	32.5	2
합계		20

45

오른쪽 표는 어느 반 학생 50명의 몸무게를 조사하여 나타낸 도수분포표이다. 다음 중 옳지 않은 것은?

몸무게(kg)	학생 수(명)
35^{이상} ~ 40^{미만}	4
40 ~ 45	8
45 ~ 50	11
50 ~ 55	13
55 ~ 60	9
60 ~ 65	5
합계	50

① 계급의 개수는 6이고, 계급의 크기는 5 kg이다.

② 몸무게가 50 kg 이상인 학생 수는 27명이다.

③ 도수가 11명인 계급의 계급값은 47.5 kg이다.

④ 몸무게가 40 kg 이상 55 kg 미만인 학생은 전체의 32 %이다.

⑤ 몸무게가 무거운 쪽에서부터 8번째인 학생이 속하는 계급의 도수는 9명이다.

46

오른쪽 그림은 어느 반 학생들이 1주일 동안의 독서 시간에 대한 상대도수의 분포를 나타낸 그래프이다. 이 반 학생들의 10 % 이하만이 분포되어 있는 계급은 몇 개인가?

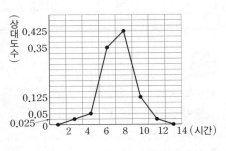

① 1개　　② 2개　　③ 3개

④ 4개　　⑤ 5개

47

오른쪽 표는 어느 학교 학생들의 주말 인터넷 사용 시간을 조사하여 만든 도수분포표이다. 60분 이상 80분 미만인 학생이 전체의 40 %라고 할 때, A의 값을 구하시오.

사용 시간(분)	학생 수(명)
40^{이상} ~ 60^{미만}	5
60 ~ 80	20
80 ~ 100	A
100 ~ 120	5
120 ~ 140	4
합계	

48

오른쪽 표는 어느 반 학생들의 혈액형에 대한 상대도수의 분포표이다. A형 학생 수와 AB형 학생 수의 비가 4 : 3일 때, b의 값은?

혈액형	상대도수
O형	0.28
A형	a
B형	0.23
AB형	b
합계	1

① 0.21　　② 0.24　　③ 0.28

④ 0.3　　⑤ 0.32

대단원 테스트 [고난도]

01

오른쪽 표는 어느 학교 학생들의 줄넘기 기록을 조사하여 나타낸 도수분포표이다. 계급의 크기를 a 회, 도수가 가장 큰 계급의 계급값을 b회, 줄넘기 기록이 40회 이상인 학생이 전체의 c %라 할 때, $a-b+2c$의 값을 구하시오.

줄넘기 기록(회)	학생 수(명)
0^{이상} ~ 10^{미만}	2
10 ~ 20	7
20 ~ 30	18
30 ~ 40	16
40 ~ 50	
50 ~ 60	3
합계	50

02

오른쪽 표는 학생 40명의 몸무게를 조사하여 나타낸 도수분포표이다. 몸무게가 45 kg 미만인 학생이 전체의 20 %일 때, A, B의 값을 각각 구하시오.

몸무게(kg)	학생 수(명)
35^{이상} ~ 40^{미만}	2
40 ~ 45	A
45 ~ 50	B
50 ~ 55	9
55 ~ 60	8
60 ~ 65	1
합계	40

03

오른쪽 그림은 학생 32명의 국어 성적을 조사하여 나타낸 도수분포다각형인데 일부가 보이지 않는다. 국어 성적이 60점 이상 70점 미만인 학생과 80점 이상 90점 미만

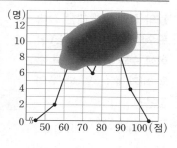

인 학생의 비율이 2 : 3일 때, 80점 이상인 학생은 전체의 몇 %인지 구하여라.

04

오른쪽 그림은 어느 중학교 A반, B반 학생들의 수학 성적을 조사하여 나타낸 도수분포다각형이다. A반에서 상위 30 %인 학생의 수학 성

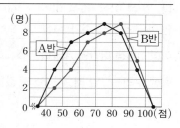

적은 B반에서는 최소 상위 몇 %인지 구하시오.

05

오른쪽 그림은 어느 아파트 단지에 사는 120가구를 대상으로 한 달간 생활 폐기물 발생량을 조사하여 나

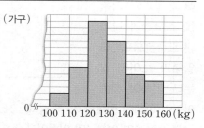

타낸 히스토그램인데 종이가 찢어져서 세로축이 보이지 않는다. 생활 폐기물 발생량이 130 kg 이상인 가구 수를 구하시오.

06

오른쪽 그림은 학생 50명의 영어 성적을 조사하여 나타낸 도수분포다각형인데 일부가 찢어져 보이지 않는다. 다음 중 옳은 것은? (정답 2개)

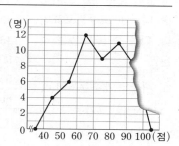

① 계급의 개수는 8이다.

② 계급의 크기는 10점이다.

③ 도수가 가장 작은 계급의 계급값은 55점이다.

④ 영어 성적이 상위 10 % 이내인 학생은 최소 90점이다.

⑤ 성적이 7번째로 낮은 학생이 속한 계급의 계급값은 45점이다.

07

오른쪽 그림은 어느 중학교 1반과 2반 학생들의 사회 성적을 조사하여 나타낸 도수분포다각형이다. 1반에서 상위 20 % 이내에 드는 학생의 성적이 2반에서는 상위 몇 % 이내에 드는지 구하시오.

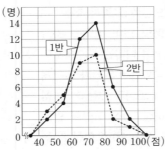

08

오른쪽 그림은 학생 36명의 공 던지기 기록을 조사하여 나타낸 히스토그램인데 일부가 찢어져 보이지 않는다. 기록이 39 m 이상인 학생이 전체의 $\frac{1}{n}$일 때, 자연수 n의 값을 구하시오.

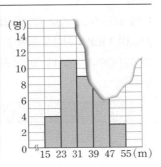

09

오른쪽 그림은 어느 반 학생들의 과학 성적을 조사하여 나타낸 도수분포다각형이다. 과학 성적이 상위 20 % 이내인 학생은 최소 몇 점 이상을 받았는지 구하시오.

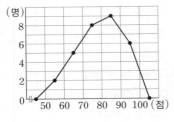

10

오른쪽 그림은 학생들의 오래 매달리기 기록을 조사하여 나타낸 도수분포다각형인데 일부가 찢어져 보이지 않는다. 기록이 14초 이상 18초 미만인 학생이 전체의 76 %일 때, 상위 12 % 이내에 드는 학생의 기록은 최소 몇 초 이상인지 구하시오.

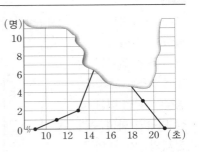

11

오른쪽 그림은 학생들의 음악 성적을 조사하여 나타낸 히스토그램이다. 상위 10 % 이내에 들려면 최소 몇 점 이상을 받아야 하는지 구하시오.

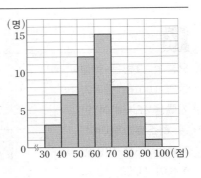

12

오른쪽 그림은 어느 중학교 1학년 1반과 2반 학생들의 국어 성적을 조사하여 나타낸 도수분포다각형이다. 다음 중 옳은 것은?

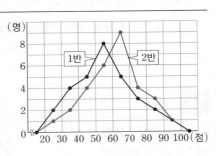

① 1반 학생 수가 2반 학생 수보다 많다.
② 계급값이 85점인 계급에 속한 학생은 1반 학생 수가 2반 학생 수보다 1명 더 많다.
③ 2반보다 1반의 성적이 더 좋다고 말할 수 있다.
④ 성적이 40점 이상 70점 미만인 학생 수는 1반보다 2반이 더 많다.
⑤ 성적이 가장 우수한 학생은 2반에 있다.

13

오른쪽 그림은 어느 중학교 학생들의 국어 성적의 일부를 나타낸 히스토그램이다. 성적이 60점 이상 65점 미만인 학생 수가 전체의 20 %이고, 50점 미만인 학생 수

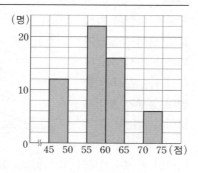

와 65점 이상인 학생 수의 비가 2 : 3일 때, 계급값이 67.5점인 계급의 학생은 전체의 몇 %인지 구하시오.

14

오른쪽 그림은 학생들의 100 m 달리기 기록을 조사하여 만든 히스토그램이다. 기록이 15초 미만인 학생이 전체의 12 % 이고, 기록이 18초 이상 19초 미만인 학생

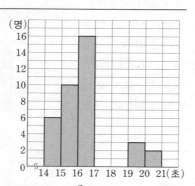

수가 기록이 17초 이상인 학생 수의 $\dfrac{2}{9}$라고 할 때, 기록이 17초 이상 18초 미만인 학생 수를 구하시오.

15

오른쪽 그림은 편의점에서 하루 동안 판매한 아이스크림의 수를 조사하여 나타낸 도수분포다각형인데 일부가 찢어져 보

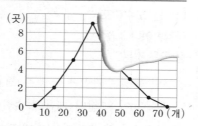

이지 않는다. 판매한 아이스크림의 수가 50개 이상인 편의점 수가 전체의 16 %일 때, 판매한 아이스크림의 수가 40개 이상 50개 미만인 편의점 수를 구하시오.

16

오른쪽 그림은 학생 35명의 영어 성적을 조사하여 나타낸 도수분포다각형인데 일부가 찢어져서 보이지 않는다. 60점 이상 70점 미만을 받은 학생이 70점 이상 80점 미만을 받은 학생보다

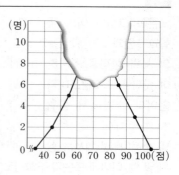

한 명 더 적을 때, 60점 이상 70점 미만을 받은 학생 수를 구하시오.

17

다음 표는 어느 학교 학생들의 한 달 동안의 독서 시간을 조사하여 나타낸 상대도수의 분포표이다. 이 표에서 a와 b의 최대공약수가 6일 때, 이 조사에 참여한 전체 학생 수를 구하시오.

독서 시간(시간)	도수(명)	상대도수
0 이상 ~ 6 미만	a	$\dfrac{1}{4}$
6 ~ 12		
12 ~ 18		$\dfrac{3}{10}$
18 ~ 24	b	$\dfrac{1}{5}$
합계		1

18

오른쪽 그림은 학생 50명의 일주일 동안의 공부 시간에 대한 상대도수의 분포를 그래프로 나타낸 것

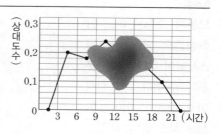

인데 일부가 보이지 않는다. 공부 시간이 12시간 이상 15시간 미만인 학생과 15시간 이상 18시간 미만인 학생 수의 비가 3 : 4일 때, 15시간 이상 공부한 학생 수를 구하시오.

19

다음은 학생들의 공 던지기 기록을 조사하여 나타낸 것인데 일부가 찢어져 보이지 않는다. 공을 30 m 이상 던진 학생은 전체의 몇 %인지 구하시오.

공 던지기 기록(m)	도수(명)	상대도수
10이상 ~ 20미만	4	0.16
20 ~ 30	5	
30 ~ 40		

20

은주네 반 학생 40명의 사회 성적을 조사하였더니 70점 미만인 계급의 상대도수의 합이 0.45이었다. 70점 미만인 학생 수와 90점 이상 100점 미만인 학생 수의 비가 9 : 2일 때, 70점 이상 90점 미만인 학생 수를 구하시오.

21

오른쪽 그림은 학생들의 사회 성적을 조사하여 나타낸 도수분포다각형이다. 사회 성적이 10번째로 좋은 학생이 속하는 계급의 상대도수를 구하시오.

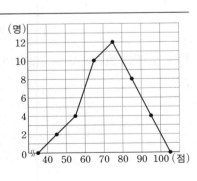

22

오른쪽 그림은 학생들의 1년 동안의 봉사활동 시간에 대한 상대도수의 분포를 그래프로 나타낸 것인데 일부가 찢어져 보이지 않는다. 봉사활동 시간이 26시간 이상인 학생 수가 25명일 때, 도수가 가장 큰 계급의 도수와 가장 작은 계급의 도수의 차를 구하시오.

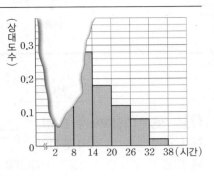

23

전체 학생 수의 비가 6 : 5인 A중학교와 B중학교 학생들의 수학 성적을 비교하였더니 90점 이상인 계급의 상대도수의 비가 3 : 4였다. 두 학교의 90점 이상인 학생 수의 비를 가장 간단한 자연수의 비로 나타내시오.

24

오른쪽 그림은 어느 중학교 1학년 남학생과 여학생의 50 m 달리기 기록에 대한 상대도수의 분포를 나타낸 그래프이다. 다음 중 옳은 것은?

(정답 2개)

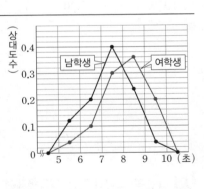

① 남학생의 기록이 여학생의 기록보다 좋은 편이다.

② 여학생의 기록 중 도수가 가장 큰 계급의 계급값은 8.5초이다.

③ 남학생이 총 50명이라고 하면 그 중 계급값이 6.5초인 학생은 6명이다.

④ 기록이 6.3초인 남학생은 남학생 중 빨리 달린 쪽에서 30 % 안에 든다.

⑤ 기록이 7초 미만인 여학생은 여학생 전체의 10 %이다.

학업성취도 테스트 [1회]

테스트한 날:　　월　　일　　맞은 개수:　　　／ 24

선다형

01 오른쪽 그림에서 두 점 M, N은 각각 $\overline{AB}$, $\overline{AM}$의 중점일 때, 다음 중 옳지 않은 것은? (정답 2개)

① $\overline{AN}=\overline{BM}$　　② $\overline{AM}=\overline{BM}$

③ $\overline{AN}=\overline{NM}$　　④ $\overline{AN}=\dfrac{1}{2}\overline{AB}$

⑤ $\overline{NM}=\dfrac{1}{4}\overline{AB}$

02 오른쪽 그림에서 $\angle x$의 크기는?

① $17°$　　　② $18°$

③ $19°$　　　④ $20°$

⑤ $21°$

03 오른쪽 그림과 같은 직육면체에서 교점의 개수를 a, 교선의 개수를 b라고 할 때, $a+b$의 값은?

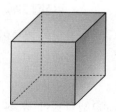

① 16　　　② 18

③ 20　　　④ 22

⑤ 24

04 오른쪽 그림과 같이 직선 AB와 직선 CD가 서로 직교할 때, 다음 중 옳은 것은? (정답 2개)

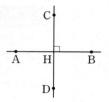

① $\overrightarrow{AB}$는 $\overleftrightarrow{CD}$의 수선이다.

② $\overrightarrow{AB}/\!/\overline{CD}$

③ 점 C에서 $\overrightarrow{AB}$에 내린 수선의 발은 점 D이다.

④ 점 A와 $\overrightarrow{CD}$ 사이의 거리는 $\overline{AC}$이다.

⑤ $\overline{AB}\perp\overline{CD}$

05 다음 중 $\triangle ABC \equiv \triangle DEF$라고 할 수 없는 것은?

① $\overline{AB}=\overline{DE}$, $\overline{BC}=\overline{EF}$, $\overline{CA}=\overline{FD}$

② $\overline{BC}=\overline{EF}$, $\angle B=\angle E$, $\angle C=\angle F$

③ $\overline{AB}=\overline{DE}$, $\overline{BC}=\overline{EF}$, $\angle B=\angle E$

④ $\overline{BC}=\overline{EF}$, $\overline{CA}=\overline{FD}$, $\angle A=\angle D$

⑤ $\overline{AB}=\overline{DE}$, $\angle A=\angle D$, $\angle B=\angle E$

06 오른쪽 그림에서 $\angle x$의 크기는?

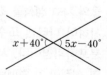

① $10°$　　　② $20°$

③ $30°$　　　④ $40°$

⑤ $50°$

07 다음 중 두 직선 l, m이 서로 평행하지 않은 것은?

① l 100° m 80°

② l 110° m 110°

③ l 121° m 59°

④ l 120° m 59°

⑤ l 122° m 122°

08 오른쪽 그림에서 $\overline{AC}$가 원 O의 지름이고, $\angle AOB=90°$, $\angle COD=30°$일 때, 다음 중 옳지 않은 것은?

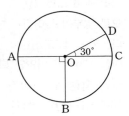

① $\overline{AB}=\overline{BC}$
② $\widehat{AB}=3\widehat{CD}$
③ $\overline{AD}=\overline{BD}$
④ $\widehat{BC}=3\widehat{CD}$
⑤ $\widehat{AD}=5\widehat{CD}$

09 대각선의 개수가 27인 다각형의 내각의 크기의 합은?

① $540°$ ② $720°$ ③ $900°$
④ $1080°$ ⑤ $1260°$

10 원기둥의 일부분을 잘라내고 남은 오른쪽 그림과 같은 입체도형의 부피는?

① 90π cm^3 ② 98π cm^3
③ 104π cm^3 ④ 108π cm^3
⑤ 112π cm^3

11 다음은 주어진 회전체를 회전축을 포함하는 평면으로 자른 단면을 그린 것이다. 옳지 않은 것은?

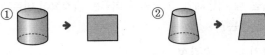

12 오른쪽 그림과 같이 밑면은 정사각형이고 옆면은 모두 합동인 이등변삼각형으로 이루어진 사각뿔의 겉넓이가 144 cm^{2}일 때, x의 값은?

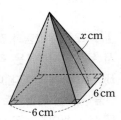

① $\dfrac{15}{2}$ ② 8
③ $\dfrac{17}{2}$ ④ 9
⑤ $\dfrac{19}{2}$

13 다음 중 정다면체에 대한 설명으로 옳은 것은?

① 정다면체는 모두 6가지이다.

② 정팔면체의 모서리의 개수는 8이다 .

③ 정육면체의 한 꼭짓점에 모인 면의 개수는 3이다.

④ 면의 모양이 정오각형인 정다면체는 정이십면체이다.

⑤ 면의 모양이 정삼각형인 정다면체는 정사면체, 정팔면체, 정십이면체이다.

14 다음 중 다면체와 그 옆면을 이루는 다각형이 바르게 짝 지어진 것은?

① 오각기둥 − 오각형

② 사면체 − 사각형

③ 육각기둥 − 육각형

④ 사각뿔 − 삼각형

⑤ 삼각뿔대 − 직사각형

15 오른쪽 그림과 같은 직육면체에서 두 점 M, N은 각각 두 모서리 BC, CD의 중점이다. 네 점 M, N, F, H를 지나는 평면으로 직육면체를 자를 때, 나누어지는 두 입체도형의 면의 개수의 합은?

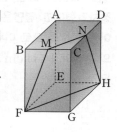

① 11
② 12
③ 13
④ 14
⑤ 15

16 오른쪽 그림은 어느 마을 주민 15명의 나이를 조사하여 나타낸 줄기와 잎 그림이다. 다음 중 옳지 않은 것은?

나이

(0|9는 9세)

줄기	잎
0	9
1	0 5 8
2	2
3	5 7 9
4	0 3 3 5 5
5	1 9

① 줄기 4의 잎은 3, 5이다.

② 줄기 3의 잎은 5, 7, 9이다.

③ 잎이 가장 많은 줄기는 4이다.

④ 나이가 50세 이상인 주민은 2명이다.

⑤ 10대인 주민은 3명이다.

17 오른쪽 그림은 어느 반 학생 18명의 키를 조사하여 나타낸 히스토그램으로 일부가 찢어졌다. 키가 155 cm 이상 160 cm 미만인 학생 수와 150 cm 이상 155 cm 미만인 학생 수의 비가 5 : 4일 때, 키가 155 cm 이상 160 cm 미만인 학생은 몇 명인가?

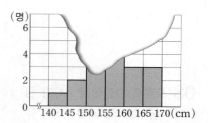

① 4명
② 5명
③ 6명
④ 7명
⑤ 8명

18 오른쪽 그림은 어느 학교 학생들의 던지기 기록을 조사하여 나타낸 도수분포다각형이다. 다음 중 옳지 않은 것은?

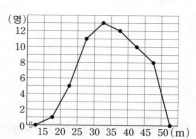

① 계급의 개수는 7이다.

② 계급의 크기는 5 m이다.

③ 도수가 가장 큰 계급의 도수는 13명이다.

④ 도수가 가장 작은 계급의 도수는 1명이다.

⑤ 도수의 총합은 50명이다.

서답형

19 오른쪽 그림과 같이 5개의 점 A, B, C, D, E가 있다. 이 중에서 두 점을 지나는 직선을 그을 때, 서로 다른 직선은 모두 몇 개인지 구하시오.

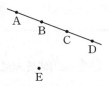

20 오른쪽 그림에서 $l/\!/m$일 때, $\angle x$의 크기를 구하시오.

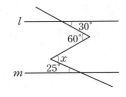

21 오른쪽 그림과 같이 부채꼴 AOB와 직사각형 AOPQ로 이루어진 도형에서 색칠한 두 부분의 넓이가 같을 때, x의 값을 구하시오.

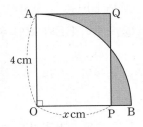

22 오른쪽 그림과 같은 입체도형을 노란색으로 칠하려고 한다. 페인트 한 통은 8000원이고 한 통으로 8π cm²를 칠할 수 있다. 페인트를 통 단위로 구입할 때, 밑바닥을 제외하고 모두 칠하는데 드는 최소 비용을 구하시오.

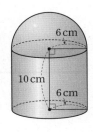

23 다음은 어느 반 학생들의 몸무게를 조사하여 나타낸 것이다. 물음에 답하시오.

몸무게(kg)	학생 수(명)	상대도수
40이상 ~ 45미만	3	0.1
45 ~ 50	A	0.2
50 ~ 55	12	B
55 ~ 60		
60 ~ 65	3	
합계		

(1) A와 B의 값을 차례대로 구하시오.

(2) 몸무게가 무거운 쪽에서 30 % 이내에 드는 학생의 몸무게는 최소 몇 kg 이상인지 구하시오.

24 가로와 세로의 길이가 각각 8 cm, 6 cm이고 높이가 5 cm인 직육면체 모양의 그릇에 물을 채운 후 그릇을 기울여 물을 부은 뒤, 남은 물이 닿았던 부분을 전개도에 색칠하였더니 오른쪽 그림과 같았다. 이 그릇에 담겼던 물의 양을 구하는 풀이 과정과 답을 쓰시오.

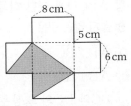

학업성취도 테스트 [2회]

테스트한 날: 월 일 맞은 개수: / 24

선다형

01 오른쪽 그림과 같이 내각의 크기가 모두 같은 육각형이 있다. 이 육각형의 $\overline{AB}$, $\overline{CD}$, $\overline{EF}$를 연장하여 이루어지는 삼각형의 세 변의 길이의 합은? (단, $\overline{AB}=8$, $\overline{BC}=9$, $\overline{AF}=13$)

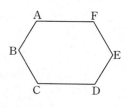

① 30 ② 55 ③ 60
④ 75 ⑤ 90

02 오른쪽 그림과 같이 세 직선이 한 점에서 만날 때, $\angle x$의 크기는?

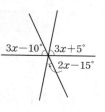

① 25° ② 30°
③ 35° ④ 40°
⑤ 45°

03 오른쪽 그림과 같은 사각형 ABCD에 대한 다음 설명 중 옳지 않은 것은?

① $\overline{AD}/\!/\overline{BC}$
② $\overline{AB}\perp\overline{AD}$
③ $\overline{BC}$와 $\overline{DC}$의 교점은 점 C이다.
④ 점 C에서 $\overline{AB}$에 내린 수선의 발은 점 B이다.
⑤ 점 B에서 $\overline{DC}$까지의 거리는 6 cm이다.

---

04 보기에서 서로 합동인 삼각형을 바르게 짝 지은 것은?

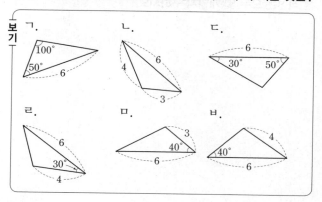

① ㄱ과 ㄷ ② ㄱ과 ㄹ ③ ㄴ과 ㄷ
④ ㄴ과 ㅁ ⑤ ㄹ과 ㅂ

05 오른쪽 그림은 직육면체를 세 꼭짓점 A, B, E를 지나는 평면으로 잘라서 만든 입체도형이다. 다음 중 옳지 않은 것은?

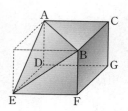

① 모서리 BE와 면 ADGC는 평행하다.
② 모서리 BF는 면 ABC와 수직이다.
③ 면 ABC는 면 DEFG와 평행하다.
④ 면 BFGC는 모서리 AD와 꼬인 위치에 있다.
⑤ 모서리 BE와 꼬인 위치에 있는 모서리의 개수는 5이다.

06 다음 조건을 만족시키는 정다각형의 한 꼭짓점에서 그을 수 있는 대각선의 개수는?

$$(\text{한 외각의 크기})=\frac{2}{7}\times(\text{한 내각의 크기})$$

① 5 ② 6 ③ 7
④ 8 ⑤ 9

---

07 다음 그림은 ∠XOY와 크기가 같은 ∠PAQ를 작도하는 과정을 나타낸 것이다. 작도 순서로 옳은 것은?

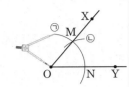 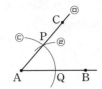

① ㉠ – ㉢ – ㉡ – ㉣ – ㉤

② ㉠ – ㉢ – ㉡ – ㉤ – ㉣

③ ㉢ – ㉠ – ㉡ – ㉣ – ㉤

④ ㉢ – ㉠ – ㉡ – ㉤ – ㉣

⑤ ㉤ – ㉠ – ㉢ – ㉡ – ㉣

08 오른쪽 그림은 정팔면체 모양 주사위의 전개도이다. 평행한 면의 눈의 수의 합이 일정할 때, 면 A, B, C의 눈의 수를 각각 a, b, c 라 하자. $a-b+c$의 값은?

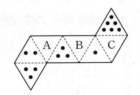

① 7   ② 10   ③ 12

④ 16   ⑤ 20

09 오른쪽 그림과 같이 ∠A=50° 인 △CBA에서 $\overline{AB}$, $\overline{AC}$를 각각 한 변으로 하는 정삼각형 ABD와 ACE 를 만들었다. $\overline{CD}$, $\overline{BE}$의 교점을 F라 할 때, ∠BFD의 크기는?

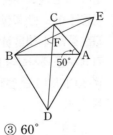

① 50°   ② 55°   ③ 60°

④ 65°   ⑤ 70°

10 보기에서 입체도형에 대한 설명으로 옳은 것을 모두 고른 것은?

<table>
<tr><td>보기</td><td>ㄱ. 뿔대의 옆면은 모두 사다리꼴이다.
ㄴ. n각기둥의 꼭짓점의 개수는 $2n$이다.
ㄷ. n각뿔대의 모서리의 개수는 $3n$이다.
ㄹ. 정다면체는 모두 각 면에 평행한 면이 있다.
ㅁ. 꼭짓점의 수가 가장 많은 정다면체는 정이십면체이다.</td></tr>
</table>

① ㄱ, ㄴ   ② ㄴ, ㄷ   ③ ㄱ, ㄹ, ㅁ

④ ㄴ, ㄷ, ㅁ   ⑤ ㄷ, ㄹ, ㅁ

11 오른쪽 그림과 같이 밑면이 부채꼴의 일부인 기둥의 겉넓이는?

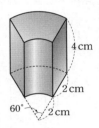

① $(12\pi+16)$ cm²

② $(12\pi+18)$ cm²

③ $(13\pi+16)$ cm²

④ $(13\pi+18)$ cm²

⑤ $(14\pi+16)$ cm²

12 오른쪽 그림과 같은 사다리꼴을 직선 l을 축으로 하여 1회전 시킬 때, 만들어지는 회전체의 부피는?

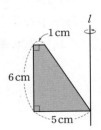

① 115π cm³   ② 116π cm³

③ 117π cm³   ④ 118π cm³

⑤ 119π cm³

13 오른쪽 도수분포표는 어느 반 학생들의 50 m 달리기 기록을 조사하여 나타낸 것이다. 다음 중 옳지 않은 것은? (정답 2개)

달리기 기록(초)	도수(명)
$8^{이상}$ ~ $10^{미만}$	7
10 ~ 12	
12 ~ 14	12
14 ~ 16	5
16 ~ 18	3
합계	38

① 도수가 가장 큰 계급의 계급값은 13초이다.

② 계급의 크기는 2초이다.

③ 계급의 개수는 5개이다.

④ 기록이 10초 이상 12초 미만인 학생 수는 10명이다.

⑤ 가장 빨리 달린 학생의 기록은 8초이다.

[14 ~ 15] 다음 그래프는 어느 반 학생들의 일주일 동안의 독서 시간을 조사하여 그린 것이다. 물음에 답하시오.

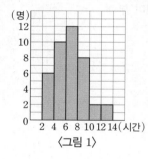
〈그림 1〉

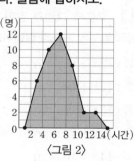
〈그림 2〉

14 다음 중 옳지 않은 것은?

① 전체 학생 수는 40명이다.

② 〈그림 1〉을 히스토그램이라고 한다.

③ 〈그림 2〉를 도수분포다각형이라고 한다.

④ 도수가 가장 큰 계급의 계급값은 7시간이다.

⑤ 〈그림 2〉의 색칠한 부분의 넓이는 44이다.

15 도수가 가장 작은 계급의 상대도수는?

① 0.05   ② 0.06   ③ 0.07

④ 0.08   ⑤ 0.09

16 오른쪽 그림과 같이 반지름의 길이가 6 cm인 반원과 ∠CAB=45°인 부채꼴에서 색칠한 부분의 넓이는?

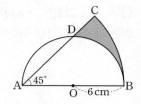

① $(9\pi-18)$ cm²

② $(9\pi-6)$ cm²

③ $(9\pi-12)$ cm²

④ $(9\pi+18)$ cm²

⑤ $(9\pi+9)$ cm²

17 오른쪽 그림과 같은 원 O에서 $\overline{AD}/\!/\overline{BC}$이고 $\overline{AD}$, $\overline{CE}$는 원 O의 지름이다. ∠ADE=15°이고 $\overarc{AE}=\pi$ cm일 때, 보기에서 옳은 것을 모두 고른 것은?

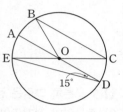

보기
ㄱ. $\overline{BE}/\!/\overline{CD}$
ㄴ. $\overarc{AB}=\overarc{CD}$
ㄷ. $\overline{BC}=2\overline{BE}$
ㄹ. $\overarc{BC}=4\pi$ cm
ㅁ. $\overline{AD}=2$ cm

① ㄱ, ㄷ   ② ㄴ, ㄷ   ③ ㄴ, ㄹ

④ ㄴ, ㄹ, ㅁ   ⑤ ㄱ, ㄴ, ㄹ, ㅁ

18 오른쪽 도수분포다각형은 어느 반 학생들의 1분 동안의 윗몸일으키기 횟수를 조사하여 나타낸 것이다. 이 반 전체 학생 수는?

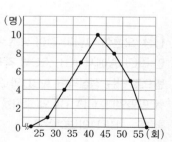

① 35명   ② 36명

③ 38명   ④ 40명

⑤ 42명

19 오른쪽 그림과 같이 직사각형 모양의 종이테이프를 접었을 때, ∠x의 크기를 구하고, △GEF는 어떤 삼각형인지 말하시오.

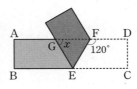

20 오른쪽 그림은 직육면체를 네 꼭짓점 A, E, F, D를 지나는 평면으로 잘라서 만든 입체도형이다. 다음 물음에 답하시오.

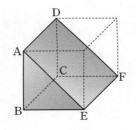

(1) $\overline{AB}$와 만나는 모서리를 모두 구하시오.

(2) $\overline{AB}$와 평행한 모서리를 구하시오.

(3) $\overline{AB}$와 꼬인 위치에 있는 모서리를 모두 구하시오.

21 오른쪽 그림과 같이 아랫부분이 원기둥 모양인 물병이 있다. 높이가 18 cm만큼 물이 차 있는 물병을 뒤집었을 때, 물이 없는 부분의 높이는 4 cm가 되었다. 물병의 부피를 구하시오. (단, 물병의 두께는 생각하지 않는다.)

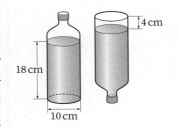

22 오른쪽 그림과 같은 회전체를 회전축을 포함하는 평면으로 자른 단면의 넓이를 구하시오.

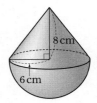

23 오른쪽 그림은 어느 중학교 1학년의 남학생과 여학생의 영어 성적에 대한 상대도수의 분포를 나타낸 그래프인데 일부가 찢어졌다. 성적이 70점 미만인 남학생과 여학생 수가 각각 98명, 81명일 때, 다음 물음에 답하시오.

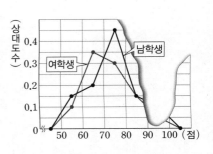

(1) 이 중학교 1학년 전체 학생 수를 구하시오.

(2) 성적이 90점 이상인 남학생과 여학생 수의 차를 구하시오.

24 반지름의 길이가 2 cm인 구 모양의 초콜릿이 있다. 이 초콜릿을 녹이면 반지름의 길이가 1 cm인 구 모양의 초콜릿을 몇 개 만들 수 있는지 구하는 풀이 과정과 답을 쓰시오. (단, 초콜릿을 녹이고 새로 만드는 과정에서 초콜릿의 양은 변하지 않는다.)

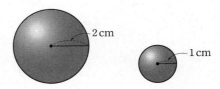

꾸준한 연습의 힘!
이제 실전에서 발휘하세요.

중학 풍산자로 개념과 문제를 꼼꼼히 풀면 성적이 지속적으로 향상됩니다

상위권으로의 도약을 위한 중학 풍산자 로드맵

원리 개념서	기초 반복 훈련서	실전 평가 테스트	실전 문제 유형서
풍산자 개념완성	풍산자 반복수학	풍산자 테스트북	풍산자 필수유형

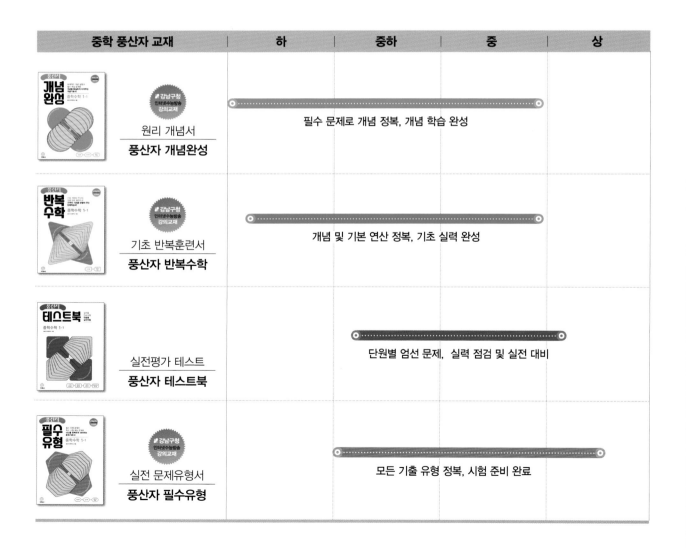

중학 풍산자 교재	하	중하	중	상
원리 개념서 **풍산자 개념완성**	필수 문제로 개념 정복, 개념 학습 완성			
기초 반복훈련서 **풍산자 반복수학**	개념 및 기본 연산 정복, 기초 실력 완성			
실전평가 테스트 **풍산자 테스트북**		단원별 엄선 문제, 실력 점검 및 실전 대비		
실전 문제유형서 **풍산자 필수유형**		모든 기출 유형 정복, 시험 준비 완료		

풍산자
테스트북

실전을
연습처럼
**연습을
실전처럼**

중학수학 1-2

풍산자수학연구소 지음

지학사

정답과
해설

풍산자
테스트북
중학수학
1-2
정답과 해설

Ⅰ. 기본 도형과 합동

1. 기본 도형

01. 점, 선, 면, 각

소단원 집중 연습   008-009쪽

01 (1) 교점 6, 교선 9 (2) 교점 4, 교선 6

02 해설 참조

03 (1) $\overrightarrow{AC}$, $\overrightarrow{AD}(=\overrightarrow{AB}=\overrightarrow{BD})$
    (2) $\overrightarrow{DA}$, $\overrightarrow{DB}$, $\overrightarrow{DC}$, $\overrightarrow{DE}$
    (3) $\overrightarrow{CD}$, $\overrightarrow{DE}$

04 (1) ○ (2) ○ (3) × (4) ○

05 (1) × (2) × (3) ○ (4) ○

06 (1) ∠CAB (또는 ∠BAC)
    (2) ∠ABC (또는 ∠CBA)
    (3) ∠ACB (또는 ∠BCA)

07 (1) 직 (2) 예 (3) 평 (4) 둔 (5) 둔 (6) 예

08 (1) $40°$ (2) $70°$

09 (1) $27°$ (2) $20°$ (3) $85°$ (4) $55°$

10 (1) $\overline{AD}$(또는 $\overline{DE}$) (2) 점 E (3) 6 cm

02 (1) 직선 AB
    (2) 반직선 AB
    (3) 선분 AB
    (4) 반직선 BA

소단원 테스트 [1회]   010-011쪽

01 ①   **02** ⑤   **03** ③   **04** ③   **05** ④
06 ①   **07** ③   **08** ③   **09** ③   **10** ④
11 ①   **12** ②

01 교점의 개수 $a=6$, 교선의 개수 $b=10$
    $\therefore b-a=10-6=4$

02 $\overrightarrow{AC}$와 $\overrightarrow{DB}$의 공통 부분은 $\overline{AD}$이다.

03 ∠EOB=a, ∠DOE=b라고 하면
    ∠AOC=$2a$, ∠COD=$2b$이므로
    ∠AOB=$3a+3b=180°$ $\therefore a+b=60°$
    $\therefore$ ∠DOB=$a+b=60°$

04 두 점을 잇는 선 중에서 길이가 가장 짧은 선은 선분이다.

05 ∠AOD=∠BOD=$90°$에서
    ∠BOF=$90°-$∠DOF
    ∠AOF=$180°-60°=120°$
    ∠AOF=∠AOD+∠DOF에서
    $120°=90°+$∠DOF
    $\therefore$ ∠DOF=$30°$
    $\therefore$ ∠BOF=$90°-30°=60°$

06 $2\angle a=3\angle b$에서 $\angle b=\dfrac{2}{3}\angle a$
    $\angle c=2\angle b=2\times\left(\dfrac{2}{3}\angle a\right)=\dfrac{4}{3}\angle a$
    $\angle a+\angle b+\angle c=180°$이므로
    $\angle a+\dfrac{2}{3}\angle a+\dfrac{4}{3}\angle a=180°$
    $3\angle a=180°$ $\therefore \angle a=60°$

07 $\angle y=180°-150°=30°$
    $\angle x=150°-90°=60°$

08 $\overrightarrow{CB}$와 같은 반직선은 시작점과 방향이 같아야 하므로 $\overrightarrow{CA}$이다.

09 점 A와 직선 l 사이의 거리는 점 A에서 직선 l에 내린 수선의 발까지 거리와 같으므로 $\overline{AD}$이다.

10 $3\overline{AB}=\overline{AD}$, $\dfrac{1}{3}\overline{AD}=\overline{CD}$이므로 $a=3$, $b=\dfrac{1}{3}$
    $\therefore a-b=3-\dfrac{1}{3}=\dfrac{8}{3}$

11 반직선이 같으려면 시작점과 방향이 같아야 하므로
    $\overrightarrow{PQ}=\overrightarrow{PR}=\overrightarrow{PS}$

12 $\overline{AM}=\overline{BM}$, $\overline{BN}=\overline{CN}$이므로
    $\overline{AC}=\overline{AB}+\overline{BC}$
       $=(\overline{AM}+\overline{BM})+(\overline{BN}+\overline{CN})$
       $=2\overline{BM}+2\overline{BN}$
       $=2(\overline{BM}+\overline{BN})$
       $=2\overline{MN}$
       $=2\times4=8(cm)$

소단원 테스트 [2회]   012-013쪽

01 5   **02** 16 cm   **03** 10 cm   **04** 4 cm   **05** $70°$
06 $45°$ **07** $45°$ **08** 3   **09** $40°$ **10** 3개
11 $\overline{PC}$ **12** $120°$

01 평면의 개수는 2, 곡면의 개수는 1, 교선의 개수는 2 이다.
    $\therefore a+b+c=2+1+2=5$

02 두 점 M, N이 각각 $\overline{AC}$, $\overline{BC}$의 중점이고

$\overline{MC}+\overline{CN}=12(cm)$이므로

$\overline{AC}=2\overline{MC}$, $\overline{BC}=2\overline{CN}$

$\overline{AB}=\overline{AC}+\overline{BC}=2(\overline{MC}+\overline{CN})=24(cm)$

또한, $\overline{AC}:\overline{BC}=2:1$이므로

$\overline{AC}=\dfrac{2}{3}\overline{AB}=\dfrac{2}{3}\times24=16(cm)$

03 점 D는 $\overline{AC}$의 중점이고, 점 E는 $\overline{CB}$의 중점이므로

$\overline{DE}=\dfrac{1}{2}\overline{AB}=\dfrac{1}{2}\times20=10(cm)$

04 점 A와 변 CD 사이의 거리는

$\overline{AD}=4\ cm$

05 $30°+(\angle y-10°)=90°$ ∴ $\angle y=70°$

$(\angle x-20°)+(\angle y-10°)=180°$

∴ $\angle x=140°$

∴ $\angle x-\angle y=140°-70°=70°$

06 $\angle COD=x$, $\angle DOE=y$라 하면

$\angle AOC=3x$, $\angle BOD=4y$이므로

$\angle AOB=4x+4y=180°$

∴ $x+y=45°$

∴ $\angle COE=x+y=45°$

07 $\angle DOE=\angle AOB=45°$ (맞꼭지각)

08 직선은 $\overleftrightarrow{AB}$, $\overleftrightarrow{BC}$, $\overleftrightarrow{CA}$로 3개이므로 $a=3$

반직선은 $\overrightarrow{AB}$, $\overrightarrow{AC}$, $\overrightarrow{BA}$, $\overrightarrow{BC}$, $\overrightarrow{CA}$, $\overrightarrow{CB}$로 6개이므로

$b=6$

∴ $b-a=3$

09 맞꼭지각의 크기는 같으므로 $\angle y=110°$

$\angle x+110°=180°$ ∴ $\angle x=70°$

∴ $\angle y-\angle x=110°-70°=40°$

10 직선이 서로 다른 세 점을 꼭 지나는 것은 아니다.

서로 다른 세 점은 하나의 평면을 결정한다.

11 점 P와 직선 l 사이의 거리는 점 P에서 직선 l에 내린 수선의 발 C까지의 거리이므로 $\overline{PC}$이다.

12 $\angle a=180°-140°=40°$

$\angle z=\dfrac{4}{2+3+4}\times180°=80°$

∴ $\angle a+\angle z=40°+80°=120°$

02. 위치 관계와 평행선의 성질

01 (1) ○ (2) × (3) × (4) ○ (5) × (6) ○

02 (1) ㄴ (2) ㄱ (3) ㄱ

03 (1) 면 ABCD, 면 ABFE, 면 AEHD

(2) $\overline{CD}$, $\overline{EF}$, $\overline{GH}$

(3) $\overline{AD}$, $\overline{AE}$, $\overline{BC}$, $\overline{BF}$

(4) $\overline{CG}$, $\overline{DH}$, $\overline{EH}$, $\overline{FG}$

(5) $\overline{AE}$, $\overline{BF}$, $\overline{CG}$, $\overline{DH}$

(6) $\overline{EF}$, $\overline{FG}$, $\overline{GH}$, $\overline{EH}$

(7) 6 cm

04 (1) $\overline{BF}$, $\overline{DH}$

(2) $\overline{AB}$, $\overline{AD}$, $\overline{BC}$, $\overline{CD}$, $\overline{EF}$, $\overline{EH}$, $\overline{FG}$, $\overline{GH}$

(3) 없다.

(4) 면 ABCD, 면 EFGH

(5) 면 ABFE, 면 BFGC

05 (1) $\angle e$ (2) $\angle g$ (3) $\angle e$ (4) $\angle b$

06 (1) $\angle x=30°$, $\angle y=150°$

(2) $\angle x=50°$, $\angle y=110°$

(3) $\angle x=50°$, $\angle y=70°$

07 (1) 70° (2) 58°

08 (1) 130° (2) 40°

01 ①   **02** ④   **03** ④   **04** ②, ③   **05** ④

06 ③   **07** ⑤   **08** ⑤   **09** ③   **10** ③

11 ②   **12** ⑤

01 삼각뿔에서 $\overline{AB}$와 꼬인 위치에 있는 모서리는 $\overline{VC}$이므로 1개이다.

02 한 평면 위에 있는 두 직선의 위치 관계는

ㄱ. 한 점에서 만난다.

ㄷ. 서로 평행하다. (만나지 않는다.)

ㅁ. 무수히 많은 점에서 만난다. (일치한다.)

03 ㄴ. m, n이 꼬인 위치에 있거나 한 점에서 만나는 경우도 있다.

ㄹ. $P/\!/Q$, $Q/\!/R$이면 $P/\!/R$이다.

ㅁ. $P\perp Q$, $P\perp R$이면 Q, R가 평행하거나 한 직선에서 만나는 경우도 있다.

04 ① 모서리 DE와 모서리 AC는 꼬인 위치이다.

④ 모서리 DF와 모서리 BE는 꼬인 위치에 있다.
⑤ 모서리 AB와 만나는 모서리는 4개이다.

05 ④ 한 직선 AB를 포함하는 평면은 무수히 많다.

06 $(\angle x-55°)+(\angle x-30°)=20°+\angle x$
$2\angle x-85°=20°+\angle x$ ∴ $\angle x=105°$

07 모서리 AB와 꼬인 위치에 있는 모서리는
$\overline{CH}$, $\overline{DI}$, $\overline{EJ}$, $\overline{GH}$, $\overline{HI}$, $\overline{IJ}$, $\overline{FJ}$
∴ $x=7$
모서리 BG와 평행한 모서리는
$\overline{CH}$, $\overline{DI}$, $\overline{EJ}$, $\overline{AF}$
∴ $y=4$
∴ $x+y=7+4=11$

08 오른쪽 그림에서
$2\angle x+50°=180°$
∴ $\angle x=65°$

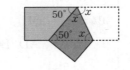

09 □ABCH에서
$135°+\angle a$
$+(180°-105°)+65°$
$=360°$
∴ $\angle a=85°$
동위각의 크기가 같으므로
$\angle EFD=180°-65°=115°$
△DEF에서 $\angle b=20°+115°=135°$
∴ $\angle a+\angle b=85°+135°=220°$

10 평면 ABCD와 수직이고 모서리 AE에 평행한 평면은
DCGH, BCGF로 2개이다.

11 엇각의 크기가 같으므로 l과 n이 평행하다.

12 ① $\angle a$의 동위각은 $\angle e$이다.
② $\angle b$의 엇각은 $\angle h$이다.
③ $\angle c$의 엇각은 $\angle e$이다.
④ $\angle d$의 엇각은 없다.

소단원 테스트 [2회]				018-019쪽
01 4	**02** 70°	**03** 6	**04** 15	**05** 250°
06 65°	**07** 130°	**08** 210°	**09** 250°	
10 ㄱ, ㄹ	**11** ㄴ, ㄹ	**12** 132°		

01 $\overline{CD}$와 꼬인 위치에 있는 모서리는 $\overline{AB}$, $\overline{AE}$, $\overline{BF}$,
$\overline{EF}$의 4개이다.

02 $\angle ACD=\angle CDE=40°$, $\angle BCE=\angle DCE$이므로
$\angle BCE=\angle x$라 놓으면
$\angle ACD+\angle x+\angle x=180°$, $2\angle x=140°$
∴ $\angle x=\angle BCE=70°$

03 $\overline{AD}$와 평행하지도 만나지도 않는 모서리를 찾으면
$\overline{EH}$, $\overline{FG}$, $\overline{EF}$, $\overline{HG}$, $\overline{BF}$, $\overline{CH}$의 6개이다.

04 $\overline{AB}$와 꼬인 위치에 있는 모서리는 $\overline{CK}$, $\overline{DL}$, $\overline{EM}$,
$\overline{FN}$, $\overline{GO}$, $\overline{HP}$, $\overline{JK}$, $\overline{KL}$, $\overline{LM}$, $\overline{NO}$, $\overline{OP}$, $\overline{PI}$이므로
$a=12$
$\overline{AB}$와 평행한 모서리는 $\overline{EF}$, $\overline{MN}$, $\overline{JI}$이므로 $b=3$
∴ $a+b=12+3=15$

05 $l/\!/m/\!/n$이면
$\angle a+\bullet=180°$,
$\angle b+\triangle=180°$이므로
$\angle a+\angle b+\bullet+\triangle=360°$
$\angle a+\angle b=360°-(\bullet+\triangle)$
$\qquad=360°-110°$
$\qquad=250°$

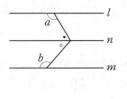

06 $40°-\angle x=\angle y-25°$
∴ $\angle x+\angle y=40°+25°$
$\qquad=65°$

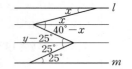

07 l, m과 평행한 보조선을 그어보면
$60°+70°=\angle x$ ∴ $\angle x=130°$

08 $(\angle b-\angle a)+(\angle c-30°)$
$=180°$
∴ $\angle b+\angle c-\angle a$
$\quad=180°+30°=210°$

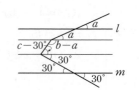

09 $\angle a$의 동위각은 $\angle e=110°$
$\angle h$의 맞꼭지각은 $180°-40°=140°$
따라서 구하는 합은 $110°+140°=250°$

10 ㄴ, ㄷ. l, n이 꼬인 위치에 있거나 한 점에서 만나는
경우도 있다.

11 ㄱ. l, n이 꼬인 위치에 있는 경우도 있다.
ㄷ. m, n이 꼬인 위치에 있거나 수직으로 만난다.
ㅁ. $P/\!/R$이거나 한 직선에서 만나는 경우도 있다.

12

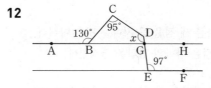

그림과 같이 점 A를 지나고 직선 EF와 평행한 직선
위에 점 H가 있다면
$\angle DGH=\angle DEF=97°$
$\angle CBG=50°$, $\angle DGB=180°-97°=83°$
□CBGD에서 $95°+50°+\angle x+83°=360°$
∴ $\angle x=132°$

01 ④	**02** ⑤	**03** ⑤	**04** ③	**05** ④
06 ②, ④	**07** ⑤	**08** ②	**09** ③	**10** ③
11 ⑤	**12** ①	**13** ③	**14** ③	**15** ③
16 ⑤	**17** ⑤	**18** ③	**19** ③	**20** $\overline{FC}$
21 ④	**22** ⑤	**23** ①	**24** ⑤	

01 ④ 시작점과 방향이 다르므로 $\overrightarrow{AB} \neq \overrightarrow{BA}$

02 $\angle x = 90° - 26° = 64°$

03 $3 \times 2 = 6$(쌍)

04 $\overrightarrow{BC}$가 점 A를 지날 때, 점 A는 $\overrightarrow{BC}$ 위에 있다고 한다.

05 $\angle x + 10° = 3\angle x - 110°$ ∴ $\angle x = 60°$

06 반직선은 시작점과 방향이 같으면 같은 반직선이다.

07 $\angle AOC = 90°$이므로 $\angle AOE = 90° - 35° = 55°$
∴ $\angle BOF = \angle AOE = 55°$

08 ㄱ. 한 평면에 평행한 두 직선 l, m은 한 점에서 만나거나 꼬인 위치에 있는 경우도 있다.
ㄹ. 두 직선 l, m은 꼬인 위치에 있거나 한 점에서 만난다.

09 $\angle AEF = 7a$, $\angle CGF = 2a$라 하면
$\angle AEF + \angle CGF = \angle EFG$에서
$9a = 90°$ ∴ $a = 10°$
$\triangle EFI$에서 $\angle IEF = 180° - 7a = 110°$
$\angle EFI = 45°$
∴ $\angle EIH = 180° - 110° - 45° = 25°$

10 ③ 반직선은 한 쪽 방향으로 무한히 뻗어 나가므로 직선과 반직선의 길이는 정할 수 없다.

11 l, m과 평행한 보조선을 그어보면
$\angle x = 180° - (170° - 30°) = 40°$

12 $\angle EOC = \dfrac{1}{2}(\angle AOD + \angle BOD) = \dfrac{1}{2} \times 180° = 90°$

13 ③ 모서리 HG는 모서리 AB와 평행이다.

14 l, m과 평행한 보조선을 그어보면
$\angle x = 40° + 60° = 100°$

15 $\angle c$의 엇각은 $\angle e$이다.

16 l, m과 평행한 보조선을 그어보면
$\angle x + 10° + 90° = 3\angle x$
∴ $\angle x = 50°$

17 $\angle BAD = 50°$ (엇각)
$\angle BAC = \angle BAD = 50°$ (접은 각)
∴ $\angle x = 180° - 50° - 50° = 80°$

18 모서리 AB와 수직인 모서리는
모서리 BF, AE, BC, AD로 4개이다. ∴ $a = 4$
모서리 AB와 평행인 모서리는
모서리 CD, EF, GH로 3개이다. ∴ $b = 3$
∴ $a + b = 7$

19 $\overline{MN} = \dfrac{1}{2}\overline{AN} = \dfrac{1}{2} \times 4 = 2$(cm)
$\overline{NB} = \overline{MN} = 2$(cm)
∴ $\overline{AB} = \overline{AN} + \overline{NB} = 4 + 2 = 6$(cm)

20 주어진 전개도를 이용하여 정사면체를 만들면 오른쪽 그림과 같다.
따라서 모서리 AB와 꼬인 위치에 있는 모서리는 모서리 FC이다.

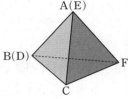

21 ④ $\overline{MN}$은 면 LEHK와 만난다.

22 ⑤ 꼬인 위치에 있는 두 직선은 평면을 만들지 않는다.

23 ② $\angle AOE = 150°$
③ $\angle AOB = 30°$, $\angle COD = 60°$
④ $2\angle DOE = \angle AOF$
⑤ $\angle BOC = 90°$, $2\angle COD = 120°$

24 ⑤ 면 FGJI와 $\overline{EH}$는 만나지 않으므로 평행하다.

01 ⑤	**02** ④	**03** ②	**04** ③	**05** ⑤
06 ④	**07** ③	**08** ⑤	**09** 150°	**10** ④
11 ①, ④	**12** ③	**13** ③	**14** ⑤	**15** ④
16 5 cm	**17** ⑤	**18** ④	**19** 14	**20** ⑤
21 ③	**22** 100°	**23** ④	**24** ②	

01 반직선은 $\overrightarrow{AB}$, $\overrightarrow{AC}$, $\overrightarrow{AD}$, $\overrightarrow{BA}$, $\overrightarrow{BC}$, $\overrightarrow{BD}$, $\overrightarrow{CA}$, $\overrightarrow{CB}$, $\overrightarrow{CD}$, $\overrightarrow{DA}$, $\overrightarrow{DB}$, $\overrightarrow{DC}$의 12개이다.

02 $a = 15$, $b = 10$이므로 $a + b = 25$

03 $\overline{MN} = \dfrac{1}{2}\overline{AB} = \dfrac{1}{2} \times 18 = 9$(cm)

04 ③ 맞꼭지각은 항상 같다.

05 윗변과 아랫변에 평행하게 보조선을 그으면
$\angle x + \angle y = 90°$

06 면 AFC와 만나는 모서리는
모서리 AD, 모서리 AE, 모서리 EF, 모서리 FG, 모서리 CD, 모서리 CG의 6개이다.

07 접었을 때 생기는 삼각형은 두 밑각의 크기가 $26°$로 같은 이등변삼각형이다.

$$\therefore \angle x = 26° + 26° = 52°$$

08 엇각이 같으므로 $65° + \angle d = 135°$ $\quad \therefore \angle d = 70°$

동위각이 같으므로 $\angle x = \angle d = 70°$

09 그림과 같이 l, m과 평행한 직선을 그으면

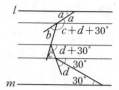

$$\angle a + \angle b + \angle c + \angle d + 30°$$
$$= 180°$$
$$\therefore \angle a + \angle b + \angle c + \angle d$$
$$= 150°$$

10 ① 점 B에서 선분 CD에 내린 수선의 발은 점 C이다.

② 점 A와 선분 BC 사이의 거리는 $\overline{CD} = 5\,\text{cm}$이다.

③ 점 D와 선분 BC 사이의 거리는 $\overline{CD} = 5\,\text{cm}$이다.

⑤ 선분 AB와 선분 BC는 수직이 아니므로 직교하지 않는다.

11 ① 서로 다른 세 점이 한 직선 위에 있으면 평면이 하나로 결정되지 않는다.

④ 꼬인 위치에 있는 두 직선을 모두 포함하는 평면은 존재하지 않는다.

12 ① 한 직선을 포함한 두 평면은 그 직선에서 만난다.

② 한 직선에 평행한 두 평면은 평행하지 않을 수도 있다.

④ 한 평면에 수직인 두 평면은 평행하지 않을 수도 있다.

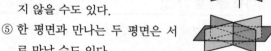

⑤ 한 평면과 만나는 두 평면은 서로 만날 수도 있다.

13 $l /\!/ n$, $m \perp n$이면 $l \perp m$이다

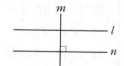

14 $l /\!/ m$이므로 $70° + \angle x = 180°$

$$\therefore \angle x = 110°$$

$l /\!/ n$이므로 $\angle y = 70°$ (동위각)

15 $\angle ABC = 180° - 115°$
$$= 65° \text{ (동위각)}$$

삼각형 ABC에서

$$50° + 65° + \angle x = 180°$$
$$\therefore \angle x = 65°$$

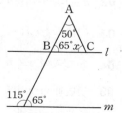

16 $\overline{AD} = \overline{AB} + \overline{BD} = \overline{AB} + 2\overline{AB} = 3\overline{AB} = 30\,(\text{cm})$

$$\therefore \overline{AB} = 10\,(\text{cm})$$

$\overline{BD} = \overline{AD} - \overline{AB} = 30 - 10 = 20\,(\text{cm})$

$\overline{BD} = \overline{BC} + \overline{CD} = \overline{BC} + 3\overline{BC} = 4\overline{BC} = 20\,(\text{cm})$

$$\therefore \overline{BC} = 5\,(\text{cm})$$

17 꼬인 위치에 있는 모서리는 만나는 모서리와 평행한 모서리를 제외한 모서리이므로

$\overline{AB}$, $\overline{BC}$, $\overline{CD}$, $\overline{DE}$, $\overline{GH}$, $\overline{HI}$, $\overline{IJ}$, $\overline{JK}$의 8개다.

18 교점은 6개, 교선은 9개이므로 구하는 합은

$$6 + 9 = 15$$

19 반직선은 $\overrightarrow{AD}$, $\overrightarrow{AE}$, $\overrightarrow{BA}$, $\overrightarrow{BD}$, $\overrightarrow{BE}$, $\overrightarrow{CA}$, $\overrightarrow{CD}$, $\overrightarrow{CE}$, $\overrightarrow{DA}$, $\overrightarrow{DE}$, $\overrightarrow{EA}$, $\overrightarrow{EB}$, $\overrightarrow{EC}$, $\overrightarrow{ED}$의 14개이다.

20 ① 점 A는 평면 P 위에 있지 않다.

② 점 B는 직선 l 위에 있다.

③ 직선 l은 점 A를 지나지 않는다.

④ 점 B는 평면 P 위에 있다.

21 ③ 주어진 그림에서 $\overline{CH} = \overline{DH}$인지는 알 수 없다.

22 $\angle x : \angle y : \angle z = 1 : 5 : 3$이므로

$\angle x = k$, $\angle y = 5k$, $\angle z = 3k$로 놓으면

$\angle x + \angle y + \angle z = 180°$에서

$$k + 5k + 3k = 180°, \ 9k = 180°$$
$$\therefore k = 20°$$
$$\therefore \angle y = 5k = 100°$$

[다른 풀이]

$$\angle y = 180° \times \frac{5}{1+5+3} = 180° \times \frac{5}{9} = 100°$$

23 ①, ③ 동위각의 크기가 같으면 $l /\!/ m$

② 엇각의 크기가 같으면 $l /\!/ m$

④ 평행하지 않아도 맞꼭지각의 크기는 항상 같다.

⑤ $\angle c + \angle e = 180°$이므로 $\angle a + \angle e = 180°$이면

$$\angle a = \angle c$$

따라서 동위각의 크기가 같으므로 $l /\!/ m$

24 주어진 전개도를 접으면 오른쪽 그림과 같은 정육면체가 된다.

② 면 KHIJ와 $\overline{BC}$는 서로 만난다.

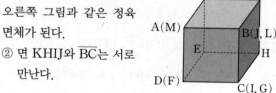

중단원 테스트 [서술형]　　028-029쪽

01 10 cm	**02** 13°	**03** 7	**04** 2
05 30°	**06** 155°	**07** 60°	**08** 14°

01 $\overline{MB} = x\,\text{cm}$라고 하면

$\overline{AB} = 2\overline{MB} = 2x\,\text{cm}$

$\overline{BC} = 3\overline{AB} = 3 \times 2x = 6x\,(\text{cm})$

$$\overline{BN}=\frac{1}{2}\,\overline{BC}=\frac{1}{2}\times 6x=3x\,(\text{cm})$$
$$\therefore \overline{MN}=\overline{MB}+\overline{BN}=x+3x=4x\,(\text{cm}) \quad\cdots\cdots \mathbf{❶}$$
$\overline{MN}=20\,\text{cm}$이므로 $4x=20 \quad \therefore x=5$
$$\therefore \overline{AB}=2x=2\times 5=10\,(\text{cm}) \quad\cdots\cdots \mathbf{❷}$$

채점 기준	배점
❶ $\overline{MN}$의 길이를 $\overline{MB}$의 길이를 이용하여 나타내기	50 %
❷ $\overline{AB}$의 길이 구하기	50 %

02 평각의 크기는 $180°$이고 맞꼭지각의 크기는 서로 같으므로
$$3\angle x+100°+(2\angle x+15°)=180° \quad\cdots\cdots \mathbf{❶}$$
$$5\angle x+115°=180°$$
$$5\angle x=65°$$
$$\therefore \angle x=13° \quad\cdots\cdots \mathbf{❷}$$

채점 기준	배점
❶ $\angle x$의 크기를 구하는 식 세우기	50 %
❷ $\angle x$의 크기 구하기	50 %

03 점 A와 면 CGHD 사이의 거리는 $\overline{AD}$의 길이와 같으므로 $\overline{AD}=\overline{FG}=3\,\text{cm}$
즉, $a=3$ $\quad\cdots\cdots \mathbf{❶}$
점 F와 면 AEHD 사이의 거리는 $\overline{EF}$의 길이와 같으므로 $\overline{EF}=\overline{HG}=4\,\text{cm}$
즉, $b=4$ $\quad\cdots\cdots \mathbf{❷}$
$$\therefore a+b=3+4=7 \quad\cdots\cdots \mathbf{❸}$$

채점 기준	배점
❶ a의 값 구하기	40 %
❷ b의 값 구하기	40 %
❸ $a+b$의 값 구하기	20 %

04 $\overline{AD}$와 평행한 면은 면 BFGC, 면 EFGH이므로
$a=2$ $\quad\cdots\cdots \mathbf{❶}$
$\overline{BF}$와 꼬인 위치에 있는 모서리는 모서리 AD, 모서리 CD, 모서리 EH, 모서리 GH이므로
$b=4$ $\quad\cdots\cdots \mathbf{❷}$
$$\therefore b-a=4-2=2 \quad\cdots\cdots \mathbf{❸}$$

채점 기준	배점
❶ a의 값 구하기	40 %
❷ b의 값 구하기	40 %
❸ $b-a$의 값 구하기	20 %

05 $\angle EFG=\angle x$라고 하면
$$\angle FEC=\angle EFG$$
$$=\angle x \text{ (엇각)}$$
접은 각의 크기는 같으므로
$$\angle GEF=\angle FEC=\angle x \quad\cdots\cdots \mathbf{❶}$$

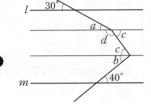

또, 평행선에서 동위각의 크기는 같으므로
$$\angle BEG=\angle AGH=120° \quad\cdots\cdots \mathbf{❷}$$
이때 $120°+2\angle x=180°$이므로
$$2\angle x=60° \quad \therefore \angle x=30° \quad\cdots\cdots \mathbf{❸}$$

채점 기준	배점
❶ $\angle EFG$, $\angle FEC$, $\angle GEF$의 관계 구하기	30 %
❷ $\angle BEG$의 크기 구하기	30 %
❸ $\angle EFG$의 크기 구하기	40 %

06 그림과 같이 직선 l, m에 평행한 직선을 그으면
$\angle a=30°$, $\angle b=40°$
$\quad\cdots\cdots \mathbf{❶}$

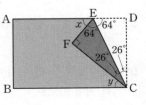

$$\angle c=95°-\angle b$$
$$=95°-40°=55°$$
$$\angle d=180°-\angle c$$
$$=180°-55°$$
$$=125°$$
$$\therefore \angle x=\angle a+\angle d=30°+125°=155° \quad\cdots\cdots \mathbf{❷}$$

채점 기준	배점
❶ 보조선을 그어 같은 크기의 각 구하기	50 %
❷ $\angle x$의 크기 구하기	50 %

07 두 직선 l, m은 동위각의 크기가 $70°$로 같으므로 서로 평행하다. $\quad\cdots\cdots \mathbf{❶}$
$l /\!/ m$이면 엇각의 크기가 같으므로
$$3\angle x=4\angle x-40°\text{에서 }\angle x=40° \quad\cdots\cdots \mathbf{❷}$$
$3\angle x=120°$이므로
$$\angle y=180°-120°=60° \quad\cdots\cdots \mathbf{❸}$$

채점 기준	배점
❶ 평행한 두 직선 찾기	30 %
❷ $\angle x$의 크기 구하기	30 %
❸ $\angle y$의 크기 구하기	40 %

08 $\angle ECF=\angle ECD=26°$이므로
$$\angle y+26°+26°=90°$$
$$\therefore \angle y=90°-52°$$
$$=38° \quad\cdots\cdots \mathbf{❶}$$

$\angle DEC=180°-(90°+26°)=64°$이므로
$$\angle FEC=\angle DEC=64°$$
$$\therefore \angle x=180°-2\times 64°=52° \quad\cdots\cdots \mathbf{❷}$$
$$\therefore \angle x-\angle y=52°-38°=14° \quad\cdots\cdots \mathbf{❸}$$

채점 기준	배점
❶ $\angle y$의 크기 구하기	30 %
❷ $\angle x$의 크기 구하기	30 %
❸ $\angle x-\angle y$의 크기 구하기	40 %

2. 작도와 합동

01. 삼각형의 작도

01 (1) ○ (2) ○ (3) ○ (4) × (5) ×

02 (1) ㉠, ㉢, ㉡, ㉥, ㉣

     (2) ① ○ ② × ③ ○ ④ × ⑤ ○

03 (1) $\overline{BC}=4\,cm$ (2) $\overline{AC}=3\,cm$

     (3) $\overline{AB}=5\,cm$ (4) $\angle C=90°$

     (5) $\angle A=53°$ (6) $\angle B=37°$

04 (1) $8\,cm$ (2) $37°$ (3) $90°$

05 (1) × (2) ○ (3) × (4) ○

06 (1) 4, 5, 6

     (2) 3, 4, 5, 6, 7, 8, 9, 10, 11

     (3) 8, 9, 10, 11, 12, 13, 14, 15, 16, 17, 18

     (4) 4, 5, 6, 7, 8, 9, 10, 11, 12

07 (1) ○ (2) ○ (3) × (4) ○ (5) × (6) ○

08 (1) × (2) ○ (3) × (4) ○

01 ①   **02** ③   **03** ①   **04** ①   **05** ④

06 ①   **07** ③   **08** ①   **09** ⑤   **10** ②, ③

11 ①   **12** ②, ③

01 $\overline{AC}=\overline{AB}=\overline{PQ}=\overline{PR}$

05 ④ 주어진 길이를 옮길 때에는 컴퍼스를 이용한다.

06 ① 3+5=8이므로 삼각형의 세 변의 길이가 될 수 없다.

07 ③ 삼각형의 결정조건 중 세 변의 길이가 주어질 때이다.

09 삼각형의 두 변의 길이의 합은 나머지 한 변의 길이보다 커야 하므로

     $7-4<x<4+7$

     $\therefore 3<x<11$

10 $\angle B$의 크기와 $\overline{BC}$의 길이가 주어졌으므로

     (i) 한 변의 길이 $\overline{BC}$와 양 끝 각 $\angle B$, $\angle C$를 알면 된다.

     (ii) 두 변의 길이 $\overline{AB}$, $\overline{BC}$와 그 끼인각 $\angle B$를 알면 된다.

     따라서 $\overline{AB}$ 또는 $\angle C$의 크기를 알면 된다.

11 ① 작도 순서는 ㉤-㉠-㉢-㉡-㉣-㉥이다.

12 두 변과 그 끼인각이 주어졌을 때는 한 변을 옮긴 후 각을 작도하고 나머지 한 변을 옮기거나, 한 각을 작도한 후 선분을 옮길 수 있다.

01 ㄱ, ㄷ, ㄹ, ㅁ, ㅂ   **02** ㄱ, ㄷ, ㄹ

03 ㄱ, ㄷ   **04** ㉠, ㉣, ㉡, ㉥, ㉢

05 ㄱ, ㄴ, ㄷ, ㅁ   **06** 3

07 ㉡-㉣-㉠-㉢ 또는 ㉡-㉠-㉣-㉢

08 7   **09** ㄷ, ㄹ   **10** ㄱ, ㄴ, ㄹ

11 $3<x<13$ **12** ㄴ, ㄹ

01 ㄱ. 두 변과 끼인각의 크기가 주어졌기 때문에 삼각형은 하나로 결정된다.

     ㄴ. $\overline{BC}$, $\overline{AC}$가 주어진 경우에는 $\angle C$가 필요하다.

     ㄷ, ㄹ, ㅁ, ㅂ. 한 변의 길이와 양 끝 각의 크기를 알 수 있기 때문에 삼각형은 하나로 결정된다.

02 ㄱ. 두 선분의 길이를 비교할 때에는 컴퍼스를 사용한다.

     ㄹ. 모든 각의 크기를 작도할 수는 없다.

03 ㄱ. $5<3+4$

     ㄴ. $8=4+4$

     ㄷ. $13<5+12$

     ㄹ. $18>7+9$

04 ㉠ 점 O를 중심으로 원을 그려 $\overrightarrow{OX}$, $\overrightarrow{OY}$와의 교점을 A, B라 한다.

     ㉣ 점 O′을 중심으로 반지름의 길이가 $\overline{OB}$인 원을 그려 $\overrightarrow{OP}$와의 교점을 D라고 한다.

     ㉡ 두 점 A, B 사이의 거리를 잰다.

     ㉥ 점 D를 중심으로 반지름의 길이가 $\overline{AB}$인 원을 그려 ㉣의 원과 교점을 C라 한다.

     ㉢ $\overrightarrow{O'C}$를 긋는다.

     따라서 작도 순서는 ㉠, ㉣, ㉡, ㉥, ㉢이다.

05 ㄹ. 작도 순서는 ㉤ − ㉠ − ㉣ − ㉡ − ㉢ − ㉥

06 (3, 5, 7), (3, 7, 9), (5, 7, 9)로 3개이다.

07 두 변과 그 끼인각이 주어졌을 때는 한 변을 옮긴 후 각을 작도하고 나머지 한 변을 옮기거나 한 각을 작도한 후 선분을 옮길 수 있다.

08 (가장 긴 변)<(나머지 두 변의 길이의 합)이므로

     (2, 3, 4), (2, 4, 5), (2, 5, 6), (3, 4, 5),

     (3, 4, 6), (3, 5, 6), (4, 5, 6)의 모두 7개이다.

09 주어진 선분과 길이가 같은 선분을 작도하여 삼각형의 한 변을 작도하고, 주어진 각의 크기와 같은 각을 작도

하여 양 끝 각을 작도한다.

10 한 변과 한 각이 주어졌을 때, ∠C를 끼인각으로 한 변의 길이 $\overline{BC}$가 주어지거나 나머지 두 각 중 ∠A 또는 ∠B가 주어지면 삼각형이 하나로 결정된다.
따라서 추가해야 할 조건은 ㄱ, ㄴ, ㄹ이다.

11 (ⅰ) x가 가장 긴 변의 길이인 경우
$x < 5 + 8$에서 $x < 13$
(ⅱ) 8이 가장 긴 변의 길이인 경우
$8 < 5 + x$에서 $3 < x$
∴ $3 < x < 13$

12 ㄴ. 한 변의 길이와 그 양 끝 각이 주어진 경우이다.
ㄹ. 세 변의 길이가 주어진 경우이다.

02. 삼각형의 합동

소단원 집중 연습   036-037쪽

01 해설 참조
02 (1) △ABC≡△DEF
(2) 6 cm (3) 60° (4) 50°
03 (1) ∠EGC, 110° (2) $\overline{CB}$, 5 cm
04 (1) ○ (2) ○ (3) × (4) ○
05 (1)과 (3)은 ASA 합동, (2)와 (6)은 SAS 합동
(4)와 (5)는 SSS 합동, (7)과 (9)는 ASA 합동
06 (1) × (2) ○ (3) × (4) ○ (5) ×
07 (1) △ABD≡△CDB, SAS 합동
(2) △ABC≡△ADE, ASA 합동

01

	대응각	대응변	
∠A의 대응각	∠D	$\overline{AB}$의 대응변	$\overline{DE}$
∠B의 대응각	∠E	$\overline{BC}$의 대응변	$\overline{EF}$
∠C의 대응각	∠F	$\overline{CA}$의 대응변	$\overline{FD}$

소단원 테스트 [1회]   038-039쪽

01 ⑤	**02** ④	**03** ②	**04** ⑤	**05** ⑤
06 ④	**07** ④	**08** ⑤	**09** ⑤	
10 ①, ⑤	**11** ①, ④	**12** ③		

01 ① ∠A = ∠D
② ∠B = ∠E
③ $\overline{AB} = \overline{DE}$

④ $\overline{BC} = \overline{EF}$
따라서 옳은 것은 ⑤이다.

02 ① ASA 합동 ② SAS 합동 ③ ASA 합동
④ ∠C와 ∠F는 두 변 사이에 끼인각이 아니다.
⑤ SSS 합동

03 ② 두 삼각형의 합동을 기호로 나타낼 때는 대응하는 점 순서로 나타내므로 △ABC≡△FED

04 ⑤ $\overline{DE} = \overline{EF} = \overline{FD}$

05 △ACD와 △BCE에서
$\overline{CA} = \overline{CB}$, $\overline{CD} = \overline{CE}$, ∠ACD = ∠BCE = 120°
∴ △ACD≡△BCE (SAS 합동)
∠CBE = ∠CAD, ∠AQP = ∠BQC이므로
△AQP와 △BQC에서 ∠APB = ∠ACB = 60°
∴ ∠BAC = 60° = ∠APB
따라서 옳은 것은 ㄷ, ㅁ, ㅂ이다.

06 ④ 점 C와 대응하는 꼭짓점은 점 F이다.

07 ① ASA 합동
② 합동이 아니다.
③ SAS 합동
⑤ 합동이 아니다.

08 ⑤ ∠E = ∠A = 360° − 90° − 150° − 60° = 60°

09 ⑤ 합동인 두 도형은 모양과 크기가 같다.

10 ①과 ⑤ : 두 대응변의 길이가 같고 끼인각의 크기가 각각 같으므로 합동이다.

11 ① 대응하는 세 변의 길이가 각각 같다.
④ 대응하는 두 변의 길이와 그 끼인각의 크기가 같다.

12 ③ 오른쪽 두 삼각형은 넓이는 같지만 모양이 다르므로 합동이 아니다.

소단원 테스트 [2회]   040-041쪽

01 ㄱ, ㄷ, ㅁ		**02** 4 cm	**03** 60°	**04** 3
05 △ABD≡△ACE			**06** △ADC, SAS 합동	
07 SAS 합동		**08** 60°	**09** ㄱ, ㄴ, ㄹ	
10 84	**11** 9 cm	**12** 18 cm		

01 ㄴ. 한 밑각의 크기가 같은 이등변삼각형은 무수히 많다.
ㄹ, ㅂ. 세 각의 크기가 같은 삼각형은 무수히 많다.
따라서 두 삼각형이 합동인 경우는 ㄱ, ㄷ, ㅁ이다.

02 △FDE에서 ∠D=180°−(60°+90°)=30°

△ABC와 △FDE에서

$\overline{BC}=\overline{DE}$, ∠C=∠E, ∠B=∠D

∴ △ABC≡△FDE (ASA 합동)

∴ $\overline{EF}=\overline{CA}$=4(cm)

03 △DAC와 △BAE에서

$\overline{DA}=\overline{BA}$, $\overline{CA}=\overline{EA}$

∠DAC=∠BAE=110°

∴ △DAC≡△BAE (SAS 합동)

이때 ∠ADC=∠ABE=x라 하면

∠BDF=60°−x, ∠FBD=60°+x이므로

△BDF에서

∠BFD=180°−(60°−x)−(60°+x)=60°

04 △ABC≡△IGH (ASA 합동)

△ABC≡△JLK (SAS 합동)

△ABC≡△NOM (SSS 합동)

05 △ABD와 △ACE에서

∠ADB=∠AEC, ∠A는 공통이므로

∠ABD=∠ACE

또한, $\overline{AB}=\overline{AC}$이므로

△ABD≡△ACE (ASA 합동)

06 △ABG와 △ADC에서

$\overline{AB}=\overline{AD}$, $\overline{AG}=\overline{AC}$

∠BAG=∠BAC+90°=∠DAC

∴ △ABG≡△ADC (SAS 합동)

07 ∠A가 공통이므로 두 삼각형은 대응하는 두 변의 길이
가 각각 같고 그 끼인각의 크기가 같아 합동이다.

따라서 합동 조건은 SAS 합동이다.

08 ∠ACB와 대응하는 각은 ∠PRQ이다.

∴ ∠ACB=∠PRQ=180°−90°−30°=60°

09 ㄱ. SSS 합동   ㄴ. SAS 합동   ㄹ. ASA 합동

10 $\overline{FG}=\overline{BC}$=6(cm)이므로 x=6

∠E=∠A=75°, ∠F=∠B=90°이므로

사각형 EFGH에서

y=360−(75+90+105)=90

∴ $y-x$=90−6=84

11 △ACE와 △ABD에서

$\overline{AC}=\overline{AB}$, $\overline{AE}=\overline{AD}$

∠CAE=60°+∠CAD=∠BAD이므로

△ACE≡△ABD (SAS 합동)

이때 $\overline{BC}$=4 cm, $\overline{CD}$=5 cm이므로

$\overline{CE}=\overline{BD}$=9 cm

12 $\overline{AB}=\overline{DE}$=6(cm), $\overline{BC}=\overline{EF}$=7(cm)

따라서 △ABC의 둘레의 길이는

5+6+7=18(cm)

중단원 테스트 [1회]   042-045쪽

01 ②	**02** 85°	**03** △AOC≡△BOD	
04 ⑤	**05** ③	**06** ㄱ, ㄷ, ㄹ	**07** ⑤
08 ③	**09** ⑤	**10** 3<a<7	**11** ②
12 ①	**13** ④	**14** ④	**15** ④	**16** ③
17 ASA 합동	**18** ②	**19** ③	**20** ①
21 ③	**22** ③	**23** ①, ⑤	**24** ②

01 삼각형의 두 변의 길이의 합은 다른 한 변의 길이보다
커야 한다.

02 $\overline{BC}$의 대각은 ∠A이다.

∴ ∠A=180°−65°−30°=85°

03 $\overline{AO}=\overline{BO}$, $\overline{CO}=\overline{DO}$,

∠AOC=∠BOD (맞꼭지각)

∴ △AOC≡△BOD (SAS 합동)

04 (i) 9가 가장 긴 변인 경우

5+x+1>9에서 x>3

(ii) x+1이 가장 긴 변인 경우

x+1<5+9 에서 x<13

∴ 3<x<13

05 $\overline{AD} /\!/ \overline{BF}$이므로 엇각의 크기가 같아서

∠DAE=40°, ∠BAE=50°

이때 △ABE≡△CBE (SAS 합동)이므로

∠BCE=∠BAE=50°

06 ㄴ. 넓이는 같으나 합동이 아닌 삼각형은 무수히 많다.

07 ⑤ ∠C, ∠F는 끼인각이 아니므로 합동이 아니다.

08 ③ $\overline{OX}\neq\overline{O'X'}$

09 ⑤ 넓이는 같으나 합동이 아닌 도형은 무수히 많다.

10 (i) 5가 가장 긴 변인 경우

5<a+2에서 a>3

(ii) a가 가장 긴 변인 경우

a<2+5에서 a<7

∴ 3<a<7

11 ② 작도는 눈금 없는 자를 이용한다.

12 ① 두 삼각형은 한 변의 길이가 10이고, 양 끝 각의 크
기가 40°, 60°로 같아서 ASA 합동이다.

13 ① 두 변의 길이의 합이 다른 한 변의 길이보다 크지 않
으므로 삼각형이 만들어지지 않는다.

② 삼각형이 2개 만들어진다.

③ 두 각의 크기의 합이 180°이므로 삼각형이 만들어지지 않는다.

⑤ 삼각형이 여러 개 만들어진다.

14 ∠R와 대응하는 각은 ∠C이다.

∴ ∠C=180°−75°−30°=75°

15 ④ $\overline{AC}$의 길이가 주어지면 ∠B는 끼인각이 되지 못하므로 삼각형은 결정되지 않는다.

16 ㉣과 ㉻은 두 변의 길이가 같지 않으므로 합동이 되지 않는다.

17 ∠A=180°−70°−50°=60°

∠F=180°−70°−60°=50°

∴ △ABC≡△DEF (ASA 합동)

18 △CBE와 △ACD에서

$\overline{CB}=\overline{AC}$, $\overline{EB}=\overline{DC}$, ∠CBE=∠ACD=60°

∴ △CBE≡△ACD (SAS 합동)

대응변의 길이가 같으므로 $\overline{AD}=\overline{CE}$

대응각의 크기가 같으므로

∠BCE=∠CAD=a, ∠CEB=∠ADC=b일 때

$a+b$=180°−60°=120°

△DCF에서 ∠AFC=$a+b$=120°

19 △ACE≡△DCB (SAS 합동)이므로

∠CAE=∠CDB

이때 $\overline{AE}$, $\overline{DC}$의 교점을 G라 하면

∠AGC=∠DGF이므로 ∠DFG=∠ACG=60°

∴ ∠x=180°−60°=120°

20 △BAD≡△CAE (SAS 합동)이므로

∠BDA=∠CEA=25°+60°=85°

∠BDA+∠ADE+∠EDC=180°이므로

85°+60°+∠EDC=180°

∴ ∠EDC=35°

∴ ∠BDA−∠EDC=85°−35°=50°

21 △ADC≡△ABE

(SAS 합동)

이므로 ∠ADC=∠ABE

또, ∠DFA=∠BFC이므로

∠BGF=∠DAF=90°

∴ ∠x=90°

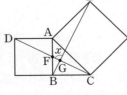

22 ③ 두 변의 길이와 그 끼인각이 주어지지 않았으므로 삼각형은 하나로 결정되지 않는다.

23 ①, ⑤ 삼각형의 내각의 크기의 합은 180°이므로

∠A=∠D이면 ∠B=∠E이다.

24 ∠b=80°, ∠a=70°

∴ ∠b−∠a=10°

---

01 ②	**02** ③	**03** ④	**04** ⑤	**05** ⑤

06 △ABC≡△EFD (ASA 합동)

07 △DCE, SAS 합동   **08** ⑤   **09** ①, ③

10 ②, ⑤   **11** 86   **12** ③   **13** ASA 합동

14 ②, ⑤   **15** 90°

16 ∠B=30°, ∠F=90°, $\overline{DE}$=10 cm   **17** ④

18 ⑤   **19** ①, ④ **20** ③   **21** ①   **22** 45°

23 ④   **24** ②

01 ② 세 변의 길이가 주어지면 삼각형은 하나로 결정된다.

02 오른쪽 그림과 같이 △ABC와 △ABC′의 2가지 삼각형을 그릴 수 있다.

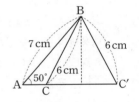

03 ㅁ. ∠A는 끼인각이 아니다.

ㅂ. ∠C는 끼인각이 아니다.

04 ⑤ 밑변의 길이가 같아도 다른 두 변의 길이가 다른 이등변삼각형은 무수히 많다.

06 ∠C=180°−(50°+70°)=60°이므로

$\overline{AC}=\overline{ED}$, ∠A=∠E, ∠C=∠D

∴ △ABC≡△EFD (ASA 합동)

07 △BCG와 △DCE에서

$\overline{BC}=\overline{DC}$, $\overline{CG}=\overline{CE}$, ∠BCG=∠DCE=90°

∴ △BCG≡△DCE (SAS 합동)

08 (i) 가장 긴 변의 길이가 a cm일 때

$a<6+3$ ∴ $a<9$

(ii) 가장 긴 변의 길이가 5 cm일 때

$6<a+3$ ∴ $a>3$

∴ $3<a<9$

따라서 a의 값이 될 수 있는 자연수는 4, 5, 6, 7, 8이므로 구하는 합은 4+5+6+7+8=30

09 ②, ④, ⑤는 항상 합동이다.

10 ① ∠A는 $\overline{AB}$, $\overline{BC}$의 끼인각이 아니므로 삼각형이 하나로 정해지지 않는다.

② ∠B는 $\overline{AB}$, $\overline{BC}$의 끼인각이므로 삼각형이 하나로 정해진다.

③ ∠A는 $\overline{AC}$, $\overline{BC}$의 끼인각이 아니므로 삼각형이 하나로 정해지지 않는다.

④ ∠B는 $\overline{AC}$, $\overline{BC}$의 끼인각이 아니므로 삼각형이 하나로 정해지지 않는다.

⑤ 한 변의 길이와 그 양 끝 각의 크기가 주어졌으므로 삼각형이 하나로 정해진다.

11 $\overline{AD}$와 대응하는 변은 $\overline{EH}$이므로 $a=6$

∠B와 대응하는 각은 ∠F=120°

∴ $b=360-90-120-70=80$

∴ $a+b=86$

12 그림과 같이 $\overline{BE}=\overline{DG}$인 점 G를 $\overline{CD}$의 연장선 위에 그으면

△ABE≡△ADG (SAS 합동)

∠BAE=∠DAG=∠a,

∠FAD=∠b라 하면

∠BAD=90°이므로

∠a+∠b=45°

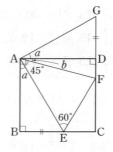

∴ ∠FAG=∠a+∠b=45°

대응변의 길이가 같으므로 $\overline{AE}=\overline{AG}$

△AEF와 △AGF에서

$\overline{AF}$는 공통, $\overline{AE}=\overline{AG}$, ∠EAF=∠GAF=45°

이므로 △AEF≡△AGF (SAS 합동)

∴ ∠AFD=∠AFE=180°-45°-60°=75°

13 ∠ABC=∠DEF (엇각), ∠ACB=∠DFE (엇각)

$\overline{BC}=\overline{BF}+\overline{FC}=\overline{FC}+\overline{CE}=\overline{FE}$

∴ △ABC≡△DEF (ASA 합동)

14 $\overline{AB}=\overline{AC}=\overline{PQ}=\overline{PR}$

15 △ABE와 △BCF에서

$\overline{AB}=\overline{BC}$, $\overline{BE}=\overline{CF}$, ∠ABE=∠BCF=90°

∴ △ABE≡△BCF (SAS 합동)

△ABE≡△BCF에서

∠BAE=∠CBF=∠a, ∠AEB=∠BFC=∠b로 놓으면

∠a+∠b=90°

따라서 △PBE에서

∠BPE=180°-(∠EBP+∠PEB)

＝180°-(∠a+∠b)=90°

16 ∠B에 대응하는 각은 ∠E이므로

∠B=∠E=30°

∠F에 대응하는 각은 ∠C이므로

∠F=∠C=180°-(60°+30°)=90°

$\overline{DE}$에 대응하는 변은 $\overline{AB}$이므로

$\overline{DE}=\overline{AB}$=10 cm

17 △QAB와 △PAC에서

$\overline{AQ}=\overline{AP}$, $\overline{AB}=\overline{AC}$

∠QAB=60°+∠PAB=∠PAC

이므로 △QAB≡△PAC (SAS 합동)

∴ $\overline{QB}=\overline{PC}$=3+4=7(cm)

18 두 변과 그 끼인각이 주어졌을 때에는 ①, ②와 같이 한 변을 옮긴 후 각을 작도하거나 ③, ④와 같이 각을 작도한 후 선분을 옮긴다.

따라서 작도 순서로 옳지 않은 것은 ⑤이다.

19 ① 두 선분의 길이를 비교할 때는 컴퍼스를 사용한다.

④ 선분을 연결할 때는 자를 사용한다.

20 다음 그림과 같이 ∠B=35°, $\overline{AB}$=6 cm, $\overline{AC}$=4 cm인 △ABC는 2개이다.

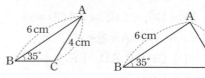

21 가장 긴 변의 길이가 $a+8$이므로

$a+8<a+(a+2)$ ∴ $a>6$

따라서 a의 값이 될 수 없는 것은 ①이다.

22 ∠ADB와 ∠BEC에서

∠BAD=90°-∠ABD, ∠CBE=90°-∠ABD

이므로 ∠BAD=∠CBE

∴ ∠ABD=∠BCE

$\overline{DB}=\overline{EC}$, ∠ADB=∠BEC=90°이므로

△ADB≡△BEC (ASA 합동)

따라서 △ABC는 $\overline{AB}=\overline{BC}$인 직각이등변삼각형

이므로 ∠$x=\dfrac{90°}{2}$=45°

23 △ADC와 △ABE에서

△DBA가 정삼각형이므로 $\overline{AD}=\overline{AB}$

△ACE가 정삼각형이므로 $\overline{AC}=\overline{AE}$

∠DAC=∠DAB+∠BAC=60°+∠BAC

＝∠CAE+∠BAC=∠BAE

∴ △ADC≡△ABE (SAS 합동)

합동인 삼각형에서 대응하는 변의 길이와 대응하는 각의 크기는 각각 서로 같으므로

$\overline{DC}=\overline{BE}$, ∠ACD=∠AEB

24 △ABE와 △DCE에서

사각형 ABCD가 정사각형이므로 $\overline{AB}=\overline{DC}$

△BCE가 정삼각형이므로 $\overline{BE}=\overline{CE}$

∠ABE=∠DCE=90°-60°=30°

∴ △ABE≡△DCE (SAS 합동)

01 4   **02** 3   **03** SAS 합동

04 정삼각형 **05** (1) 해설 참조   (2) 1.8 km

06 △ABC≡△CDA   **07** △DCB, SAS 합동

08 △ABC≡△DCB, △ABD≡△DCA,

     △ABM≡△DCM

---

01 가장 긴 변의 길이가 $x+3$이므로

$x+3<(x-2)+x$, $x+3<2x-2$

$\therefore x>5$ ······ ❶

따라서 x의 값이 될 수 있는 한 자리 자연수는

6, 7, 8, 9의 4개이다.   ······ ❷

채점 기준	배점
❶ x의 값의 범위 구하기	50 %
❷ 한 자리 자연수의 개수 구하기	50 %

02 (i) 세 변의 길이가 4 cm, 7 cm, 9 cm인 경우

     $4+7>9$이므로 삼각형을 만들 수 있다.

(ii) 세 변의 길이가 4 cm, 7 cm, 12 cm 인 경우

     $4+7<12$이므로 삼각형을 만들 수 없다.

(iii) 세 변의 길이가 4 cm, 9 cm, 12 cm인 경우

     $4+9>12$이므로 삼각형을 만들 수 있다.

(iv) 세 변의 길이가 7 cm, 9 cm, 12 cm인 경우

     $7+9>12$이므로 삼각형을 만들 수 있다.   ······ ❶

(i) ~ (iv)에서 삼각형을 만들 수 있는 경우는 세 변의 길이가

(4 cm, 7 cm, 9 cm), (4 cm, 9 cm, 12 cm),

(7 cm, 9 cm, 12 cm)의 3개이다.   ······ ❷

채점 기준	배점
❶ 삼각형을 만들 수 있는지 판단하기	50 %
❷ 만들 수 있는 삼각형의 개수 구하기	50 %

03 두 직선이 평행하면 동위각의 크기가 같으므로

∠AOB=∠A′PB′   ······ ❶

또한, $\overline{OA}=\overline{PA'}$, $\overline{OB}=\overline{PB'}$이므로

△OAB≡△PA′B′ (SAS 합동)   ······ ❷

채점 기준	배점
❶ ∠AOB=∠A′PB′임을 알기	50 %
❷ 삼각형의 합동 조건 말하기	50 %

04 △ADF, △BED, △CFE에서

$\overline{AD}=\overline{BE}=\overline{CF}$, $\overline{AF}=\overline{BD}=\overline{CE}$,

∠A=∠B=∠C=60°이므로

△ADF≡△BED≡CFE (SAS 합동)   ······ ❶

따라서 $\overline{DF}=\overline{ED}=\overline{EF}$이므로

△DEF는 정삼각형이다.   ······ ❷

채점 기준	배점
❶ △ADF≡△BED≡△CFE 임을 알기	50 %
❷ △DEF가 정삼각형인 이유 설명하기	50 %

05 (1) △ABO와 △DCO에서

     $\overline{AO}=\overline{DO}=1.5$ km

     ∠BAO=∠CDO=110°

     ∠AOB=∠DOC (맞꼭지각)

     즉, 대응하는 한 변의 길이가 같고, 그 양 끝 각의 크기가 각각 같으므로

     △ABO≡△DCO (ASA 합동)   ······ ❶

(2) $\overline{AB}=\overline{DC}=1.8$ km   ······ ❷

채점 기준	배점
❶ △ABO≡△DCO임을 설명하기	50 %
❷ $\overline{AB}$의 길이 구하기	50 %

06 △ABC≡△CDA이다.   ······ ❶

△ABC와 △CDA에서

$\overline{AB}=\overline{CD}=4$ cm, $\overline{BC}=\overline{DA}=7$ cm, $\overline{AC}$는 공통

이므로 세 변의 길이가 각각 같다.

따라서 △ABC와 △CDA는 서로 합동(SSS 합동)이다.   ······ ❷

채점 기준	배점
❶ 합동인 두 삼각형 찾기	50 %
❷ 합동인 이유 설명하기	50 %

07 △ACE와 합동인 삼각형은 △DCB이다.   ······ ❶

△ACE와 △DCB에서

$\overline{AC}=\overline{DC}$ (△ACD는 정삼각형),

$\overline{CE}=\overline{CB}$ (△CBE는 정삼각형)이고,

∠ACE=60°+∠DCE=∠DCB이므로

△ACE≡△DCB (SAS 합동)   ······ ❷

채점 기준	배점
❶ △ACE와 합동인 삼각형 찾기	50 %
❷ 삼각형의 합동 조건 설명하기	50 %

08 △ABC와 △DCB에서

$\overline{BC}$는 공통, $\overline{AB}=\overline{DC}$, $\overline{AC}=\overline{DB}$이므로

△ABC≡△DCB (SSS 합동)   ······ ❶

△ABD와 △DCA에서

$\overline{AD}$는 공통, $\overline{AB}=\overline{DC}$, $\overline{BD}=\overline{CA}$이므로

△ABD≡△DCA (SSS 합동)   ······ ❷

△ABM과 △DCM에서

$\overline{AB}=\overline{DC}$,

∠BAM=∠CDM (△ABC≡△DCB)이고,

∠ABM=∠DCM (△ABD≡△DCA)이므로

△ABM≡△DCM (ASA 합동)   ······ ❸

채점 기준	배점
❶ △ABC≡△DCB임을 보이기	25 %
❷ △ABD≡△DCA임을 보이기	25 %
❸ △ABM≡△DCM임을 보이기	50 %

대단원 테스트
052-061쪽

01 ④	**02** 5°	**03** ①, ⑤	**04** ⑤	**05** ①, ④
06 ①, ④	**07** ③	**08** 240°	**09** ④	**10** 23°
11 ②	**12** ①	**13** 10 cm	**14** 80°	**15** ②, ⑤
16 37°	**17** 16°	**18** ④	**19** 52°	**20** 120°
21 ③	**22** ④	**23** ①	**24** 5 cm	**25** ④
26 ④	**27** ②	**28** ⑤	**29** ④	**30** ④
31 ①	**32** ⑤	**33** ⑤	**34** ④	**35** ③, ⑤
36 ④	**37** ②	**38** ㄷ, ㄴ, ㄱ		**39** ③
40 ②	**41** ②, ④	**42** ②	**43** ②	**44** ④
45 ②, ⑤	**46** ③	**47** ⑤	**48** 12 cm	**49** 5
50 ②, ④	**51** 16	**52** ①	**53** ①	**54** ⑤
55 ④	**56** 9	**57** ②	**58** 36°	**59** ①
60 ②				

01 네 직선이 한 점에서 만날 때, 생기는 맞꼭지각은 모두
$$4 \times (4-1) = 12(쌍)$$

02 $\angle x = 50° + 35° = 85°$
$40° + \angle y + 60° = 180°$에서 $\angle y = 80°$
$\therefore \angle x - \angle y = 5°$

03 가장 긴 변의 길이가 7 cm일 때
$5 + x > 7$ $\therefore x > 2$ …… ㉠
가장 긴 변의 길이가 x cm일 때
$5 + 7 > x$ $\therefore x < 12$ …… ㉡
㉠, ㉡에서 $2 < x < 12$
따라서 x의 값이 될 수 없는 것은 2, 12이다.

04 오른쪽 그림과 같이 두 직선 l,
m에 평행한 직선을 그으면
$\angle a = 35°$ (엇각)이므로
$\angle b = 90° - \angle a$
$\quad = 90° - 35° = 55°$
$\therefore \angle x = \angle b = 55°$ (엇각)

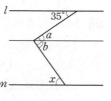

05 ① $\angle a$의 동위각은 $\angle e$, $\angle l$이다.
④ $\angle c$의 동위각은 $\angle g$, $\angle j$이다.

06 가로의 길이가 같은 두 직사각형,
윗변의 길이와 아랫변의 길이가 각각 같은 두 사다리꼴,
넓이가 같은 두 마름모는 항상 합동은 아니다.

07 직선은 $\overleftrightarrow{AB}$, $\overleftrightarrow{AC}$, $\overleftrightarrow{AD}$, $\overleftrightarrow{BC}$, $\overleftrightarrow{BD}$, $\overleftrightarrow{CD}$의 6개이다.

08 $l /\!/ m /\!/ n$이므로
$\angle x = 180° - 145° = 35°$
$\angle z = 180° - 60° = 120°$
$\angle y = 180° - 35° - 60°$
$\quad = 85°$
$\therefore \angle x + \angle y + \angle z = 35° + 85° + 120°$
$\quad = 240°$

09 ④ $\overline{OA}$의 길이와 $\overline{AB}$의 길이가 서로 같은지 알 수 없다.

10 △GEF에서 $\angle EGF = 134°$이고,
$\angle GEF = \angle CEF = \angle GFE$ (엇각)이므로
$\angle GFE = \angle GEF = \dfrac{1}{2} \times (180° - 134°) = 23°$

11 ① $\angle a = \angle e$이면 동위각의 크기가 같으므로
$l /\!/ m$
② $\angle b$와 $\angle d$는 맞꼭지각이므로 항상 $\angle b = \angle d$이다.
즉, $l /\!/ m$인 지 알 수 없다.
③ $\angle c = \angle e$이면 엇각의 크기가 같으므로 $l /\!/ m$이다.
④ $l /\!/ m$이면 $\angle a = \angle e$ (동위각)이고,
$\angle e = \angle g$ (맞꼭지각)이므로 $\angle a = \angle g$
⑤ $l /\!/ m$이면 $\angle g = \angle c$ (동위각)이므로
$\angle b + \angle g = \angle b + \angle c = 180°$

12 $\overline{AB} = \overline{AC} = 8(cm)$, $\angle ABE = \angle ACD = 40°$,
$\angle A$는 공통이므로
△ABE와 △ACD는 ASA 합동이다.

13 $\overline{MN} = \overline{MB} + \overline{BC} + \overline{CN} = 2.5 + 5 + 2.5 = 10(cm)$

14 $l /\!/ m /\!/ n$이므로 $\angle y = 130°$ (동위각)
$\angle x = 180° - 130° = 50°$ (엇각)
$\therefore \angle y - \angle x = 130° - 50° = 80°$

15 ① 세 각의 크기가 주어졌으므로 모양은 같지만 크기가 다른 삼각형이 무수히 많이 생긴다.
② 한 변의 길이와 그 양 끝 각의 크기가 주어졌으므로 삼각형이 하나로 결정된다.
③ 두 변의 길이와 그 끼인각 $\angle A$의 크기가 주어져야 삼각형이 하나로 결정된다.
④ 두 변의 길이와 그 끼인각 $\angle C$의 크기가 주어져야 삼각형이 하나로 결정된다.
⑤ 세 변의 길이가 주어졌으므로 삼각형이 하나로 결정된다.

16 $l /\!/ m$이므로
$(\angle x + 10°) + (3\angle x + 22°) = 180°$
$4\angle x + 32° = 180°$, $4\angle x = 148°$
$\therefore \angle x = 37°$

17 오른쪽 그림과 같이 $l /\!/ n /\!/ m$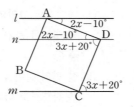
이 되도록 보조선 n을 그으
면 $\angle ADC = 90°$이므로
$2\angle x - 10° + 3\angle x + 20°$
$= 90°$
$5\angle x + 10° = 90°$ $\quad \therefore \angle x = 16°$

18 $\triangle AEF$와 $\triangle DEC$에서
$\overline{FB} /\!/ \overline{DC}$이므로 $\angle FAE = \angle CDE$ (엇각)
$\angle AEF = \angle DEC$ (맞꼭지각)
$\overline{AE} = \overline{DE}$
$\therefore \triangle AEF \equiv \triangle DEC$ (ASA 합동)

19 $\angle AOD = \angle BOC$이므로
$4\angle x = 2\angle x + 64°$, $2\angle x = 64°$
$\therefore \angle x = 32°$
$\angle AOD = 4\angle x = 4 \times 32° = 128°$
$\therefore \angle AOC = 180° - \angle AOD$
$\qquad\qquad = 180° - 128° = 52°$

20 오른쪽 그림과 같이 직선 l, m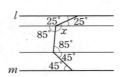
에 평행한 직선을 그으면
$\angle x = 25° + (180° - 85°)$
$\qquad = 25° + 95° = 120°$

21 $\triangle ABC \equiv \triangle DCB$
$\triangle ABD \equiv \triangle DCA$
$\triangle ABO \equiv \triangle DCO$
$\therefore$ 3쌍

22 $\angle EFB = \angle DEF = 70°$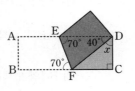
$\qquad\qquad\qquad$ (엇각)
$\angle EFD = \angle EFB = 70°$
$\qquad\qquad\qquad$ (접은 각)
$\triangle DEF$에서
$\angle EDF = 180° - (70° + 70°) = 40°$
$\therefore \angle x = 90° - 40° = 50°$

23 ① $l \perp m$, $m /\!/ n$이면 $l \perp n$이다.

24 $\triangle BCG$와 $\triangle DCE$에서
사각형 ABCD와 사각형 GCEF는 정사각형이므로
$\overline{BC} = \overline{DC} = 4\,(\text{cm})$, $\overline{CG} = \overline{CE} = 3\,(\text{cm})$
$\angle BCG = \angle DCE = 90°$
따라서 $\triangle BCG \equiv \triangle DCE$ (SAS 합동)이므로
$\overline{DE} = \overline{BG} = 5\,(\text{cm})$

25 $(3\angle x + 8°) + 90° = 140°$, $3\angle x = 42°$
$\therefore \angle x = 14°$
$2\angle y + 10° = 180° - 140°$, $2\angle y = 30°$
$\therefore \angle y = 15°$

$\therefore \angle x + \angle y = 14° + 15° = 29°$

26 두 직선이 평행하려면 동위각 또는 엇각의 크기가 서로
같아야 한다.
두 직선 l, n에서 엇각의 크기가 71°로 같으므로
$l /\!/ n$
두 직선 p, q에서 동위각의 크기가 71°로 같으므로
$p /\!/ q$

27 ② 두 삼각형의 넓이가 같아도 합동이 아닐 수 있다.

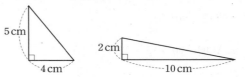

위의 두 삼각형의 넓이는 모두 $10\,\text{cm}^2$이지만 합동이
아니다.

28 ⑤ $\overline{AB}$, $\overline{BC}$의 길이가 주어진 경우에는 그 끼인각인
$\angle B$의 크기가 주어져야 한다.

29 ① $P /\!/ l$, $P /\!/ m$이면 l과 m은 만나거나 평행하거나 꼬
인 위치에 있다.
② $P \perp l$, $P \perp m$이면 $l /\!/ m$ 이다.
③ $P \perp Q$, $P \perp R$이면 Q와 R는 만나거나 평행하다.
⑤ $P /\!/ Q$, $P /\!/ R$이면 $Q /\!/ R$이다.

30 $\triangle ABE$와 $\triangle ACD$에서
$\overline{AB} = \overline{AC}$, $\angle ABE = \angle ACD$, $\angle A$는 공통
따라서 $\triangle ABE \equiv \triangle ACD$ (ASA 합동)이고, 합동인
두 도형의 성질에 의해 ③, ⑤가 성립한다.
또한, $\overline{AD} = \overline{AE}$이고 $\overline{AB} = \overline{AC}$이므로 $\overline{BD} = \overline{CE}$

31 맞꼭지각의 크기는 서로 같고 평각의 크기는 180°이므
로
$7\angle x + 3\angle x + 5\angle x = 180°$
$15\angle x = 180°$ $\quad \therefore \angle x = 12°$

32 오른쪽 그림과 같이 직선 l, m
에 평행한 직선을 그으면
$15° + (\angle x + 20°) = 75°$
$\angle x + 35° = 75°$
$\therefore \angle x = 40°$

33 ⑤ 반직선의 시작점이 점 C와 점 B로 다르므로 다른
반직선을 나타낸다.

34 ④ $\angle C$, $\angle F$는 끼인각이 아니므로 합동이 되지 않는다.

35 ① 선분을 연장할 때에는 눈금이 없는 자를 사용한다.
② 두 선분의 길이를 비교할 때에는 컴퍼스를 사용한다.
④ 주어진 선분의 길이를 다른 직선으로 옮길 때에는
컴퍼스를 사용한다.
따라서 옳은 것은 ③, ⑤이다.

36 만들 수 있는 삼각형은
$(4\,\text{cm}, 5\,\text{cm}, 6\,\text{cm})$, $(4\,\text{cm}, 5\,\text{cm}, 7\,\text{cm})$,
$(4\,\text{cm}, 6\,\text{cm}, 7\,\text{cm})$, $(5\,\text{cm}, 6\,\text{cm}, 7\,\text{cm})$
의 4개이다.

37 $\angle \text{AOB}=4\angle \text{COD}$에서
$\angle \text{COD}=\dfrac{1}{4}\angle \text{AOB}$이므로
$\angle \text{AOB}+90°+\dfrac{1}{4}\angle \text{AOB}=180°$
$\dfrac{5}{4}\angle \text{AOB}=90°$
$\therefore \angle \text{AOB}=90°\times\dfrac{4}{5}=72°$

38 선분 AB의 길이를 한 변의 길이로 하는 정삼각형을 작도하는 순서는 다음과 같다.
ㄷ. $\overline{\text{AB}}$의 길이를 잰다.
ㄴ. 두 점 A, B를 각각 중심으로 하고 반지름의 길이가 $\overline{\text{AB}}$인 원을 그려 두 원의 교점을 C라고 한다.
ㄱ. $\overline{\text{AC}}$, $\overline{\text{BC}}$를 그린다.

39 △ABC에서
$\angle \text{BAC}=180°\times\dfrac{1}{2}=90°$
$\therefore \angle x=180°-(90°+40°)$
$\quad =50°$

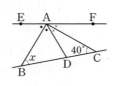

40 △EBC와 △DAC에서
$\overline{\text{BC}}=\overline{\text{AC}}$, $\overline{\text{EC}}=\overline{\text{DC}}$
$\angle \text{ECB}=60°-\angle \text{ACE}=\angle \text{DCA}$이므로
△EBC≡△DAC (SAS 합동)
$\therefore \overline{\text{AD}}=\overline{\text{EB}}=\overline{\text{AB}}-\overline{\text{AE}}$
$\quad =9-3=6(\text{cm})$

41 $\angle \text{APB}=\angle \text{CQD}$ (동위각)이므로 $\overrightarrow{\text{PA}}$와 $\overrightarrow{\text{QC}}$는 평행하다.
따라서 옳은 것은 ②, ③이다.

42 $\overline{\text{BD}}=\overline{\text{CE}}$, $\angle \text{ABD}=\angle \text{BCE}$, $\overline{\text{AB}}=\overline{\text{BC}}$이므로
△ABD≡△BCE (SAS 합동)
즉, $\angle \text{EBC}=\angle \text{DAB}=20°$이고 $\angle \text{ABF}=40°$이므로
$\angle \text{AFB}=120°$
$\therefore \angle \text{AFE}=180°-120°=60°$

43 모서리 AB와 평행한 모서리 : $\overline{\text{DC}}$, $\overline{\text{EF}}$, $\overline{\text{HG}}$
모서리 AD와 꼬인 위치에 있는 모서리 : $\overline{\text{BF}}$, $\overline{\text{CG}}$, $\overline{\text{EF}}$, $\overline{\text{HG}}$
따라서 구하는 모서리는 $\overline{\text{EF}}$, $\overline{\text{HG}}$의 2개이다.

44 두 변의 길이와 그 끼인각의 크기가 주어진 경우 삼각형을 작도하는 순서는 여러 가지가 있다.

(i) 끼인각의 크기와 같도록 먼저 각을 작도한 후 두 변의 길이를 옮긴다.
➡ ㄷ – ㄴ – ㄹ – ㄱ 또는 ㄷ – ㄹ – ㄴ – ㄱ
(ii) 한 변의 길이를 옮긴 후 끼인각의 크기와 같도록 각을 작도하고 남은 한 변의 길이를 옮긴다.
➡ ㄴ – ㄷ – ㄹ – ㄱ 또는 ㄹ – ㄷ – ㄴ – ㄱ

45 면 AFGD와 수직인 평면은 면 AEFB, 면 DHGC이다.

46 △ABF와 △DAG에서
$\overline{\text{AB}}=\overline{\text{DA}}$
$\angle \text{BAF}=90°-\angle \text{DAG}=\angle \text{ADG}$
$\angle \text{ABF}=90°-\angle \text{BAF}=\angle \text{DAG}$
$\therefore$ △ABF≡△DAG (ASA 합동)
따라서 $\overline{\text{AF}}=\overline{\text{DG}}=12\,\text{cm}$이므로
$\overline{\text{GF}}=\overline{\text{AF}}-\overline{\text{AG}}=12-5=7(\text{cm})$

47 ⑤ $\overline{\text{DE}}=\overline{\text{EF}}=\overline{\text{FD}}$

48 $\overline{\text{AB}}:\overline{\text{BC}}=3:2$이므로
$\overline{\text{AB}}=\dfrac{3}{3+2}\overline{\text{AC}}=\dfrac{3}{5}\overline{\text{AC}}$
$\overline{\text{AB}}:\overline{\text{BC}}=3:2$이며, M과 N은 각각 $\overline{\text{AB}}$, $\overline{\text{BC}}$의 중점이므로
$\overline{\text{MN}}=\overline{\text{MB}}+\overline{\text{BN}}=\dfrac{1}{2}\overline{\text{AB}}+\dfrac{1}{2}\overline{\text{BC}}$
$\quad =\dfrac{1}{2}(\overline{\text{AB}}+\overline{\text{BC}})=\dfrac{1}{2}\overline{\text{AC}}=10(\text{cm})$
$\therefore \overline{\text{AC}}=20(\text{cm})$
$\therefore \overline{\text{AB}}=\dfrac{3}{5}\times20=12(\text{cm})$

49 모서리 AB와 수직인 모서리는 $\overline{\text{AF}}$와 $\overline{\text{BG}}$의 2개이므로 $a=2$
모서리 BG와 평행한 면은 면 CHID, 면 EJID, 면 AFJE이므로 $b=3$
$\therefore a+b=2+3=5$

50 ① 세 변의 길이가 주어졌지만 가장 긴 변의 길이가 나머지 두 변의 길이의 합보다 크므로 삼각형이 만들어지지 않는다.
② 두 변 AB, BC의 길이와 그 끼인각 $\angle \text{B}$의 크기가 주어졌으므로 △ABC의 모양과 크기가 한 가지로 정해진다.
③ 두 변의 길이와 한 각의 크기가 주어졌지만 $\angle \text{C}$가 $\overline{\text{AB}}$, $\overline{\text{AC}}$의 끼인각이 아니므로 △ABC의 모양과 크기가 한 가지로 정해지지 않는다.
④ $\angle \text{A}=30°$, $\angle \text{C}=180°-(\angle \text{A}+\angle \text{B})=80°$에서 한 변 AC의 길이와 그 양 끝 각 $\angle \text{A}$, $\angle \text{C}$의 크기를 알 수 있으므로 △ABC의 모양과 크기가 한 가지로 정해진다.

⑤ 세 각의 크기만 주어진 경우는 삼각형의 모양과 크기가 한 가지로 정해지지 않는다.

51 모서리 AD와 만나는 모서리는 모서리 AB, AE, DC, DH의 4개이므로 $a=4$
모서리 BF와 꼬인 위치에 있는 모서리는 모서리 AD, CD, EH, GH의 4개이므로 $b=4$
$\therefore ab=4 \times 4=16$

52 $\overline{AC}=2\overline{CD}$이므로 $\overline{AC}:\overline{CD}=2:1$
즉, $\overline{AC}=\dfrac{2}{3}\overline{AD}=\dfrac{2}{3}\times 18=12\,(\text{cm})$
$\overline{AB}=2\overline{BC}$이므로 $\overline{AB}:\overline{BC}=2:1$
$\therefore \overline{BC}=\dfrac{1}{3}\overline{AC}=\dfrac{1}{3}\times 12=4\,(\text{cm})$

53 △BCE와 △DCF에서
$\overline{BC}=\overline{DC}$ (사각형 ABCD는 정사각형)
$\overline{CE}=\overline{CF}$ (사각형 CFGE는 정사각형)
$\angle BCE=\angle DCF=90^\circ$
$\therefore$ △BCE≡△DCF (SAS 합동)

54 $\angle x+(3\angle x-15^\circ)+(\angle x-10^\circ)=180^\circ$에서
$5\angle x-25^\circ=180^\circ$　$\therefore x=41^\circ$
이때 $\angle BOC=3\angle x-15^\circ=108^\circ$,
$\angle COD=\angle x-10^\circ=31^\circ$
$\therefore \angle BOD=108^\circ+31^\circ=139^\circ$

55 ④ $\overline{AC}$가 면 CGHD와 수직이려면 교점 C를 지나고 면 CGHD에 포함된 모든 직선과 수직이어야 한다. 그런데 $\overline{AC}$와 면 CGHD에 포함된 $\overline{CD}$는 수직이 아니므로 $\overline{AC}$는 면 CGHD와 수직이 아니다.

56 (i) 가장 긴 변의 길이가 x cm일 때
$x<5+10$　$\therefore x<15$
(ii) 가장 긴 변의 길이가 10 cm일 때
$10<5+x$　$\therefore x>5$
(i), (ii)에서 $5<x<15$이므로
자연수 x의 값은 6, 7, $\cdots$, 14의 9개이다.

57 주어진 전개도로 만든 사각뿔은 오른쪽 그림과 같다.
따라서 모서리 AB와 꼬인 위치에 있는 모서리는 모서리 DF, 모서리 HF의 2개이다.

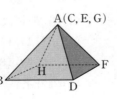

58 $\angle x:\angle y:\angle z=3:7:5$이므로
$\angle x=\dfrac{3}{3+7+5}\times 180^\circ=36^\circ$

59 한 변의 길이와 그 양 끝 각의 크기가 주어진 경우에는 선분을 옮긴 후 두 각을 옮기거나, 한 각을 옮긴 후 선분을 옮기고 다른 한 각을 옮겨서 삼각형을 작도할 수 있다.

따라서 ① $\angle A \rightarrow \angle B \rightarrow \overline{AB}$의 순서로는 작도할 수 없다.

60 △CAE와 △BAD에서
$\overline{AC}=\overline{AB}$, $\overline{AE}=\overline{AD}$
$\angle CAE=60^\circ-\angle BAE=\angle BAD$
$\therefore$ △CAE≡△BAD (SAS 합동)
즉, $\angle AEC=180^\circ-\angle DEA=120^\circ$이고
$\angle CAE=40^\circ$이므로
$\angle ACE=180^\circ-(120^\circ+40^\circ)=20^\circ$
따라서 △CAE≡△BAD이므로
$\angle ACE=\angle ABD=20^\circ$

01 $\angle AOP=2\angle BOP$이므로 $\angle AOB=3\angle BOP$
또, $\angle BOC=3\angle BOQ$이므로
$\angle AOC=\angle AOB+\angle BOC$
$=3(\angle BOP+\angle BOQ)$
$=3\angle POQ=180^\circ$ (평각)
$\therefore \angle POQ=60^\circ$

02 $\angle AOB=\dfrac{1}{4}\angle BOC$이므로
$\angle AOC=\angle AOB+\angle BOC$
$=\angle AOB+4\angle AOB$
$=5\angle AOB$　　　$\cdots\cdots$ ㉠
$\angle DOE=\dfrac{1}{4}\angle COD$이므로
$\angle COE=\angle COD+\angle DOE$
$=4\angle DOE+\angle DOE$
$=5\angle DOE$　　　$\cdots\cdots$ ㉡
$\angle AOC+\angle COE=180^\circ$이므로
㉠, ㉡에서 $5\angle AOB+5\angle DOE=180^\circ$
$5(\angle AOB+\angle DOE)=180^\circ$
$\therefore \angle AOB+\angle DOE=36^\circ$
$\angle FOG$의 맞꼭지각은 $\angle BOD$이고 그 크기는
$\angle BOD=\angle BOC+\angle COD$
$=4\angle AOB+4\angle DOE$
$=4(\angle AOB+\angle DOE)$
$=4\times 36^\circ=144^\circ$

03 $\angle AOB = \angle BOC = \angle a$,

$\angle COD = \angle DOE = \angle b$라고 하면

$\angle EOA = 180°$이므로

$2\angle a + 2\angle b = 180°$ $\quad \therefore \angle a + \angle b = 90°$

$\therefore \angle BOD = \angle BOC + \angle COD = \angle a + \angle b = 90°$

04 ① $l /\!/ P$, $l /\!/ Q$이면 P와 Q는 $P /\!/ Q$ 또는 한 직선에서 만난다.

③ $l /\!/ P$, $m /\!/ P$이면 l과 m은 한 점에서 만나거나 평행하거나 꼬인 위치에 있다.

④ $l \perp m$, $l \perp n$이면 m과 n은 한 점에서 만나거나 평행하거나 꼬인 위치에 있다.

⑤ $l \perp P$, $P /\!/ Q$이면 $l \perp Q$이다.

05 주어진 전개도로 만든 정육면체는 오른쪽 그림과 같다.

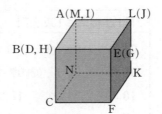

① $\overline{AN}$과 $\overline{EF}$는 평행하다.

② $\overline{ML}$과 $\overline{IJ}$는 일치한다.

③ $\overline{NK}$와 $\overline{DE}$는 평행하다.

⑤ $\overline{AB}$와 $\overline{EF}$는 꼬인 위치에 있다.

06 ③ 한 평면에 평행한 서로 다른 두 직선은 한 점에서 만나거나 평행하거나 꼬인 위치에 있다.

⑤ 한 직선과 꼬인 위치에 있는 서로 다른 두 직선은 한 점에서 만나거나 평행하거나 꼬인 위치에 있다.

07 ① $P \perp Q$, $P \perp R$이면 두 평면 Q와 R는 한 직선에서 만날 수도 있다.

② $P /\!/ Q$, $Q /\!/ R$이면 $P /\!/ R$이다.

④ $P \perp Q$, $Q /\!/ R$이면 $P \perp R$이다.

⑤ $P \perp Q$, $P \perp R$이면 Q, R는 평행하거나 한 직선에서 만날 수도 있다.

08 두 직선 l, m이 직선 q와 만나서 생긴 엇각의 크기가 같으므로 $l /\!/ m$이다.

$\angle x = 180° - 120° = 60°$, $\angle y = 115°$ (엇각)

$\therefore \angle x + y = 60° + 115° = 175°$

09 오른쪽 그림과 같이 직선 l, m에 평행한 직선 p, q를 그으면

$\angle x = 38° + 18° = 56°$

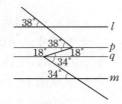

10 오른쪽 그림과 같이 점 B를 지나고 직선 l, m에 평행한 직선 p를 그으면

$\angle ABF = \angle a$ (엇각)

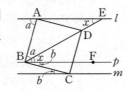

$\angle CBF = \angle b$ (엇각)

$\angle ABC = \angle a + \angle b = 90°$

$\therefore \angle b = 90° \times \dfrac{1}{5+1} = 15°$

$\therefore \angle x = \angle DBF = 45° - 15° = 30°$

11 $\angle EAB = \angle EAC + \angle CAB$,

$\angle CAB = 2\angle EAC$이므로

$\angle EAB = 3\angle EAC$ $\qquad \cdots\cdots$ ㉠

$\angle DBA = \angle CBA + \angle CBD$, $\angle CBA = 2\angle CBD$

이므로

$\angle DBA = 3\angle CBD$ $\qquad \cdots\cdots$ ㉡

$\angle EAB + \angle DBA = 180°$이므로

㉠, ㉡에서 $3\angle EAC + 3\angle CBD = 180°$

$\therefore \angle EAC + \angle CBD = 60°$

오른쪽 그림과 같이 점 C를 지나고 직선 l, m에 평행한 직선을 그으면

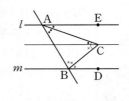

$\angle ACB = \angle EAC + \angle CBD$

$\qquad = 60°$

12 $l /\!/ m /\!/ s /\!/ r$인 두 직선 s, r를 긋고

$\angle PAB = \angle BAD = a$,

$\angle DCB = \angle BCQ = b$라고 하면

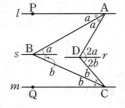

$\angle ADC = 2\angle a + 2\angle b = 110°$

$\therefore \angle x = \angle a + \angle b = \dfrac{1}{2}\angle ADC$

$\qquad = \dfrac{1}{2} \times 110° = 55°$

13 삼각형이 만들어지기 위해서는 가장 긴 변의 길이가 나머지 두 변의 길이의 합보다 작아야 한다.

또, 이등변삼각형은 두 변의 길이가 같으므로 세 변의 길이를 a, a, b라고 하면

$a + a + b = 2a + b = 27$

이것을 만족하는 순서쌍 (a, a, b)는

$(13, 13, 1)$, $(12, 12, 3)$, $(11, 11, 5)$,

$(10, 10, 7)$, $(8, 8, 11)$, $(7, 7, 13)$

의 6개이다.

14 (i) $4 + a > 5$에서 $a > 1$

(ii) $4 + 5 > a$에서 $a < 9$

(i), (ii)에서 a의 값의 범위는 $1 < a < 9$

따라서 가능한 자연수 a의 값은 2, 3, 4, 5, 6, 7, 8이므로 그 합은 35이다.

15 $\triangle ACE \equiv \triangle DCB$ (SAS 합동)이므로

$\angle BDC = \angle EAC = \angle a$라 하면

$\triangle$PDA에서 $\angle$PDA$=60°+\angle a$,

$\angle$PAD$=60°-\angle a$

$\therefore$ $\angle$APB$=(60°+\angle a)+(60°-\angle a)=120°$

16 $\triangle$ABD와 $\triangle$ACE에서

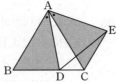

$\overline{AB}=\overline{AC}$, $\overline{AD}=\overline{AE}$,

$\angle$BAD$=\angle$CAE

$\qquad =60°-\angle$DAC

$\therefore$ $\triangle$ABD$\equiv\triangle$ACE (SAS 합동)

17 $\triangle$BDE가 정삼각형이므로

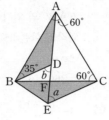

$\angle b=60°$

또, $\triangle$ABD와 $\triangle$CBE에서

$\overline{AB}=\overline{CB}$, $\overline{BD}=\overline{BE}$,

$\angle$DBA$=\angle$EBC

$\qquad =60°-\angle$FBD

$\therefore$ $\triangle$ABD$\equiv\triangle$CBE (SAS 합동)

$\angle$BDA$=\angle$BEC$=120°$이므로

$\angle a=\angle$BEC$-\angle$BEF$=120°-60°=60°$

$\therefore$ $\angle a+\angle b=120°$

18 $\triangle$ABE와 $\triangle$BCF에서

$\overline{AB}=\overline{BC}$, $\overline{BE}=\overline{CF}$,

$\angle$ABE$=\angle$BCF$=90°$

$\therefore$ $\triangle$ABE$\equiv\triangle$BCF (SAS 합동)

① $\overline{AE}=\overline{BF}$

② $\overline{AG}$와 $\overline{GF}$의 길이가 같은지는 알 수 없다.

③ $\angle$FBC$=\angle$EAB$=25°$

④ $\angle$AEB$=\angle$BFC

⑤ $\triangle$ABE$\equiv\triangle$BCF

19 $\triangle$ACD와 $\triangle$BCE에서

$\overline{AC}=\overline{BC}$, $\overline{CD}=\overline{CE}$,

$\angle$ACD$=60°+\angle$PCD$=\angle$BCE이므로

$\triangle$ACD$\equiv\triangle$BCE (SAS 합동)

$\angle$DAC$=\angle$EBC$=20°$이므로

$\angle$APC$=180°-(\angle$PAC$+\angle$ACP$)$

$\qquad =180°-(20°+60°)=100°$

$\therefore$ $\angle$CPD$=180°-100°=80°$

20 $\triangle$ABD와 $\triangle$CAE에서

$\overline{AB}=\overline{CA}$

$\angle$BAD$=90°-\angle$CAE$=\angle$ACE

$\angle$ABD$=90°-\angle$BAD$=\angle$CAE

$\therefore$ $\triangle$ABD$\equiv\triangle$CAE (ASA 합동)

$\overline{AE}=\overline{BD}=24$

$\overline{AD}=\overline{CE}=10$

$\therefore$ $\overline{DE}=\overline{AE}-\overline{AD}=24-10=14$

21 $\triangle$ABE와 $\triangle$ECF에서

$\overline{AB}=\overline{EC}$, $\overline{BE}=\overline{CF}$, $\angle$B$=\angle$C$=90°$

$\therefore$ $\triangle$ABE$\equiv\triangle$ECF (SAS 합동)

$\angle$AEF$=180°-(\angle$AEB$+\angle$FEC$)$

$\qquad =180°-(\angle$EFC$+\angle$FEC$)$

$\qquad =180°-90°=90°$

따라서 $\triangle$AEF는 직각이등변삼각형이므로

$\angle$AFE$=45°$

22 $\triangle$ABE, $\triangle$BCF, $\triangle$CAD에서

$\overline{AB}=\overline{BC}=\overline{CA}$, $\overline{BE}=\overline{CF}=\overline{AD}$,

$\angle$ABE$=\angle$BCF$=\angle$CAD$=60°$

$\therefore$ $\triangle$ABE$\equiv\triangle$BCF$\equiv\triangle$CAD (SAS 합동)

즉, $\angle$BAE$=\angle$CBF$=\angle$ACD

따라서 $\triangle$APC에서

$\angle$QPR$=\angle$ACD$+\angle$CAP

$\qquad =\angle$BAE$+\angle$CAP

$\qquad =\angle$BAC$=60°$

23 $\overline{CD}$의 연장선 위에

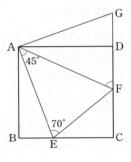

$\overline{BE}=\overline{DG}$인 점 G를 잡으면

$\triangle$ABE$\equiv\triangle$ADG

(SAS 합동)이므로

$\overline{AE}=\overline{AG}$

$\angle$GAF

$=\angle$FAD$+\angle$DAG

$=\angle$FAD$+\angle$BAE

$=45°$

이므로 $\angle$GAF$=\angle$EAF

$\overline{AF}$는 공통

$\therefore$ $\triangle$AEF$\equiv\triangle$AGF (SAS 합동)

$\therefore$ $\angle$AFD$=\angle$AFE$=180°-(45°+70°)=65°$

24 $\triangle$EAB와 $\triangle$FCB에서

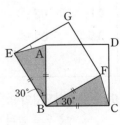

$\overline{EB}=\overline{FB}$, $\overline{AB}=\overline{CB}$

$\angle$EBA$=\angle$FBC$=30°$

이므로

$\triangle$EAB$\equiv\triangle$FCB

$\qquad$ (SAS 합동)

$\triangle$EAB는 이등변삼각형이므로

$\angle$AEB$=\dfrac{1}{2}\times(180°-30°)=75°$

$\therefore$ $\angle$GEA$=\angle$GEB$-\angle$AEB

$\qquad =90°-75°=15°$

Ⅱ. 평면도형과 입체도형

1. 평면도형의 성질

01. 다각형

소단원 집중 연습			068-069쪽
01 (1) $95°$	(2) $135°$	(3) $65°$	(4) $60°$
02 (1) ○	(2) ×	(3) ○	(4) ○ (5) ○
03 (1) 14	(2) 54	(3) 44	(4) 77
04 (1) 팔각형		(2) 구각형	
(3) 십각형		(4) 십삼각형	
05 (1) $120°$		(2) $70°$	
06 (1) $\angle x = 40°$, $\angle y = 95°$			
(2) $\angle x = 100°$, $\angle y = 20°$			
07 (1) 오각형		(2) 칠각형	
08 (1) $115°$		(2) $105°$	
09 (1) $60°$, $120°$		(2) $45°$, $135°$	
(3) $24°$, $156°$			
10 (1) 정삼각형		(2) 정십이각형	
(3) 정십오각형			

소단원 테스트 [1회]				070-071쪽
01 ③, ⑤	**02** ②	**03** ④	**04** ③	**05** ②
06 ③	**07** ②	**08** ①	**09** ④	**10** ③
11 ④	**12** ③			

01 ③ 평면도형이 아니다.

　⑤ 선분으로 둘러싸인 도형이 아니다.

02 n각형일 때 한 꼭짓점에서 그을 수 있는 대각선의 개수
는 $n-3$이고, 이때 만들어지는 삼각형의 개수는 $n-2$
이다.

　$a+b=19$이므로 $n-3+n-2=19$　　∴ $n=12$

　따라서 다각형은 십이각형이므로 내각의 크기의 합은

　$180° \times 10 = 1800°$

03 $n-3=6$에서 $n=9$

　∴ (대각선의 개수) $= \dfrac{9 \times 6}{2} = 27$

04 $\angle x + 85° + 70° + 120° = 360°$이므로 $\angle x = 85°$

　$45° + 74° + (180° - \angle y) + 72° + 85° = 360°$이므로

　$456° - \angle y = 360°$에서 $\angle y = 96°$

　∴ $\angle y - \angle x = 96° - 85° = 11°$

05 △ABC의 내각의 크기의 합은 $180°$이므로

　$\angle DBC + \angle DCB = 180° - (70° + 25° + 30°) = 55°$

　따라서 △DBC에서

　$\angle x = 180° - 55° = 125°$

06 $\angle a + \angle f$, $\angle b + \angle c$, $\angle e + \angle d$는

　△ABC의 외각이고

　외각의 합은 $360°$이므로

　$\angle a + \angle b + \angle c + \angle d + \angle e + \angle f$

　$= 360°$

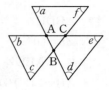

07 ㄱ. $\dfrac{15 \times 12}{2} = 90$

　ㄴ. $15 - 2 = 13$(개)

　ㄷ. $\dfrac{180° \times (15-2)}{15} = 156°$

　ㄹ. $\dfrac{360°}{15} = 24°$

08 $50° + 2\angle x - 20° = 4\angle x - 30°$에서

　$2\angle x = 60°$　　∴ $\angle x = 30°$

09 $\dfrac{n(n-3)}{2} = 20$에서 $n(n-3) = 40$

　$8 \times 5 = 40$이므로 $n = 8$

　따라서 정팔각형의 한 내각의 크기는

　$\dfrac{180° \times (8-2)}{8} = 135°$

10 $180° \times (n-2) + 360° = 1080°$

　∴ $n = 6$

11 $\overline{CF}$를 그으면

　$\angle E + \angle D = \angle DCF + \angle EFC$이므로

　$\angle A + \angle B + \angle C + \angle D + \angle E + \angle F + \angle G$

　$=$ (오각형 ABCFG의 내각의 크기의 합)

　$= 540°$

12 오른쪽 그림과 같이 교
점을 각각 F, G, H, I,
J라 하면

　△JAC에서

　$\angle EJF = \angle A + \angle C$

　△FBD에서

　$\angle EFJ = \angle B + \angle D$

　△EFJ에서

　$\angle E + \angle EFJ + \angle EJF = 180°$이므로

　$45° + \angle B + \angle D + \angle A + \angle C = 180°$

　∴ $\angle A + \angle B + \angle C + \angle D = 135°$

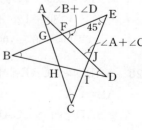

01 54	**02** ㄴ, ㄹ	**03** $1260°$	**04** $65°$	**05** $66°$
06 $180°$	**07** $110°$	**08** 정십이각형		
09 $\angle x=36°$, $\angle y=108°$			**10** $118°$	**11** $140°$
12 35				

01 주어진 두 조건을 만족하는 다각형은 정십이각형이다.
따라서 정십이각형의 대각선의 개수는
$$\frac{12\times(12-3)}{2}=54$$

02 ㄴ. 모든 변의 길이가 같고 모든 내각의 크기가 같은 경우에 정다각형이 된다.
ㄹ. 마름모는 모든 변의 길이가 같은 사각형이지만 내각의 크기가 모두 같지는 않다.

03 $n-3=6$에서 $n=9$
따라서 구각형의 내각의 크기의 합은
$$180°\times(9-2)=1260°$$

04 △ABC에서
$$50°+(180°-2\bullet)+(180°-2\circ)=180°$$
$$\therefore \bullet+\circ=115°$$
△ACD에서 $\bullet+\circ+\angle ADC=180°$이므로
$$\angle ADC=180°-115°=65°$$

05 △AFD와 △CFD에서
$\overline{FD}$는 공통, $\overline{AD}=\overline{CD}$, $\angle ADF=\angle CDF=45°$
$\therefore$ △AFD≡△CFD (SAS 합동)
따라서 $\angle EAD=24°$이므로 △AED에서
$$\angle DEF=180°-90°-24°=66°$$

06 $\overline{CD}$를 그으면
△FCD와 △FBE에서
$\angle CFD=\angle BFE$이므로
$\angle b+\angle e$
$=\angle FCD+\angle FDC$
$\therefore \angle a+\angle b+\angle c+\angle d$
$\quad +\angle e$
$=\angle a+\angle c+\angle FCD+\angle FDC+\angle d$
$=180°$

07 육각형의 내각의 크기의 합 $180°\times(6-2)=720°$이므로
$\angle x+150°+(180°-70°)$
$\qquad +(180°-60°)+(180°-100°)+150°=720°$
$\therefore \angle x=110°$

08 정다각형 A의 꼭짓점의 개수를 a, 정다각형 B의 꼭짓점의 개수를 b라 하면

(A의 대각선의 개수)$=a-3$,
(B의 대각선의 개수)$=b-3$이므로
$3:2=(a-3):(b-3)$에서
$2a-6=3b-9$
$$\therefore b=\frac{2a+3}{3} \qquad \cdots\cdots ㉠$$
(A의 내각의 크기의 합)$=180°\times(a-2)$,
(B의 내각의 크기의 합)$=180°\times(b-2)$이므로
$180°\times(a-2)+180°\times(b-2)=3060°$
$$180°\times(a+b-4)=3060° \qquad \cdots\cdots ㉡$$
㉠을 ㉡에 대입하면
$$180°\times\left(a+\frac{2}{3}a+1-4\right)=3060°$$
$$180°\times\left(\frac{5}{3}a-3\right)=3060°$$
$$300°a=3600° \qquad \therefore a=12$$
따라서 A는 정십이각형이다.

09 정오각형의 한 내각의 크기는
$$\frac{180°\times(5-2)}{5}=108°$$
△BCA, △ABE, △EAD는 모두 꼭지각의 크기가 $108°$인 이등변삼각형이므로
$\angle BAC=\angle ABE=\angle EAD$
$\qquad =\frac{1}{2}\times(180°-108°)=36°$
$$\therefore \angle x=108°-2\times36°=36°$$
$\overline{AC}$, $\overline{BE}$의 교점을 F라 하면 △ABF의 두 내각이 각각 $36°$이므로
$$\angle y=180°-2\times36°=108°$$

10 다각형의 외각의 크기의 합은 항상 $360°$이므로
$\angle x+120°+122°=360°$
$\therefore \angle x=118°$

11 오각형의 내각의 크기의 합은
$180°\times(5-2)=540°$이므로
$\angle a+100°+95°+(180°-65°)+(360°-270°)$
$=540°$
$\angle a+400°=540°$
$\therefore \angle a=140°$

12 10개의 내각을 가지고 있으므로 십각형이다.
따라서 십각형의 대각선의 개수는
$$\frac{10\times(10-3)}{2}=35$$

02. 원과 부채꼴

01 (1) × 　(2) × 　(3) ○ 　(4) ○
　　(5) × 　(6) ○ 　(7) ○

02 (1) 70 　(2) 2

03 (1) $x=5$, $y=90$ 　(2) $x=60$, $y=10$

04 (1) 40 　(2) 20

05 (1) 6π cm, 27π cm^2 　(2) 2π cm, 12π cm^2

06 (1) 90 　(2) 144

07 (1) $(6\pi+12)$ cm, 18π cm^2
　　(2) $(6\pi+8)$ cm, 12π cm^2

08 (1) 45π cm^2 　(2) 20π cm^2

---

01 ③　**02** ⑤　**03** ⑤　**04** ③　**05** ③

06 ③　**07** ②　**08** ③　**09** ④　**10** ②

11 ②　**12** ④

01 $\angle DOE = \angle DEO = \angle x$라 하면
$\angle OCD = \angle ODC = 2\angle x$, $\angle COD = 180° - 4\angle x$
$\angle AOC = 3\angle x$
이때 호의 길이는 중심각의 크기에 정비례하므로
$3\angle x : \angle x = \overset{\frown}{AC} : 2$ 　∴ $\overset{\frown}{AC} = 6$(cm)

02 ① $\overline{AB}$를 현이라고 한다.
② 한 원에서 현의 길이와 중심각의 크기는 정비례하지 않는다.
③ $\overset{\frown}{CD} = 3\overset{\frown}{AB}$ (또는 $\overset{\frown}{AB} = \dfrac{1}{3}\overset{\frown}{CD}$)
④ $\overset{\frown}{CD}$와 $\overline{CD}$로 둘러싸인 도형은 활꼴이다.

03 원의 반지름의 길이를 r cm라 하면
$\pi r^2 \times \dfrac{120}{360} = 12\pi$에서 $r^2 = 36$ 　∴ $r=6$
∴ (호의 길이) $= 2 \times \pi \times 6 \times \dfrac{30}{360} = \pi$(cm)

04 $\overset{\frown}{AB} : \overset{\frown}{BC} : \overset{\frown}{AC} = 3 : 5 : 7$이므로
$\angle AOB : \angle BOC : \angle AOC = 3 : 5 : 7$
∴ $\angle AOB = 360° \times \dfrac{3}{15} = 72°$

05 한 원에서 부채꼴의 중심각의 크기는 부채꼴의 넓이에 정비례하므로
$25° : \angle COD = 20\pi : 80\pi$ 　∴ $\angle COD = 100°$

06 $\angle AOB : \angle BOC = 5 : 4$이므로

$\angle AOB = 180° \times \dfrac{5}{9} = 100°$
∴ $\angle OAB = \dfrac{1}{2} \times (180° - 100°) = 40°$

07 (색칠한 부분의 넓이)
　$= 2 \times$ (부채꼴 BCD
　　　　　　　$- \triangle BOC$)
　$= 2 \times \left(\pi \times 10^2 \times \dfrac{45}{360} \right.$
　　　$\left. - \dfrac{1}{2} \times 10 \times 10 \times \dfrac{1}{2} \right)$
　$= 2 \times \left(\dfrac{25}{2}\pi - 25 \right)$
　$= 25\pi - 50$(cm^2)

08 큰 반원의 둘레의 길이는
$\dfrac{1}{2} \times 2\pi \times 4 + 8 = 4\pi + 8$
작은 반원의 둘레의 길이는
$\dfrac{1}{2} \times 2\pi \times 3 + 6 = 3\pi + 6$
따라서 색칠한 부분의 둘레의 길이는
$(4\pi + 8) + (3\pi + 6) = 7\pi + 14$

09 (색칠한 부분의 넓이)
　$= 2 \times \left(\pi \times 10^2 \times \dfrac{1}{4} - \dfrac{1}{2} \times 10 \times 10 \right)$
　$= 50(\pi - 2)$(cm^2)

10 $\overline{AD} /\!/ \overline{OC}$이므로 $\angle OAD = 40°$
$\overline{OA} = \overline{OD}$이므로 $\angle OAD = \angle ODA = 40°$
∴ $\angle AOD = 180° - 40° - 40° = 100°$
이때 호의 길이는 중심각의 크기에 정비례하므로
$40° : 100° = 5 : \overset{\frown}{AD}$
∴ $\overset{\frown}{AD} = \dfrac{25}{2}$(cm)

11 주어진 그림에서 정사각형 안의 색칠된 삼각형은 세 변의 길이가 같아서 정삼각형이므로 세 내각의 크기는 모두 $60°$이다.
따라서 두 개의 색칠하지 않은 부채꼴은 중심각의 크기가 각각 $30°$이고 반지름의 길이는 12이다.
$a = 12 \times 4 + 2 \times \left(\dfrac{30}{360} \times 2\pi \times 12 \right) = 48 + 4\pi$
$b = 12 \times 12 - 2 \times \left(\dfrac{30}{360} \times \pi \times 12^2 \right) = 144 - 24\pi$
∴ $b - a = (144 - 24\pi) - (48 + 4\pi) = 96 - 28\pi$

12 (둘레의 길이)
　$= \overset{\frown}{AB} + \overset{\frown}{AE} + \overset{\frown}{BE}$
　$= \dfrac{1}{4} \times 2\pi \times 8$
　　$+ 2 \times \left(\dfrac{1}{4} \times 2\pi \times 4 \right)$
　$= 4\pi + 4\pi = 8\pi$(cm)

(넓이)
= (부채꼴 AOB) − (부채꼴 ACE)
　　　　− (부채꼴 BDE) − (사각형 CODE)

$$=\frac{1}{4}\times\pi\times8^2-2\times\frac{1}{4}\times\pi\times4^2-4^2$$

$$=16\pi-8\pi-16=8\pi-16(\text{cm}^2)$$

소단원 테스트 [2회]　　　　**078-079쪽**

01 2　　**02** 105°　　**03** $\dfrac{15}{2}$ cm　　**04** 4

05 6 cm　**06** 21π cm², 14π cm

07 $\dfrac{25}{2}\pi$ cm²　　　　**08** 21π cm²

09 24 cm²　　　　**10** 108°

11 22π cm, 33π cm²

12 $(6\pi+10)$ cm, 15π cm²

01 ㄱ. 호의 길이는 중심각의 크기에 정비례하므로
　　$\overset{\frown}{CD}:\overset{\frown}{AB}=\angle COD:\angle AOB=3:1$
　ㄴ. 현의 길이는 중심각의 크기에 정비례하지 않는다.
　ㄷ. $\overline{CD}<3\overline{AB}$
　ㄹ. 삼각형의 넓이는 중심각의 크기에 정비례하지 않는다.
　ㅁ. 부채꼴의 넓이는 중심각의 크기에 정비례하므로 중심각의 크기가 3배일 때 부채꼴의 넓이도 3배이다.

02 $(\angle x+35°):(\angle x-35°)=16:8=2:1$
　$2\angle x-70°=\angle x+35°$　∴ $\angle x=105°$

03 $\angle OBA=\angle OAB=40°$이므로 $\angle BOA=100°$
　$\overline{AB}/\!/\overline{DO}$이므로 $\angle DOC=40°$, $\angle AOD=40°$
　이때 호의 길이는 중심각의 크기에 정비례하므로
　$\overset{\frown}{AB}:\overset{\frown}{AD}=\angle BOA:\angle AOD$
　$\overset{\frown}{AB}:3=5:2$　∴ $\overset{\frown}{AB}=\dfrac{15}{2}(\text{cm})$

04 ㄴ. $\overline{AC}<2\overline{AB}$

05 부채꼴의 반지름의 길이를 r라 하면
　$\dfrac{1}{2}\pi r=\pi r^2\times\dfrac{30°}{360°}$
　∴ $r=6(\text{cm})$

06 (넓이) $=\pi\times5^2-\pi\times2^2=21\pi(\text{cm}^2)$
　(둘레의 길이) $=2\pi\times5+2\pi\times2=14\pi(\text{cm})$

07 (색칠한 부분의 넓이) = (사분원) − (반원)
　　　　　$=\dfrac{1}{4}\times\pi\times10^2-\dfrac{1}{2}\times\pi\times5^2$
　　　　　$=25\pi-\dfrac{25}{2}\pi$
　　　　　$=\dfrac{25}{2}\pi(\text{cm}^2)$

08 $\dfrac{\angle AOB}{360°}\times\pi\times6^2=12\pi$　∴ $\angle AOB=120°$
　∴ (색칠한 부분의 넓이)
　　$=\left(\dfrac{120}{360}\times\pi\times3^2\right)+\left(\dfrac{240}{360}\times\pi\times6^2-\dfrac{240}{360}\times\pi\times3^2\right)$
　　$=3\pi+(24\pi-6\pi)=21\pi(\text{cm}^2)$

09 (색칠한 부분의 넓이)
　= (지름이 6 cm인 반원의 넓이)
　　+ (지름이 8 cm인 반원의 넓이)
　　+ $\triangle ABC$ − (지름이 10 cm인 반원의 넓이)
　$=\dfrac{1}{2}\times\pi\times3^2+\dfrac{1}{2}\times\pi\times4^2+\dfrac{1}{2}\times6\times8-\dfrac{1}{2}\times\pi\times5^2$
　$=\dfrac{9}{2}\pi+8\pi+24-\dfrac{25}{2}\pi=24(\text{cm}^2)$

10 부채꼴의 호의 길이에서 $6\pi=2\pi\times10\times\dfrac{\angle x}{360°}$
　∴ $\angle x=\dfrac{6\times360°}{20}=108°$

11 (둘레의 길이)
　= (반지름이 7 cm인 원의 둘레의 길이)
　　+ (반지름이 4 cm인 원의 둘레의 길이)
　$=14\pi+8\pi=22\pi(\text{cm})$
　(넓이) = (큰 원의 넓이) − (작은 원의 넓이)
　　　　$=49\pi-16\pi=33\pi(\text{cm}^2)$

12 (둘레의 길이) $=2\pi\times(5+2)\times\dfrac{120°}{360°}$
　　　　　　　$+2\pi\times2\times\dfrac{120°}{360°}+10$
　　　　　$=6\pi+10(\text{cm})$
　(넓이) $=\pi\times(2+5)^2\times\dfrac{120°}{360°}-\pi\times2^2\times\dfrac{120°}{360°}$
　　　　$=\dfrac{1}{3}\pi(49-4)=15\pi(\text{cm}^2)$

중단원 테스트 [1회]　　　　**080-083쪽**

01 ①　**02** ⑤　**03** ④　**04** ④　**05** ④
06 ⑤　**07** 18　**08** ⑤　**09** ⑤　**10** ⑤
11 ③　**12** 540°　**13** ④　**14** ④　**15** ③
16 ④　**17** ②　**18** ④　**19** ③　**20** ①
21 ①, ④　**22** ②　**23** ⑤　**24** ④

01 $4\angle x-10°+\angle x=180°$　∴ $\angle x=38°$

02 다각형은 선분으로 둘러싸인 평면도형이다.

03 $\angle BOC=\angle AOD=180°-35°-55°=90°$
　∴ $\angle x=180°-90°-30°=60°$

04 ④ 현의 길이는 중심각의 크기에 정비례하지 않는다.

05 ④ 팔각형의 외각의 크기의 합은 360°이다.

06 부채꼴의 넓이와 호의 길이는 중심각의 크기에 정비례하므로 $\overset{\frown}{AB}:\overset{\frown}{CD}=4:3$이다.

07 정n각형이라고 하면 한 외각의 크기는

$180°\times\dfrac{1}{9}=20°$, $\dfrac{360°}{n}=20°$ $\therefore n=18$

따라서 정십팔각형의 내부에 있는 한 점에서 각 꼭짓점에 선을 그었을 때 생기는 삼각형은 18개이다.

08 $\angle OAB=\angle OBA=60°$이므로 $\angle AOB=60°$

$\therefore \angle BOC=60°$

이때 크기가 같은 중심각에 대한 호의 길이는 같으므로

$\overset{\frown}{AB}=10$ cm

09 $\overline{AC}$, $\overline{BD}$의 교점을 E라 하면 $\overline{BC}=\overline{CE}=\overline{BE}$

즉, △BCE는 정삼각형이므로 $\angle ECB=60°$

$\therefore$ (둘레의 길이)$=\overset{\frown}{AC}+\overline{BE}+\overline{AB}+\overline{CE}$

$\qquad\qquad=\dfrac{1}{4}\times2\pi\times6+\dfrac{60}{360}\times2\pi\times6+6+6$

$\qquad\qquad=5\pi+12(\text{cm})$

(넓이)$=\dfrac{1}{4}\times\pi\times6^2-\dfrac{60}{360}\times\pi\times6^2$

$\qquad\quad=9\pi-6\pi=3\pi(\text{cm}^2)$

10 $180°\times(n-2)=1800°$ $\therefore n=12$

따라서 정십이각형의 한 내각의 크기는

$\dfrac{1800°}{12}=150°$

11 색칠한 부분의 둘레의 길이는 반지름의 길이가 4 cm인 반원의 호의 길이와 반지름의 길이가 2 cm인 두 반원의 호의 길이를 합한 것과 같으므로

(둘레의 길이)$=2\pi\times4\times\dfrac{1}{2}+2\pi\times2\times\dfrac{1}{2}\times2$

$\qquad\qquad=8\pi(\text{cm})$

12 $\angle a+\angle b+\angle c+\angle d+\angle e+\angle f+\angle g$

$=$(7개의 삼각형의 내각의 크기의 합)

$\quad-$(칠각형의 외각의 크기의 합)$\times2$

$=180°\times7-360°\times2$

$=540°$

13 모든 정다각형의 외각의 크기의 합은 360°이다.

15 $\angle ABC=180°-82°-38°=60°$ $\therefore \angle ABD=30°$

$\therefore \angle x=82°+30°=112°$

16 ④ 정오각형의 대각선의 개수는 5이다.

17 $\dfrac{180°\times(n-2)}{n}=120°$ $\therefore n=6$

18 한 외각의 크기는 $\dfrac{360°}{16}=22.5°$ $\therefore \angle b=22.5°$

한 내각의 크기는 $180°-22.5°=157.5°$

$\therefore \angle a=157.5°$

$\therefore \angle a-\angle b=135°$

19 $\angle a+\angle b+\angle c+30°+45°=180°$

$\therefore \angle a+\angle b+\angle c=105°$

20 길이가 가장 긴 현은 지름이다.

즉, 지름의 길이가 8 cm이므로

$\overset{\frown}{AB}=2\pi\times4\times\dfrac{135°}{360°}=3\pi(\text{cm})$

21 ① 현의 길이는 중심각의 크기에 정비례하지 않는다.

④ 삼각형의 넓이는 중심각의 크기에 정비례하지 않는다.

22 십일각형의 한 꼭짓점에서 그을 수 있는 대각선의 개수는 $a=8$

이때 생기는 삼각형의 개수는 $b=9$

$\therefore a+b=17$

23 한 꼭짓점에서 그을 수 있는 대각선을 모두 그으면 12개의 삼각형으로 이루어지는 다각형은 십사각형이므로, 대각선의 개수는

$\dfrac{14\times(14-3)}{2}=77$

24 (넓이)$=8\times\left(\pi\times4^2\times\dfrac{1}{4}-\dfrac{1}{2}\times4^2\right)$

$\qquad\quad=8\times(4\pi-8)=32\pi-64$

중단원 테스트 [2회]　　　　084-087쪽

01 ②	02 ④	03 ②	04 ⑤	05 ②
06 ⑤	07 ③	08 ①	09 ②	10 ②
11 250°	12 ②	13 30°	14 50°	15 ③
16 ②	17 ②, ⑤	18 47.5°	19 ②	
20 $(64-16\pi)$ cm²	21 ⑤		22 ⑤	23 ②
24 2				

01 다각형의 내부의 임의의 한 점에서 각 꼭짓점을 연결할 때 8개의 삼각형이 생기는 다각형은 팔각형이다.

따라서 팔각형의 한 꼭짓점에서 그을 수 있는 대각선의 개수는 $8-3=5$

02 $\dfrac{360°}{36°}=10$이므로 정십각형이다.

따라서 정십각형의 내각의 크기의 합은

$180°\times(10-2)=1440°$

03 $\angle AOC=180°-30°-30°=120°$

△OCA의 한 외각이므로 $\angle BOC=60°$

$\overset{\frown}{AC}:3=120°:60°$ $\therefore \overset{\frown}{AC}=6$ cm

04 부채꼴의 중심각의 크기를 $\angle x$라 하면

$2\pi\times20\times\dfrac{\angle x}{360°}=10\pi$ $\therefore \angle x=90°$

$\therefore$ (넓이)$=\pi\times20^2\times\dfrac{1}{4}-\pi\times12^2\times\dfrac{1}{4}=64\pi(\text{cm}^2)$

05 중심각의 크기에 정비례하는 것은 호의 길이와 부채꼴의 넓이이다.

06 ⑤ 현의 길이는 중심각의 크기에 정비례하지 않는다.

07 $\dfrac{360°}{24°}=15$이므로 구하는 다각형은 정십오각형이다.

따라서 정십오각형의 내각의 크기의 합은
$180°×(15-2)=2340°$

08 정팔각형의 한 내각의 크기는
$$\dfrac{180°×(8-2)}{8}=135°$$
즉, $∠BCD=135°$이므로 $∠CDB=22.5°$
∴ $∠x=∠DBE=∠CDB=22.5°$

09 ② 현의 길이는 중심각의 크기에 정비례하지 않는다.

10 $∠DCB=∠x$라 하면
$∠DOC=∠x$, $∠EDO=2∠x$,
$∠DEO=2∠x$, $∠EOA=3∠x$이므로
$\overset{\frown}{BD}:\overset{\frown}{AE}=∠x:3∠x=1:3$

11 육각형의 내각의 크기의 합은
$180°×(6-2)=720°$이므로
$∠x+105°+125°+∠y+110°+130°=720°$
$∠x+∠y+470°=720°$
∴ $∠x+∠y=250°$

12 오른쪽 그림에서
$∠c+∠d=∠e+∠f$
사각형의 내각의 크기의 합은
$360°$이므로
$∠a+∠b+∠c+∠d$
$=∠a+∠b+∠e+∠f$
$=360°-(75°+55°)$
$=230°$

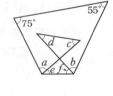

13 오른쪽 그림과 같이 선분
BC를 그으면 △DBC에서
$∠DBC+∠DCB$
$=180°-120°$
$=60°$
∴ $∠x=180°-(70°+20°+60°)=30°$

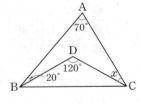

14 $∠BOC=∠x$라 하면
$\overline{AB}/\!/\overline{OC}$이므로
$∠ABO=∠BOC$
$\qquad=∠x$ (엇각)
△OAB에서 $\overline{OA}=\overline{OB}$이므로
$∠OAB=∠OBA=∠x$
∴ $∠AOB=180°-(∠x+∠x)=180°-2∠x$
$\overset{\frown}{AB}:\overset{\frown}{BC}=∠AOB:∠BOC$이므로

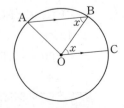

$8:5=(180°-2∠x):∠x$, $18∠x=900°$
∴ $∠x=50°$

15 ㄱ, ㄹ. $∠COD=2∠AOB$이므로 $\overset{\frown}{CD}=2\overset{\frown}{AB}$
(부채꼴 OCD의 넓이)$=2×$(부채꼴 OAB의 넓이)
ㄴ, ㄷ. 현의 길이와 삼각형의 넓이는 중심각의 크기에 정비례하지 않는다.
따라서 옳은 것은 ㄱ, ㄹ이다.

16 다각형의 외각의 크기의 합은
$360°$이므로 오른쪽 그림에서
$∠x+70°+80°+40°+∠y+90°$
$=360°$
$∠x+∠y+280°=360°$
∴ $∠x+∠y=80°$

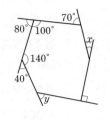

17 다각형은 세 개 이상의 선분으로 둘러싸인 평면도형이므로 다각형인 것은 ②, ⑤이다.

18 주어진 조건에서 $∠A=∠B-10°$, $∠C=2∠B$
삼각형의 세 내각의 크기의 합은 $180°$이므로
$\begin{aligned}∠A+∠B+∠C&=(∠B-10°)+∠B+2∠B\\&=4∠B-10°=180°\end{aligned}$
$4∠B=190°$ ∴ $∠B=47.5°$

19 정육각형의 한 내각의 크기는
$$\dfrac{180°×(6-2)}{6}=120°$$
△ABC, △ABF는 이등변삼각형이므로
$∠BAC=\dfrac{180°-120°}{2}=30°$
$∠ABF=\dfrac{180°-120°}{2}=30°$
∴ $∠x=∠AGB$ (맞꼭지각)
$\quad=180°-(30°+30°)$
$\quad=120°$

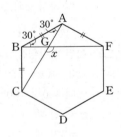

20

∴ (넓이)$=8^2-\left(π×4^2×\dfrac{90}{360}\right)×4$
$\qquad=64-16π\,(cm^2)$

21 부채꼴과 활꼴이 같아지는 경우는 반원일 때이므로 중심각의 크기는 $180°$이다.

22 ① 오른쪽 그림과 같은 정육각형에서 ㉠, ㉡의 길이는 다르다.
② 십각형의 대각선의 개수는
$\dfrac{10×(10-3)}{2}=35$
③ 육각형의 변의 길이가 모두 같고, 내각의 크기가 모

두 같아야 정육각형이다.

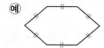

→ 정육각형이 아니다.

④ 이십각형의 한 꼭짓점에서 그을 수 있는 대각선의 개수는 $20-3=17$

⑤ 한 꼭짓점에서 대각선을 그었을 때 생기는 삼각형의 개수가 9인 다각형을 n각형이라고 하면
$n-2=9$ ∴ $n=11$

23 ① 정오각형의 내각의 크기의 합은
$180° \times (5-2)=540°$

② 정오각형의 한 내각의 크기는 $\dfrac{540°}{5}=108°$

△DCE는 이등변삼각형이므로
$\angle DCE=\angle DEC=\dfrac{180°-108°}{2}=36°$

③ $\angle AFC=\angle EFD=180°-(36°+36°)=108°$

④ $\angle BEC=108°-(36°+36°)=36°$
$\angle BEC=\angle DCE$ (엇각)이므로 $\overline{BE} \parallel \overline{CD}$

⑤ △ABG에서
$\angle ABG=36°$, $\angle BAG=108°-36°=72°$
$\angle BGA=180°-(36°+72°)=72°$
따라서 $\angle BAG=\angle BGA$이므로 △ABG는 이등변삼각형이다.

24 어떤 다각형을 n각형이라고 하면 내각의 크기의 합은
$180° \times (n-2)$
이때 $400° < 180° \times (n-2) < 700°$이므로
$n=4$일 때, $180° \times 2 = 360°$
$n=5$일 때, $180° \times 3 = 540°$
$n=6$일 때, $180° \times 4 = 720°$
∴ $n=5$
따라서 오각형의 한 꼭짓점에서 그을 수 있는 대각선의 개수는 $5-3=2$

중단원 테스트 [서술형]　　　　　　　088-089쪽

01 55　　**02** 65°　　**03** 36°　　**04** 120°

05 5π cm　**06** $(5\pi+10)$ cm, $\dfrac{25}{2}\pi$ cm²

07 36π cm²　**08** 6π

01 구하는 다각형을 n각형이라 하면
$180° \times (n-2)=1620°$, $n-2=9$
∴ $n=11$
따라서 구하는 다각형은 십일각형이다.　　…… ❶
십일각형의 꼭짓점의 개수는 11이므로
$a=11$　　　　　　　　　　　　　　　…… ❷

십일각형의 대각선의 개수는
$\dfrac{11 \times (11-3)}{2}=44$이므로 $b=44$　…… ❸

∴ $a+b=11+44=55$　　　　　　　　…… ❹

채점 기준	배점
❶ 다각형 구하기	30 %
❷ a의 값 구하기	30 %
❸ b의 값 구하기	30 %
❹ $a+b$의 값 구하기	10 %

02 삼각형의 외각의 크기의 합은 360°이므로
$(180°-50°)+\angle DBC+\angle ECB=360°$
$\angle DBC+\angle ECB=230°$

∴ $\angle PBC+\angle PCB=\dfrac{1}{2} \times 230°=115°$　…… ❶

∴ $\angle x=180°-(\angle PBC+\angle PCB)$
　　$=180°-115°=65°$　　　　　　　…… ❷

채점 기준	배점
❶ $\angle PBC+\angle PCB$의 크기 구하기	60 %
❷ $\angle x$의 크기 구하기	40 %

03 정오각형의 한 내각의 크기는
$\dfrac{180° \times (5-2)}{5}=108°$

△AED는 $\overline{AE}=\overline{ED}$인 이등변삼각형이므로

$\angle EAD=\angle EDA=\dfrac{1}{2} \times (180°-108°)=36°$

같은 방법으로 △ABC에서 $\angle BAC=36°$

∴ $\angle x=\angle EDC-\angle EDA$
　　$=108°-36°=72°$　　　　　　　…… ❶

$\angle y=\angle BAE-\angle EAD-\angle BAC$
　　$=108°-36°-36°=36°$　　　　　…… ❷

∴ $\angle x - \angle y=72°-36°=36°$　　…… ❸

채점 기준	배점
❶ $\angle x$의 크기 구하기	40 %
❷ $\angle y$의 크기 구하기	40 %
❸ $\angle x - \angle y$의 크기 구하기	20 %

04 $\angle ADC$의 외각의 크기가 75°이므로
$\angle ADC=180°-75°=105°$　　　　…… ❶
$135°+105°+2(\angle EBC+\angle ECB)=360°$
∴ $\angle EBC+\angle ECB=60°$　　　　…… ❷
△EBC에서
$\angle x=180°-(\angle EBC+\angle ECB)$
　　$=180°-60°=120°$　　　　　　　…… ❸

채점 기준	배점
❶ $\angle ADC$의 크기 구하기	30 %
❷ $\angle EBC+\angle ECB$의 크기 구하기	40 %
❸ $\angle x$의 크기 구하기	30 %

05 △AOB에서 ∠OAB=∠OBA=65°

∴ ∠AOB=180°−(65°+65°)=50° ⋯⋯ ❶

$\overline{AB}=\overline{BC}$이므로 ∠BOC=∠AOB=50°

∴ ∠AOC=50°+50°=100° ⋯⋯ ❷

∴ $\widehat{AC}=2\pi\times 9\times\dfrac{100°}{360°}=5\pi(\text{cm})$ ⋯⋯ ❸

채점 기준	배점
❶ ∠AOB의 크기 구하기	30 %
❷ ∠AOC의 크기 구하기	30 %
❸ $\widehat{AC}$의 길이 구하기	40 %

06 (색칠한 부분의 둘레의 길이)

$=2\pi\times 5\times\dfrac{60°}{360°}+2\pi\times 10\times\dfrac{60°}{360°}+5\times 2$

$=\dfrac{5}{3}\pi+\dfrac{10}{3}\pi+10=5\pi+10(\text{cm})$ ⋯⋯ ❶

(색칠한 부분의 넓이)

$=\pi\times 10^2\times\dfrac{60°}{360°}-\pi\times 5^2\times\dfrac{60°}{360°}$

$=\dfrac{50}{3}\pi-\dfrac{25}{6}\pi=\dfrac{25}{2}\pi(\text{cm}^2)$ ⋯⋯ ❷

채점 기준	배점
❶ 색칠한 부분의 둘레의 길이 구하기	50 %
❷ 색칠한 부분의 넓이 구하기	50 %

07 $\overline{AD}/\!/\overline{OC}$이므로

∠OAD=∠BOC=36° (동위각)

△AOD에서 $\overline{OA}=\overline{OD}$이므로

∠ODA=∠OAD=36°

∴ ∠AOD=180°−2×36°=108° ⋯⋯ ❶

(부채꼴 AOD의 넓이):12π=∠AOD:∠BOC

=108°:36°=3:1

∴ (부채꼴 AOD의 넓이)=36π(cm²) ⋯⋯ ❷

채점 기준	배점
❶ ∠AOD의 크기 구하기	50 %
❷ 부채꼴 AOD의 넓이 구하기	50 %

08 큰 원의 반지름의 길이는 6 cm이고

작은 원의 반지름의 길이는 3 cm이다.

따라서 색칠한 부분의 넓이가 a cm²이므로

$a=\pi\times 6^2-2\times(\pi\times 3^2)=18\pi$ ⋯⋯ ❶

또, 색칠한 부분의 둘레의 길이가 b cm이므로

$b=2\pi\times 6+2\times(2\pi\times 3)=24\pi$ ⋯⋯ ❷

∴ $b-a=24\pi-18\pi=6\pi$ ⋯⋯ ❸

채점 기준	배점
❶ a의 값 구하기	40 %
❷ b의 값 구하기	40 %
❸ $b-a$의 값 구하기	20 %

2. 입체도형의 성질

01. 다면체와 회전체

소단원 집중 연습 090-091쪽

01 (1) 6, 육면체 (2) 5, 오면체

02 해설 참조

03 (1) ㄱ, ㄷ, ㅁ (2) ㄱ, ㄴ, ㄹ

04 (1) ○ (2) × (3) ○ (4) ○

05 해설 참조

06 해설 참조

07 (1) 원, 직사각형 (2) 원, 이등변삼각형
  (3) 원, 원 (4) 원, 사다리꼴

02

	오각기둥	오각뿔	오각뿔대
옆면의 모양	직사각형	삼각형	사다리꼴
꼭짓점의 개수	10	6	10
모서리의 개수	15	10	15
면의 개수	7	6	7

05 (1) 원뿔대   (2) 구

06 (1) 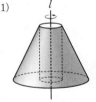 (2)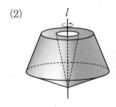

소단원 테스트 [1회] 092-093쪽

01 ⑤	**02** ③	**03** ④	**04** ⑤	**05** ⑤
06 ③	**07** ②	**08** ③	**09** ②	**10** ②
11 ④	**12** ⑤			

01 ⑤ 면의 모양은 정삼각형, 정사각형, 정오각형 중 하나이다.

02 ③ 사면체 ➡ 삼각형

03 ① 원뿔의 전개도 ⑤ 원기둥의 전개도

04 각 면이 합동인 정삼각형이고 한 꼭짓점에 모이는 면의 개수가 5인 입체도형은 정이십면체이다.

05 ⑤ 회전체가 아니다.

06

	팔각뿔대	팔각기둥	십각뿔	정팔면체
면의 개수	10	10	11	8
꼭짓점의 개수	16	16	11	6

07 면의 개수가 가장 적은 정다면체는 정사면체이고, 꼭짓점의 개수는 4이므로 $a=4$
면의 개수가 가장 많은 정다면체는 정이십면체이고, 꼭짓점의 개수는 12이므로 $b=12$
$\therefore a+b=4+12=16$

08 ③ 회전축에 수직인 평면으로 자른 단면은 크기가 다른 원이다.
④ (단면의 넓이)$=\dfrac{1}{2}\times(10+6)\times6=48(\mathrm{cm}^2)$

10 ㉠으로 자르면 그 단면이 삼각형, ㉡으로 자르면 원이 된다.

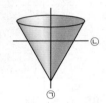

11 부채꼴의 넓이에서
$\pi\times15^2\times\dfrac{\angle x}{360°}=\dfrac{1}{2}\times15\times10\pi$
$\therefore \angle x=120°$

12 ⑤ 각뿔대의 두 밑면은 합동이 아니다.

소단원 테스트 [2회]　　　094-095쪽

01 정팔면체	**02** 30	**03** 1
04 ㄱ, ㄷ, ㅇ	**05** 2	**06** ㄴ, ㄷ, ㅁ
07 ㄴ, ㄷ, ㄹ, ㅂ, ㅇ	**08** ㄱ, ㄴ, ㄷ, ㄹ	
09 정삼각형	**10** 25	**11** 126 cm² **12** ㄹ

01 각 면이 모두 합동인 다면체는 정다면체이고, 한 꼭짓점에 모이는 면의 개수가 4인 정다면체는 정팔면체이다.

02 주어진 전개도로 만들어지는 입체도형은 정십이면체이므로 모서리의 개수는 30이다.

03 ㄱ. 정팔면체의 꼭짓점의 개수는 6이다.

04 옆면이 모두 사각형인 입체도형은 각기둥과 각뿔대이다.

05 (부채꼴의 호의 길이)$=$(밑면의 둘레의 길이)이므로
$2\times\pi\times6\times\dfrac{120°}{360°}=2\times\pi\times r$
$\therefore r=2$

06 ㄱ. 구의 회전축은 무수히 많다.
ㄹ. 구를 회전축에 수직인 평면으로 자를 때 생기는 단면은 항상 원이지만 합동은 아니다.

07

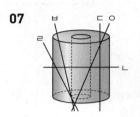

08

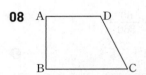

ㄱ. $\overline{AB}$를 축으로 하여 1회전 시켜서 얻는 입체도형은 원뿔대이고, 이 도형을 회전축에 수직인 평면으로 잘랐을 때의 단면이다.
ㄴ. $\overline{AD}$를 축으로 하여 1회전 시켜서 얻는 입체도형을 $\overline{AD}$의 위쪽 부분을 회전축에 수직인 평면으로 잘랐을 때의 단면이다.
ㄷ. $\overline{AD}$를 축으로 하여 1회전 시켜서 얻는 입체도형을 회전축을 포함하는 평면으로 잘랐을 때의 단면이다.
ㄹ. $\overline{BC}$를 축으로 하여 1회전 시켜서 얻는 입체도형을 회전축을 포함하는 평면으로 잘랐을 때의 단면이다.

09 $\overline{AF}=\overline{FC}=\overline{AC}$이므로 단면은 정삼각형이다.

10 n각뿔의 모서리의 개수는 $2n$, 꼭짓점의 개수는 $n+1$이므로
$2n-(n+1)=23$에서 $n=24$
따라서 이십사각뿔의 면의 개수는
$24+1=25$

11 회전축을 포함하는 평면으로 자른 단면은 오른쪽 그림과 같다.
$\therefore$ (단면의 넓이)
$=\dfrac{1}{2}\times(12+16)\times9$
$=126(\mathrm{cm}^2)$

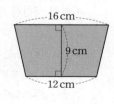

12 ㄹ. 구의 경우 회전축을 포함하는 평면으로 자르면 그 단면이 항상 원이지만, 원뿔이나, 원기둥, 원뿔대의 경우 이등변삼각형, 직사각형, 사다리꼴이 된다.

02. 입체도형의 겉넓이와 부피

소단원 집중 연습   096-097쪽

01 (1) 166 cm^2, 140 cm^3

    (2) 108 cm^2, 48 cm^3

02 (1) $88\pi \text{ cm}^2$, $112\pi \text{ cm}^3$

    (2) $150\pi \text{ cm}^2$, $250\pi \text{ cm}^3$

03 (1) 192 cm^2 (2) 360 cm^2

04 (1) 20 cm^3 (2) 64 cm^3

05 (1) $14\pi \text{ cm}^2$ (2) $75\pi \text{ cm}^2$

06 (1) $100\pi \text{ cm}^3$ (2) $32\pi \text{ cm}^3$

07 (1) $400\pi \text{ cm}^2$, $\dfrac{4000}{3}\pi \text{ cm}^3$

    (2) $16\pi \text{ cm}^2$, $\dfrac{32}{3}\pi \text{ cm}^3$

    (3) $64\pi \text{ cm}^2$, $\dfrac{256}{3}\pi \text{ cm}^3$

    (4) $100\pi \text{ cm}^2$, $\dfrac{500}{3}\pi \text{ cm}^3$

소단원 테스트 [1회]   098-099쪽

01 ②   **02** ①   **03** ③   **04** ⑤   **05** ④

06 ②   **07** ②   **08** ③   **09** ③   **10** ⑤

11 ③   **12** ②

01 (겉넓이) $= \dfrac{1}{2} \times 3 \times 4 + \dfrac{1}{2} \times 3 \times 4$
$$+ \dfrac{1}{2} \times 3 \times 5 + \dfrac{1}{2} \times 5 \times 3$$
$$= 27(\text{cm}^2)$$

02 반지름의 길이를 r라 하면
$$\pi \times r^2 \times 6 = 24\pi \quad \therefore r = 2(\text{cm})$$

03 (넓이) $= 2 \times \left(2 \times 4 + \dfrac{1}{2} \times \pi \times 2^2\right)$
$$+ \left(2 + 2 + \dfrac{1}{2} \times 2\pi \times 2\right) \times 50$$
$$= 2 \times (8 + 2\pi) + (4 + 2\pi) \times 50$$
$$= 16 + 4\pi + 200 + 100\pi$$
$$= 104\pi + 216(\text{m}^2)$$

04 (겉넓이) $= \dfrac{7}{8} \times (4\pi \times 5^2) + \dfrac{3}{4} \times (\pi \times 5^2)$
$$= \dfrac{175}{2}\pi + \dfrac{75}{4}\pi = \dfrac{425}{4}\pi(\text{cm}^2)$$

05 (부피) $= \dfrac{1}{2} \times 3 \times 4 \times 10 = 60(\text{cm}^3)$
$$(겉넓이) = 2 \times \dfrac{1}{2} \times 3 \times 4 + (3 + 4 + 5) \times 10$$
$$= 12 + 120 = 132(\text{cm}^2)$$

06 $(3 \times 4) \times 2 + (3 + 4 + 3 + 4) \times h = 108$이므로
$$14h = 84 \quad \therefore h = 6$$

07 (부피) $= \left(\dfrac{4}{3} \times \pi \times 3^3\right) \times \dfrac{1}{2} + \dfrac{1}{3} \times \pi \times 3^2 \times 3$
$$= 18\pi + 9\pi = 27\pi(\text{cm}^3)$$

08 (밑넓이) $= \dfrac{1}{2} \times 6 \times 8 = 24(\text{cm}^2)$

(옆넓이) $= 6 \times 10 + 8 \times 10 + 10 \times 10 = 240(\text{cm}^2)$

$\therefore$ (겉넓이) $= 2 \times 24 + 240 = 288(\text{cm}^2)$

09 원뿔의 겉넓이가 $48\pi \text{ cm}^2$이므로
$$\pi \times 4^2 + \dfrac{1}{2} \times x \times 2\pi \times 4 = 48\pi$$
$$4\pi x = 32\pi \quad \therefore x = 8$$

10 (겉넓이) $= \dfrac{1}{2} \times 4\pi \times 3^2 + \pi \times 3^2 = 27\pi(\text{cm}^2)$

11 (겉넓이) $= \pi \times 6^2 + \dfrac{1}{2} \times 10 \times 12\pi$
$$= 36\pi + 60\pi = 96\pi$$
$$(부피) = \dfrac{1}{3} \times (\pi \times 6^2) \times 8 = 96\pi$$

12 밑면의 둘레의 길이와 전개도에서 옆면의 가로의 길이가 같으므로, 밑면의 반지름의 길이를 r라 하면
$$2\pi r = 6\pi \quad \therefore r = 3(\text{cm})$$
$$\therefore (부피) = \pi \times 3^2 \times 8 = 72\pi(\text{cm}^3)$$

소단원 테스트 [2회]   100-101쪽

01 21 cm^2, 56 cm^3 **02** 162 cm^2 **03** 7 cm

04 140 cm^3 **05** $(24 + 7\pi) \text{ cm}^2$

06 $200\pi \text{ cm}^2$ **07** $40\pi \text{ cm}^3$

08 $24\pi \text{ cm}^2$ **09** $2 : 3$ **10** 10

11 $\dfrac{560}{3}\pi \text{ cm}^3$ **12** $1 : 27$

01 (밑넓이) $= \dfrac{1}{2} \times 6 \times 7 = 21(\text{cm}^2)$

(부피) $= \dfrac{1}{3} \times 21 \times 8 = 56(\text{cm}^3)$

02 (겉넓이) $= \dfrac{1}{2} \times (3 + 6) \times 4 \times 2 + (4 + 6 + 5 + 3) \times 7$
$$= 36 + 126 = 162(\text{cm}^2)$$

03 구슬의 부피는 $\dfrac{4}{3}\pi \times 3^3 = 36\pi(\text{cm}^3)$이고, 구슬을 넣었을 때 흘러넘친 물의 양이 $11\pi \text{ cm}^3$이므로

빈 공간의 부피는 $36\pi - 11\pi = 25\pi(\text{cm}^3)$

처음 물의 높이를 h라고 하면 빈 공간의 부피는
$$\pi \times 5^2 \times (8 - h) = 25\pi$$
$$8 - h = 1 \quad \therefore h = 7(\text{cm})$$

04 $(부피) = \frac{1}{3} \times 8 \times 6 \times 10 - \frac{1}{3} \times 4 \times 3 \times 5$

$\qquad\qquad = 160 - 20 = 140(\text{cm}^3)$

05 $(밑넓이) = \pi \times 3^2 \times \frac{60°}{360°} = \frac{3}{2}\pi(\text{cm}^2)$

$\quad (옆넓이) = (3 \times 4) \times 2 + \left(2\pi \times 3 \times \frac{60°}{360°}\right) \times 4$

$\qquad\qquad = 24 + 4\pi(\text{cm}^2)$

$\quad \therefore (겉넓이) = \frac{3}{2}\pi \times 2 + (24 + 4\pi)$

$\qquad\qquad = 24 + 7\pi(\text{cm}^2)$

06 $(겉넓이)$

$= (\pi \times 6^2 - \pi \times 4^2) \times 2 + 2\pi \times 6 \times 8 + 2\pi \times 4 \times 8$

$= 40\pi + 96\pi + 64\pi$

$= 200\pi(\text{cm}^2)$

07 $(부피) = \pi \times 4^2 \times \frac{150°}{360°} \times 6 = 40\pi(\text{cm}^3)$

08 $(겉넓이) = \pi \times 3^2 + \frac{1}{2} \times 5 \times (2\pi \times 3)$

$\qquad\qquad = 9\pi + 15\pi = 24\pi(\text{cm}^2)$

09 구의 반지름의 길이를 r라 하면

$\quad (구의 겉넓이) = 4\pi r^2$

$\quad (원기둥의 겉넓이) = 2\pi r^2 + 2\pi r \times 2r = 6\pi r^2$

$\quad \therefore (구의 겉넓이) : (원기둥의 겉넓이)$

$\qquad\qquad = 4\pi r^2 : 6\pi r^2 = 2 : 3$

10 $(밑넓이) = \frac{1}{2} \times 4 \times 3 = 6(\text{cm}^2)$이므로

$\quad (부피) = 6 \times x = 60 \qquad \therefore x = 10$

11 $(부피) = \frac{1}{3} \times 64\pi \times 10 - \frac{1}{3} \times 16\pi \times 5$

$\qquad\qquad = \frac{560}{3}\pi(\text{cm}^3)$

12 두 구의 부피의 비는

$\quad \left(\frac{4}{3}\pi \times 2^3\right) : \left(\frac{4}{3}\pi \times 6^3\right) = 8 : 216 = 1 : 27$

중단원 테스트 [1회]				102-105쪽
01 ④	**02** ④	**03** ⑤	**04** ①	**05** ③
06 ①	**07** ③	**08** ④	**09** ⑤	**10** ⑤
11 ②	**12** 40π cm^2		**13** ③	**14** ④
15 ⑤	**16** ④	**17** ①	**18** ④	**19** ③
20 ③	**21** ⑤	**22** ④	**23** ⑤	**24** ①

01 정다면체 중 각 면이 정오각형인 것은 정십이면체뿐이다.

02 ④ 육각기둥은 팔면체이다.

03 각기둥, 원뿔대, 각뿔대는 두 밑면이 평행하다.
정팔면체는 마주보는 면이 모두 평행하다.

04 각뿔의 옆면은 삼각형
각기둥의 옆면은 사각형
각뿔대의 옆면은 사각형

05 ③ n각뿔의 면의 개수는 $n+1$이다.

06 정사면체의 꼭짓점은 4개, 면도 4개이다.

09 ⑤ 정이십면체의 한 꼭짓점에 모인 면의 개수는 5이다.

10 ⑤ 두 밑면은 합동인 오각형이다.

11 구의 지름이 $4 \times 2 = 8(\text{cm})$이므로

$\quad (부피) = 2 \times \left\{\frac{1}{3} \times \left(\frac{1}{2} \times 8 \times 8\right) \times 4\right\} = \frac{256}{3}(\text{cm}^3)$

12 1회전 시킨 회전체는 오른쪽
그림과 같다.

$\therefore (겉넓이)$

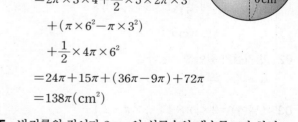

$= \frac{1}{2} \times 4\pi \times 2^2$

$\quad + (\pi \times 3^2 - \pi \times 2^2) + 2\pi \times 3 \times 3 + \pi \times 3^2$

$= 8\pi + 9\pi - 4\pi + 18\pi + 9\pi$

$= 40\pi(\text{cm}^2)$

13 $(겉넓이) = 10 \times 10 + \frac{1}{2} \times 10 \times 12 \times 4$

$\qquad\qquad = 100 + 240 = 340(\text{cm}^2)$

14 1회전 시킨 회전체는 오른쪽 그림과 같다.

$\therefore (겉넓이)$

$= 2\pi \times 3 \times 4 + \frac{1}{2} \times 5 \times 2\pi \times 3$

$\quad + (\pi \times 6^2 - \pi \times 3^2)$

$\quad + \frac{1}{2} \times 4\pi \times 6^2$

$= 24\pi + 15\pi + (36\pi - 9\pi) + 72\pi$

$= 138\pi(\text{cm}^2)$

15 반지름의 길이가 2 cm인 쇠구슬의 개수를 x라 하면

$\quad \frac{4}{3}\pi \times 6^3 = \frac{4}{3}\pi \times 2^3 \times x \qquad \therefore x = 27$

16 단면은 가로의 길이가 4 cm, 세로의 길이가 3 cm인
직사각형이므로 넓이는 12 cm^{2}이다.

17 $(겉넓이) = 2 \times \left(\frac{1}{2} \times 6 \times 8\right) + (6 + 8 + 10) \times 8$

$\qquad\qquad = 48 + 192 = 240(\text{cm}^2)$

18 ④ 각뿔을 밑면과 평행하게 잘라야만 각뿔대를 얻는다.

19 $(겉넓이) = 2 \times \left(\frac{270°}{360°} \times \pi \times 6^2\right)$

$\qquad\qquad + \left(\frac{270°}{360°} \times 2\pi \times 6 + 6 + 6\right) \times 8$

$$=54\pi+(9\pi+12)\times8$$
$$=96+126\pi\,(\text{cm}^2)$$

20 (부피)$=\pi\times3^2\times5-\dfrac{1}{3}\times\pi\times3^2\times5=30\pi\,(\text{cm}^3)$

21 (부피)$=\dfrac{1}{3}\times\pi\times4^2\times10-\dfrac{1}{3}\times\pi\times2^2\times5$
$$=\dfrac{140}{3}\pi\,(\text{cm}^3)$$

22 ④ 정십이면체의 모든 면은 정오각형이다.

23 (부피)$=15\times\left(\dfrac{1}{2}\times16\times12+\dfrac{1}{2}\times16\times6\right)$
$$=2160\,(\text{cm}^3)$$

24 ① 원뿔을 밑면에 수직인 평면으로 자르면 그 면은 직사각형이 아니다.

---

01 ④	02 ⑤	03 ⑤	04 ①	05 ⑤
06 ④	07 ②	08 ⑤	09 30	10 ②
11 ②	12 ②	13 ①	14 4 : 5 : 8	
15 10 cm	16 ③	17 ④	18 ③	19 ⑤
20 ③	21 ③, ⑤	22 ⑤	23 ④	24 ⑤

01 (넓이)$=8\times8-\dfrac{1}{2}\times4\times8=48\,(\text{cm}^2)$

02 ① 삼각뿔의 옆면은 삼각형
② 삼각기둥의 옆면은 직사각형
③ 사각뿔대의 옆면은 사다리꼴
④ 정육면체의 옆면은 정사각형

03 각 다면체의 꼭짓점의 개수는
① 8 ② 8 ③ 8 ④ 8 ⑤ 7

04 ㄷ. 면이 정삼각형인 정다면체는 정사면체, 정팔면체, 정이십면체이다.
ㄹ. 정다면체는 면의 개수에 따라 이름이 결정된다.
따라서 옳은 것은 ㄱ, ㄴ이다.

05 ⑤ 두 밑면이 합동이면서 서로 평행한 것은 각기둥이다.

06 각 다면체의 모서리의 개수는
① 9 ② 8 ③ 15 ④ 18 ⑤ 14

07 ② 오른쪽 그림의 색칠한 두 면이 겹치므로 정육면체를 만들 수 없다.

08 ① 원뿔의 전개도에서 옆면은 부채꼴이다.
② 원뿔대는 사다리꼴을 회전하여 얻어진 회전체이다.
③ 원기둥을 회전축을 포함하는 평면으로 자르면 그 단면은 직사각형이다.
④ 원뿔을 회전축에 수직인 평면으로 자른 단면은 모두 원이지만 크기가 다르므로 합동이 아니다.

09 정이십면체의 면은 20개이므로 구하는 입체도형은 꼭짓점이 20개인 정십이면체이다.
따라서 정십이면체의 모서리의 개수는 30이다.

10 구는 어떤 평면으로 잘라도 그 단면이 항상 원이다.

11 꼭짓점의 개수와 면의 개수가 항상 같은 것은 각뿔이다.

12 (겉넓이)$=\dfrac{1}{2}\times(4\pi\times4^2)+\dfrac{1}{2}\times(4\pi\times6^2)$
$$+(\pi\times6^2-\pi\times4^2)$$
$$=124\pi\,(\text{cm}^2)$$

13 (겉넓이)$=(4\times3)\times2+(4+3+4+3)\times h$
$$=24+14h=80$$
에서 $14h=56$ ∴ $h=4$

14 세 물통의 밑넓이가 모두 같으므로 물의 부피의 비는 물의 높이의 비와 같다.
∴ $a : b : c=32 : 40 : 64=4 : 5 : 8$

15 원뿔의 모선의 길이를 l이라 하면
(겉넓이)$=\pi\times3^2+\pi\times3\times l$
$$=9\pi+3\pi\times l=39\pi$$
에서 $3\pi\times l=30\pi$ ∴ $l=10\,(\text{cm})$

16 만들어지는 회전체는 원뿔이므로
(부피)$=\dfrac{1}{3}\times(\pi\times4^2)\times x=64\pi$
에서 $\dfrac{16}{3}\pi x=64\pi$ ∴ $x=12$

17 색칠한 밑면의 둘레의 길이는 $\overparen{AB}$의 길이와 같다.

18 원뿔의 모선의 길이를 l이라고 하면 원뿔의 밑면의 둘레의 길이의 5배는 반지름의 길이가 l인 원의 둘레의 길이와 같으므로
$2\pi\times4\times5=2\pi l$에서 $l=20\,(\text{cm})$
따라서 원뿔의 옆넓이는 $\dfrac{1}{2}\times20\times8\pi=80\pi\,(\text{cm}^2)$

19 ⑤ 평면도형이 회전축에서 떨어져 있으므로 오른쪽 그림과 같이 가운데가 빈 회전체가 만들어진다.
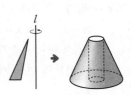

20 남아 있는 물의 부피는 오른쪽 그림과 같은 삼각뿔의 부피이므로
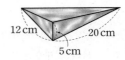
(부피)$=\dfrac{1}{3}\times\left(\dfrac{1}{2}\times12\times20\right)\times5$
$$=200\,(\text{cm}^3)$$

21 ③ 정팔면체 – 4　　⑤ 정이십면체 – 5

22 ⑤ 밑면에 수직인 평면으로 자르면 그 단면의 모양은 직사각형이다.

23 직육면체의 높이를 x라 하면

$972=2(18\times12+12x+18x)$에서

$x=9$(cm)

$\therefore$ (부피)$=18\times12\times9-214$

　　　　　$=1730$(cm^3)

24 주어진 전개도를 접으면 오른쪽 그림과 같은 정육면체가 된다.

　　⑤ 모서리 JI와 겹치는 모서리는 모서리 LM이다.

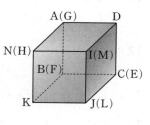

---

01 6　　　　**02** 30　　　　**03** 해설 참조

04 85π cm^2　**05** 224 cm^3　**06** 8 cm　　**07** 216개

08 216π cm^2

---

01 a가 적힌 면과 마주 보는 면에 적힌 수가 3이므로

$a=7$　　　　　　　　　　　　　　❶

b가 적힌 면과 마주 보는 면에 적힌 수가 5이므로

$b=5$　　　　　　　　　　　　　　❷

c가 적힌 면과 마주 보는 면에 적힌 수가 4이므로

$c=6$　　　　　　　　　　　　　　❸

$\therefore a+b-c=7+5-6=6$　　　　❹

채점 기준	배점
❶ a의 값 구하기	30 %
❷ b의 값 구하기	30 %
❸ c의 값 구하기	30 %
❹ $a+b-c$의 값 구하기	10 %

02 n각기둥의 꼭짓점의 개수는 $2n$이므로

$2n=14$　$\therefore n=7$

따라서 주어진 각기둥은 칠각기둥이다.

n각기둥의 면의 개수는 $n+2$이므로 칠각기둥의 면의 개수는

$a=7+2=9$　　　　　　　　　　　❶

n각기둥의 모서리의 개수는 $3n$이므로 칠각기둥의 모서리의 개수는

$b=7\times3=21$　　　　　　　　　　❷

$\therefore a+b=30$　　　　　　　　　❸

채점 기준	배점
❶ a의 값 구하기	50 %
❷ b의 값 구하기	30 %
❸ $a+b$의 값 구하기	20 %

03 정다면체는 각 면이 모두 합동인 정다각형 모양이고 각 꼭짓점에 모인 면의 개수가 같아야 한다.　　❶

주어진 입체도형은 한 꼭짓점에 모인 면의 개수가 3 또는 4로 같지 않으므로 정다면체가 아니다.　　❷

채점 기준	배점
❶ 정다면체가 되기 위한 조건 설명하기	50 %
❷ 주어진 입체도형이 정다면체가 아닌 이유 설명하기	50 %

04 밑면인 원의 반지름의 길이를 r cm라고 하면 부채꼴의 호의 길이와 원의 둘레의 길이가 같으므로

$2\pi\times12\times\dfrac{150°}{360°}=2\pi r,\ 10\pi=2\pi r$

$\therefore r=5$

따라서 밑면인 원의 반지름의 길이는 5 cm이다.

　　　　　　　　　　　　　　　　❶

(밑넓이)$=\pi\times5^2=25\pi$(cm^2)　　❷

(옆넓이)$=\dfrac{1}{2}\times12\times(2\pi\times5)$

　　　　$=60\pi$(cm^2)　　　　　❸

$\therefore$ (겉넓이)$=$(밑넓이)$+$(옆넓이)

　　　　　$=25\pi+60\pi$

　　　　　$=85\pi$(cm^2)　　　　❹

채점 기준	배점
❶ 밑면인 원의 반지름의 길이 구하기	40 %
❷ 밑넓이 구하기	20 %
❸ 옆넓이 구하기	20 %
❹ 겉넓이 구하기	20 %

05 큰 정사각뿔의 밑면은 한 변의 길이가 8 cm인 정사각형이고 높이는 12 cm이므로 부피는

$\dfrac{1}{3}\times8\times8\times12=256$(cm^3)　　❶

작은 정사각뿔의 밑면은 한 변의 길이가 4 cm인 정사각형이고 높이는 6 cm이므로 부피는

$\dfrac{1}{3}\times4\times4\times6=32$(cm^3)　　❷

따라서 주어진 입체도형의 부피는 큰 정사각뿔의 부피에서 작은 정사각뿔의 부피를 빼면 되므로

$256-32=224$(cm^3)　　　　　　❸

채점 기준	배점
❶ 큰 정사각뿔의 부피 구하기	40 %
❷ 작은 정사각뿔의 부피 구하기	40 %
❸ 입체도형의 부피 구하기	20 %

06 $(원기둥의 부피)=(\pi\times 4^2)\times 6=96\pi(cm^3)$ ····· **❶**

원뿔의 높이를 h cm라 하면

$\dfrac{1}{3}\times(\pi\times 6^2)\times h=96\pi,\ 12\pi h=96\pi$

$\therefore h=8$

따라서 구하는 원뿔의 높이는 8 cm이다. ····· **❷**

채점 기준	배점
❶ 원기둥의 부피 구하기	50 %
❷ 원뿔의 높이 구하기	50 %

07 지름의 길이가 12 cm인 쇠구슬의 부피는

$\dfrac{4}{3}\pi\times 6^3=288\pi(cm^3)$ ····· **❶**

지름의 길이가 2 cm인 쇠구슬의 부피는

$\dfrac{4}{3}\pi\times 1^3=\dfrac{4}{3}\pi(cm^3)$ ····· **❷**

따라서 만들 수 있는 쇠구슬의 개수는

$288\pi\div\dfrac{4}{3}\pi=288\pi\times\dfrac{3}{4\pi}=216(개)$ ····· **❸**

채점 기준	배점
❶ 지름의 길이가 12 cm인 쇠구슬의 부피 구하기	30 %
❷ 지름의 길이가 2 cm인 쇠구슬의 부피 구하기	30 %
❸ 만들 수 있는 쇠구슬의 개수 구하기	40 %

08 주어진 평면도형을 직선 l을 회전 축으로 하여 1회전 시킬 때 생기는 회전체는 오른쪽 그림과 같다.

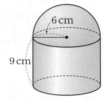

$(반구의 구면의 넓이)$
$=(구의 겉넓이)\times\dfrac{1}{2}$
$=4\pi\times 6^2\times\dfrac{1}{2}=72\pi(cm^2)$ ····· **❶**

$(원기둥의 옆넓이)=2\pi\times 6\times 9=108\pi(cm^2)$
$(밑넓이)=\pi\times 6^2=36\pi(cm^2)$ ····· **❷**

$\therefore (겉넓이)=(반구의 구면의 넓이)$
$\qquad\qquad +(원기둥의 옆넓이)+(밑넓이)$
$\qquad\quad =72\pi+108\pi+36\pi$
$\qquad\quad =216\pi(cm^2)$ ····· **❸**

채점 기준	배점
❶ 반구의 구면의 넓이 구하기	30 %
❷ 원기둥의 옆면과 한 밑면의 넓이 구하기	40 %
❸ 입체도형의 겉넓이 구하기	30 %

01 75	**02** ③	**03** ⑤	**04** ②	**05** ⑤
06 $(112\pi+120)\ cm^2,\ 210\pi\ cm^3$				**07** ④
08 ③	**09** ③	**10** ②	**11** ③	**12** ②
13 ③	**14** ③	**15** 정육각형		**16** ②
17 ②	**18** ⑤	**19** ④	**20** ①	**21** ③
22 ④	**23** 136°	**24** ⑤	**25** 2340°, 24°	
26 ④	**27** ②	**28** ③	**29** ①	**30** ⑤
31 ④	**32** ①, ④	**33** ④	**34** ④	**35** ①
36 20 cm	**37** 12π cm		**38** ④	**39** ⑤
40 ⑤	**41** ②	**42** ③	**43** ①	**44** ④
45 ⑤	**46** ②	**47** ⑤	**48** 3 : 2 : 1	
49 $(10\pi+30)$ cm	**50** ②	**51** ③	**52** ⑤	
53 ③	**54** ⑤	**55** 200 cm²		
56 $(18\pi+36)\ cm^2,\ 18\pi\ cm^3$		**57** ⑤	**58** ④	
59 ⑤	**60** 648 cm³			

01 십삼각형의 한 꼭짓점에서 그을 수 있는 대각선의 개수는 $13-3=10$이므로 $a=10$

또, 대각선의 개수는 $\dfrac{13\times(13-3)}{2}=65$이므로

$b=65$

$\therefore a+b=10+65=75$

02 $(넓이)=(큰\ 원의\ 넓이)-(작은\ 원의\ 넓이)$
$\qquad\quad =\pi\times 6^2-\pi\times 3^2$
$\qquad\quad =36\pi-9\pi=27\pi(cm^2)$

03 $(겉넓이)=(구의\ 겉넓이)\times\dfrac{1}{2}+(원기둥의\ 옆넓이)$
$\qquad\qquad\qquad +(원기둥의\ 밑넓이)$
$\qquad\quad =(4\pi\times 5^2)\times\dfrac{1}{2}+2\pi\times 5\times 10+\pi\times 5^2$
$\qquad\quad =50\pi+100\pi+25\pi=175\pi(cm^2)$

04 색칠한 두 부분의 넓이가 같으므로

사각형 ABCD의 넓이와 부채꼴 ABE의 넓이가 같다.

따라서 $\overline{BC}\times 4=\pi\times 4^2\times\dfrac{1}{4}$에서 $\overline{BC}=\pi(cm)$

05 두 밑면이 서로 평행하고 합동인 다각형이고 옆면의 모양이 직사각형이므로 구하는 입체도형은 각기둥이다. 이때 면의 개수가 7이므로 주어진 입체도형은 오각기둥이다.

06 $(겉넓이)=\left(\pi\times 6^2\times\dfrac{210°}{360°}\right)\times 2$
$\qquad\qquad +\left(2\pi\times 6\times\dfrac{210°}{360°}\right)\times 10+(6\times 10)\times 2$
$\qquad\quad =112\pi+120(cm^2)$

$$(\text{부피}) = \left(\pi \times 6^2 \times \frac{210°}{360°}\right) \times 10 = 210\pi(\text{cm}^3)$$

07 $\angle a + \angle b + 70° = 180°$ ...... ㉠

$80° + \angle c + \angle d = 180°$ ...... ㉡

㉠+㉡을 하면

$\angle a + \angle b + 70° + 80° + \angle c + \angle d = 180° + 180°$

$\therefore \angle a + \angle b + \angle c + \angle d = 210°$

08 ③ 정다면체는 한 꼭짓점에 3개, 4개, 5개의 면이 모이는 경우만 있다.

09 밑면의 반지름의 길이를 r라 하면

$2\pi \times 6 \times \frac{120°}{360°} = 2\pi r$　$\therefore r = 2(\text{cm})$

$\therefore (\text{밑넓이}) = \pi \times 2^2 = 4\pi(\text{cm}^2)$

10 (둘레의 길이)

$= 2\pi \times 4 \times \frac{1}{2} + 2\pi \times 3 \times \frac{1}{2} + 2\pi \times 1 \times \frac{1}{2}$

$= 4\pi + 3\pi + \pi = 8\pi(\text{cm})$

11 주어진 전개도로 만들어지는 원기둥은 밑면인 원의 반지름의 길이가 2 cm이고 높이가 6 cm이다.

$\therefore (\text{부피}) = \pi \times 2^2 \times 6 = 24\pi(\text{cm}^3)$

12 구하는 다각형을 n각형이라고 하면 내각의 크기의 합이 1980°이므로

$180° \times (n-2) = 1980°$

$n - 2 = 11$　$\therefore n = 13$

따라서 십삼각형의 대각선의 개수는

$\frac{13 \times (13-3)}{2} = 65$

13 $\overline{\text{BC}}$를 그으면 △ABC에서

$\angle \text{DBC} + \angle \text{DCB}$

$= 180° - (75° + 40° + 15°)$

$= 50°$

△DBC에서

$\angle x = 180° - 50° = 130°$

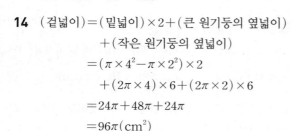

14 (겉넓이) = (밑넓이) × 2 + (큰 원기둥의 옆넓이)

$\qquad$ + (작은 원기둥의 옆넓이)

$= (\pi \times 4^2 - \pi \times 2^2) \times 2$

$\qquad + (2\pi \times 4) \times 6 + (2\pi \times 2) \times 6$

$= 24\pi + 48\pi + 24\pi$

$= 96\pi(\text{cm}^2)$

15 한 내각의 크기와 한 외각의 크기의 합은 180°이므로

$(\text{한 외각의 크기}) = 180° \times \frac{1}{2+1} = 60°$

구하는 정다각형을 정n각형이라고 하면

$\frac{360°}{n} = 60°$　$\therefore n = 6$

따라서 구하는 정다각형은 정육각형이다.

16 $(\text{겉넓이}) = \pi \times 6 \times 10 + 4\pi \times 6^2 \times \frac{1}{2}$

$\qquad = 60\pi + 72\pi = 132\pi(\text{cm}^2)$

17 $(\text{넓이}) = \pi \times 4^2 - \pi \times 2^2$

$\qquad = 16\pi - 4\pi = 12\pi(\text{cm}^2)$

18 $(\text{밑넓이}) = 4 \times 4 = 16(\text{cm}^2)$

$(\text{옆넓이}) = 4 \times \left(\frac{1}{2} \times 4 \times 5\right) = 40(\text{cm}^2)$

$\therefore (\text{겉넓이}) = (\text{밑넓이}) + (\text{옆넓이})$

$\qquad = 16 + 40 = 56(\text{cm}^2)$

19 △ABC에서 $\angle x = 45° + 70° = 115°$

△ACD에서 $70° = 20° + \angle y$

$\therefore \angle y = 50°$

$\therefore \angle x + \angle y = 115° + 50° = 165°$

20 $(\text{밑넓이}) = 5 \times 5 = 25(\text{cm}^2)$

$(\text{옆넓이}) = \frac{1}{2} \times 5 \times 10 \times 4 = 100(\text{cm}^2)$

$\therefore (\text{겉넓이}) = 25 + 100 = 125(\text{cm}^2)$

21 ③ 사면체―4

22 색칠한 부분의 둘레의 길이는 반지름의 길이가 6 cm이고 중심각의 크기가 90°인 부채꼴의 호의 길이의 2배와 정사각형의 한 변의 길이의 4배의 합과 같다.

$\therefore (\text{둘레의 길이}) = 2 \times \left(2\pi \times 6 \times \frac{90°}{360°}\right) + 4 \times 6$

$\qquad = 6\pi + 24(\text{cm})$

23 $\angle \text{BAC} = 180° - 98° = 82°$

$\angle \text{BAD} = \frac{1}{2} \angle \text{BAC} = 41°$

$\angle \text{BDA} = 180° - 85° = 95°$

따라서 △ABD에서

$\angle x = \angle \text{BAD} + \angle \text{BDA}$

$\qquad = 41° + 95° = 136°$

24 ⑤ 다각형의 외각의 크기의 합은 항상 360°이므로 다각형의 변의 개수를 알 수 없다.

25 $\frac{n(n-3)}{2} = 90$에서 $n(n-3) = 180$

이때 $15 \times 12 = 180$이므로 $n = 15$

정십오각형의 내각의 크기의 합은

$180° \times (15-2) = 2340°$

정십오각형의 한 외각의 크기는

$360° \div 15 = 24°$

26 직육면체 모양의 그릇의 높이를 h라고 하면

(물의 부피) = (삼각뿔의 부피)에서

$15 = \frac{1}{3} \times \left(\frac{1}{2} \times 6 \times 5\right) \times h$

$5h = 15$　$\therefore h = 3(\text{cm})$

27 △ABC에서

$2\angle a + \angle x = 2\angle b$ …… ㉠

△DBC에서

$\angle a + 26° = \angle b$ …… ㉡

㉡을 ㉠에 대입하면

$2\angle a + \angle x = 2(\angle a + 26°)$

$\therefore \angle x = 52°$

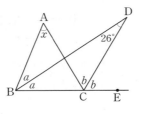

28 (부피)=(큰 원뿔의 부피)-(작은 원뿔의 부피)

$$= \frac{1}{3} \times (\pi \times 9^2) \times 12 - \frac{1}{3} \times (\pi \times 3^2) \times 4$$

$$= 324\pi - 12\pi$$

$$= 312\pi \,(\text{cm}^3)$$

29 ① ② ③ ④

30 ⑤ 중심각의 크기가 180° 이상일 때에는 중심각의 크기가 클수록 현의 길이가 줄어든다.

31 $115° + 35° + \angle a + \angle b$

$+ 30° + 120° = 360°$

이므로 $\angle a + \angle b = 60°$

$\therefore \angle x = 180° - (\angle a + \angle b)$

$= 180° - 60°$

$= 120°$

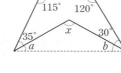

32 ② 회전축을 포함하는 평면으로 자른 단면은 회전축에 대하여 선대칭도형이다.

③ 직각삼각형에서 빗변을 축으로 하여 1회전 시키면 원뿔이 되지 않는다.

⑤ 회전축에 수직인 평면으로 자른 단면은 모두 원이지만 항상 합동인 것은 아니다.

33 ① 내각의 크기의 합이 720°인 다각형을 n각형이라고 하면

$180° \times (n-2) = 720°$ $\therefore n = 6$

따라서 내각의 크기의 합이 720°인 다각형은 육각형이다.

② 한 내각의 크기가 144°인 정다각형을 정n각형이라고 하면

$\dfrac{180° \times (n-2)}{n} = 144°$ $\therefore n = 10$

따라서 한 내각의 크기가 144°인 정다각형은 정십각형이다.

④ 모든 다각형의 외각의 크기의 합은 360°이다.

⑤ 한 외각의 크기가 20°인 정다각형을 정n각형이라고 하면

$\dfrac{360°}{n} = 20°$ $\therefore n = 18$

따라서 한 외각의 크기가 20°인 정다각형은 정십팔각형이다.

34 ㄴ. ㄷ.

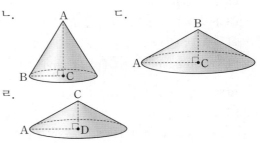

ㄹ.

35 다각형의 외각의 크기의 합은 항상 360°이므로

$\angle x + (180° - 130°) + 45° + (180° - 110°)$

$+ (180° - 130°) + 50° + 45° = 360°$

에서 $\angle x + 310° = 360°$

$\therefore \angle x = 50°$

36 $\overline{\text{AD}} /\!/ \overline{\text{OC}}$이므로

$\angle \text{DAO} = \angle \text{COB} = 40°$ (동위각)

점 O와 점 D를 연결하면

△OAD는 $\overline{\text{OA}} = \overline{\text{OD}}$인 이등변삼각형이므로

$\angle \text{ADO} = \angle \text{DAO} = 40°$

$\angle \text{AOD} = 180° - (\angle \text{DAO} + \angle \text{ADO}) = 100°$

즉, $\angle \text{COB} : \angle \text{AOD} = \overset{\frown}{\text{BC}} : \overset{\frown}{\text{AD}}$에서

$40° : 100° = 8 : \overset{\frown}{\text{AD}}$

$\therefore \overset{\frown}{\text{AD}} = 20 \,(\text{cm})$

37 (둘레의 길이)$= \dfrac{1}{2} \times 2\pi \times 3 + \dfrac{1}{2} \times 2\pi \times 4$

$$+ \dfrac{1}{2} \times 2\pi \times 5$$

$$= 3\pi + 4\pi + 5\pi$$

$$= 12\pi \,(\text{cm})$$

38 (원기둥의 부피)$= \pi \times 3^2 \times 18$

$$= 162\pi \,(\text{cm}^3)$$

(공 3개의 부피)$= \left(\dfrac{4}{3}\pi \times 3^3\right) \times 3$

$$= 108\pi \,(\text{cm}^3)$$

따라서 빈 공간의 부피는

$162\pi - 108\pi = 54\pi \,(\text{cm}^3)$

39 $(180° - 57°) + 88° + 90° + 145° + \angle x$

$= 180° \times (5-2)$

에서 $446° + \angle x = 540°$

$\therefore \angle x = 94°$

40 (겉넓이)$= 4\pi \times 2^2 \times \dfrac{1}{2} + \pi \times 2 \times 6$

$$= 8\pi + 12\pi$$

$$= 20\pi \,(\text{cm}^2)$$

41 $\overline{AB}//\overline{CD}$이므로 $\angle AOC = \angle OCD = 20°$ (엇각)

$\triangle OCD$는 $\overline{OC}=\overline{OD}$인 이등변삼각형이므로

$\angle OCD = \angle ODC = 20°$

$\angle COD = 180° - (20° + 20°) = 140°$

따라서 $\overset{\frown}{AC} : \overset{\frown}{CD} = \angle AOC : \angle COD$에서

$2 : \overset{\frown}{CD} = 20° : 140°$ ∴ $\overset{\frown}{CD} = 14(cm)$

42 주어진 각기둥을 n각기둥이라고 하면

$3n = 18$ ∴ $n = 6$

즉, 육각기둥의 면의 개수는 $6+2=8$이므로 팔면체이다.

43 (색칠한 부분의 넓이)

$=$ (정사각형의 넓이)

$\quad -4 \times$ (반지름의 길이가 a인 원의 넓이)

$= 4a \times 4a - 4 \times (\pi \times a^2)$

$= 16a^2 - 4\pi a^2$

44 맞꼭지각의 크기가 같으므로

$360° - (\angle a + \angle b + \angle e) = 180° - (\angle p + \angle q)$에서

$\angle p + \angle q = (\angle a + \angle b + \angle e) - 180°$

육각형의 내각의 크기의 합에서

$\angle c + \angle d + (\angle p + \angle q) + \angle f + \angle g + \angle h + \angle i = 720°$

이때 $\angle p + \angle q = (\angle a + \angle b + \angle e) - 180°$이므로

$\angle a + \angle b + \angle c + \angle d + \angle e + \angle f + \angle g + \angle h + \angle i$

$= 720° + 180° = 900°$

45 (부피) $= \dfrac{1}{3} \times \triangle BCD \times \overline{CG}$

$\qquad = \dfrac{1}{3} \times \left(\dfrac{1}{2} \times 8 \times 3\right) \times 10$

$\qquad = 40(cm^3)$

46 (부채꼴 OST의 넓이) : (원 O의 넓이)

$= 2\pi : 12\pi = 1 : 6$

이므로

$\angle SOT = 360° \times \dfrac{1}{6} = 60°$

$\triangle OPQ$에서 $60° + \angle x + \angle y = 180°$

∴ $\angle x + \angle y = 120°$

47 (액체의 부피) $= 10 \times 8 \times 16 = 1280(cm^3)$

(빈 공간의 부피) $= 10 \times 8 \times 6 = 480(cm^3)$

∴ (기념품의 전체 부피) $= 1280 + 480 = 1760(cm^3)$

그림 (대)에서 기념품의 높이는 $10\,cm$이고, 기념품 전체의 부피 $1760\,cm^3$ 중에 액체의 부피는 $1280\,cm^3$일 때,

$\dfrac{1280}{1760} = \dfrac{x}{10}$ ∴ $x = \dfrac{80}{11}$

48 (원기둥의 부피) $= \pi \times 3^2 \times 6 = 54\pi(cm^3)$

(구의 부피) $= \dfrac{4}{3}\pi \times 3^3 = 36\pi(cm^3)$

(원뿔의 부피) $= \dfrac{1}{3} \times (\pi \times 3^2) \times 6 = 18\pi(cm^3)$

∴ (원기둥의 부피) : (구의 부피) : (원뿔의 부피)

$= 54\pi : 36\pi : 18\pi = 3 : 2 : 1$

49 (끈의 최소 길이)

$= 2\pi \times 5 + 10 \times 3$

$= 10\pi + 30(cm)$

50 정오각형의 한 외각의 크기는 $\dfrac{360°}{5} = 72°$

정팔각형의 한 외각의 크기는 $\dfrac{360°}{8} = 45°$

$\angle x$의 크기는 정오각형의 한 외각의 크기와 정팔각형의 한 외각의 크기의 합이므로

$\angle x = 72° + 45° = 117°$

51 (부피) $= (\pi \times 5^2 - \pi \times 2^2) \times 6$

$\qquad = 126\pi(cm^3)$

52 반구의 반지름의 길이를 $r\,cm$라고 하면

(겉넓이) $= 4\pi r^2 \times \dfrac{1}{2} + \pi r^2$

$\qquad\qquad = 3\pi r^2(cm^2)$

이므로 $3\pi r^2 = 192\pi$, $r^2 = 64$

∴ $r = 8$ ($∵ r > 0$)

따라서 반구의 반지름의 길이는 $8\,cm$이다.

53 ③ 직각삼각형의 직각을 이루는 한 변을 축으로 하여 1회전 시키면 원뿔을 만들 수 있지만, 빗변을 축으로 하여 1회전 시키면 원뿔이 되지 않는다.

54 (정육면체의 부피) $= 8 \times 8 \times 8 = 512(cm^3)$

(삼각뿔의 부피) $= \dfrac{1}{3} \times$ (밑면의 넓이) $\times$ (높이)

$\qquad\qquad = \dfrac{1}{3} \times \triangle BCF \times \overline{AB}$

$\qquad\qquad = \dfrac{1}{3} \times \left(\dfrac{1}{2} \times 8 \times 8\right) \times 8$

$\qquad\qquad = \dfrac{256}{3}(cm^3)$

∴ (정육면체의 부피) $\times \dfrac{1}{6} =$ (삼각뿔의 부피)

55 (넓이) $= 10 \times 10 \times 2 = 200(cm^2)$

56 주어진 전개도로 만들어지는 입체도형은 오른쪽 그림과 같다.

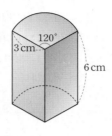

$(\text{겉넓이})=\pi\times3^2\times\dfrac{120°}{360°}\times2$

$\qquad+2\pi\times3\times\dfrac{120°}{360°}\times6$

$\qquad+(3\times6)\times2$

$\qquad=18\pi+36(\text{cm}^2)$

$(\text{부피})=\pi\times3^2\times\dfrac{120°}{360°}\times6$

$\qquad=18\pi(\text{cm}^3)$

57 ⑤ 각기둥과 각뿔대는 면, 꼭짓점, 모서리의 개수가 각각 같다.

58 잘라낸 부분은 구의 $\dfrac{1}{4}$이므로

$(\text{겉넓이})=(\text{구의 겉넓이})\times\dfrac{3}{4}+(\text{반원의 넓이})\times2$

$\qquad=(4\pi\times10^2)\times\dfrac{3}{4}+\left(\pi\times10^2\times\dfrac{1}{2}\right)\times2$

$\qquad=300\pi+100\pi$

$\qquad=400\pi(\text{cm}^2)$

59 오른쪽 그림에서

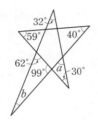

$\angle b+62°+99°=180°$

$\therefore\ \angle b=19°$

$\angle a=\angle b+32°$

$\qquad=19°+32°=51°$

$\therefore\ \angle a+\angle b=51°+19°=70°$

60 $(\text{부피})=10\times10\times10-(4\times4\times10)\times3$

$\qquad+(4\times4\times4)\times2$

$\qquad=1000-480+128$

$\qquad=648(\text{cm}^3)$

대단원 테스트 [고난도]			122-125쪽

01 108°	**02** ②	**03** ③	**04** ⑤	**05** 1260°
06 360°	**07** 45°	**08** 4 : 5		
09 $(6\pi+6)$ cm, $\dfrac{9}{2}\pi$ cm^2		**10** 12π cm		
11 해설 참조		**12** $(18+4\pi)$ cm^2	**13** $4n-2$	
14 12 cm^2		**15** 8, 9, 10		**16** 12 cm
17 288 cm^3		**18** 144 cm^2		
19 250π cm^3		**20** 1300 cm^3		
21 102π cm^3		**22** 288 cm^2, 160 cm^3		
23 75π cm^2		**24** 117π cm^2		

01 $\angle\text{CDE}=(180°\times3)\div5$

$\qquad=108°$

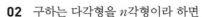

이므로

$\angle\text{DBC}=\angle\text{CDB}=36°$

$\angle\text{ECD}=\angle\text{CED}=36°$

$\therefore\ \angle x=36°+(108°-36°)$

$\qquad=108°$

02 구하는 다각형을 n각형이라 하면

$\dfrac{n(n-3)}{2}=252,\ n(n-3)=504=24\times21$

$\therefore\ n=24$

따라서 구하는 다각형은 이십사각형이므로

$a=24-3=21$

또, 내부의 한 점에서 각 꼭짓점에 선분을 그었을 때 생기는 삼각형의 개수는 다각형의 변의 개수와 같으므로

$b=24$

$\therefore\ a+b=21+24=45$

03 점 B와 점 C를 이으면

$\angle\text{OBC}+\angle\text{OCB}=\angle\text{GOC}=\angle\text{F}+\angle\text{G}$

$\qquad=30°+52°=82°$

오각형의 내각의 크기의 합은

$180°\times(5-2)=540°$이므로

$\angle\text{A}+\angle\text{B}+\angle\text{C}+\angle\text{D}+\angle\text{E}$

$\qquad+\angle\text{OBC}+\angle\text{OCB}=540°$

$\therefore\ \angle\text{A}+\angle\text{B}+\angle\text{C}+\angle\text{D}+\angle\text{E}$

$\quad=540°-(\angle\text{OBC}+\angle\text{OCB})$

$\quad=540°-82°=458°$

04 $\triangle\text{EBC}$에서

$\angle\text{EBC}+32°=\angle\text{ECD}$

$\therefore\ \angle\text{ECD}-\angle\text{EBC}=32°$

$\triangle\text{ABC}$에서

$\angle x+2\angle\text{EBC}=2\angle\text{ECD}$

$\therefore\ \angle x=2\angle\text{ECD}-2\angle\text{EBC}$

$\qquad=2(\angle\text{ECD}-\angle\text{EBC})$

$\qquad=2\times32°=64°$

05 한 내각의 크기를 $7\angle a$라 하면 그에 이웃하는 외각의 크기는 $2\angle a$이므로

$7\angle a+2\angle a=180°,\ 9\angle a=180°$

$\therefore\ \angle a=20°$

즉, 한 내각과 한 외각의 크기는 각각 140°, 40°이다.

정n각형의 한 외각의 크기가 40°이므로

$\dfrac{360°}{n}=40°\qquad\therefore\ n=9$

따라서 정구각형이므로 내각의 크기의 합은

$(9-2)\times180°=1260°$

06 오른쪽 그림에서

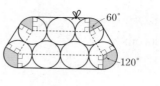

$\angle a + \angle b + (180° - \angle x)$
$= 180°$ ...... ㉠
$\angle c + \angle d + \angle e + \angle y$
$= 360°$ ...... ㉡
$\angle f + \angle y + \angle z = 180°$ ...... ㉢
$\angle g + \angle x + \angle z = 180°$ ...... ㉣
㉠+㉡−㉢+㉣을 하면
$\angle a + \angle b + \angle c + \angle d + \angle e - \angle f + \angle g + 180° = 540°$
$\therefore \angle a + \angle b + \angle c + \angle d + \angle e - \angle f - \angle g = 360°$

07 $\overline{DE} = \overline{DA}$이므로 △EAD에서
$\angle DEA = \dfrac{1}{2} \times (180° - 35°) = 72.5°$
또, △DEC에서
$\angle EDC = 35° + 90° = 125°$이고, $\overline{DE} = \overline{DC}$이므로
$\angle DEC = \dfrac{1}{2} \times (180° - 125°) = 27.5°$
$\therefore \angle x = 72.5° - 27.5° = 45°$

08 △OAC는 $\overline{OA} = \overline{OC}$인 이등변삼각형이므로
$\angle OAC = \angle OCA = 50°$
$\angle AOC = 180° - 100° = 80°$
$\therefore \angle COB = 180° - 80° = 100°$
부채꼴의 호의 길이는 중심각의 크기에 정비례하므로
$\overset{\frown}{AC} : \overset{\frown}{BC} = 80° : 100° = 4 : 5$

09 (둘레의 길이) $= \left(2\pi \times 3 \times \dfrac{90°}{360°}\right) \times 4 + 6$
$= 6\pi + 6 \text{(cm)}$
또, 오른쪽 그림에서 도형 a의
넓이와 도형 a'의 넓이가 같으므
로

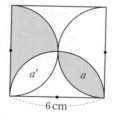

(넓이) $= \pi \times 3^2 \times \dfrac{1}{2}$
$= \dfrac{9}{2} \text{(cm}^2)$

10 점 A가 움직인 경로를 그림으로 나타내면 다음과 같다.

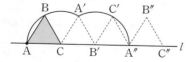

(점 A가 움직인 거리)
$= (\overset{\frown}{AA'}\text{의 길이}) + (\overset{\frown}{A'A''}\text{의 길이})$
$= \left(2\pi \times 9 \times \dfrac{120°}{360°}\right) \times 2$
$= 12\pi \text{(cm)}$

11 [그림 1]에서 매듭을 제외한 끈의 길이는
$(14r + 2\pi r) \text{ cm}$

[그림 2]에서 매듭을 제외한 끈의 길이는
$(12r + 2\pi r) \text{ cm}$
따라서 [그림 1]의 방법으로 묶을 때 끈이 $2r \text{ cm}$만큼
더 필요하다.

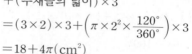

[그림 1]　　　　[그림 2]

12 원이 지나간 부분은 오른쪽 그림
의 색칠한 부분과 같다.
따라서 구하는 넓이는
(직사각형의 넓이) $\times 3$
$+$ (부채꼴의 넓이) $\times 3$

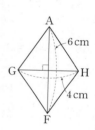

$= (3 \times 2) \times 3 + \left(\pi \times 2^2 \times \dfrac{120°}{360°}\right) \times 3$
$= 18 + 4\pi \text{(cm}^2)$

13 n각뿔대의 꼭짓점의 개수는 $v = 2n$
모서리의 개수는 $e = 3n$
면의 개수는 $f = n + 2$
$\therefore v + e - f = 2n + 3n - (n + 2) = 4n - 2$

14 단면의 모양은 오른쪽 그림과 같으
므로 구하는 넓이는
(사각형 AGFH의 넓이)
$= \dfrac{1}{2} \times 6 \times 4 = 12 \text{(cm}^2)$

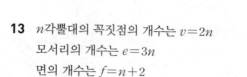

15 정사면체를 나눌 수 있는 경우는

(i)　　　　　(ii)

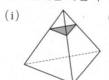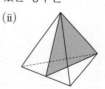

(iii)

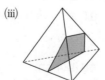

(i) 사면체와 오면체로 나누는 경우
$m + n = 9$
(ii) 사면체와 사면체로 나누는 경우
$m + n = 8$
(iii) 오면체와 오면체로 나누는 경우
$m + n = 10$
따라서 가능한 $m + n$의 값은 8, 9, 10이다.

16 원뿔의 전개도는 오른쪽 그림
과 같다.
가장 짧은 선은 $\overline{AA'}$이고,
$2\pi \times 12 \times \dfrac{\angle x}{360°} = 2\pi \times 2$에서
$\angle x = 60°$
따라서 $\triangle OAA'$은 정삼각형이므로
$\overline{AA'} = \overline{OA'} = 12(cm)$

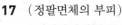

17 (정팔면체의 부피)
$= $(정사각뿔의 부피)$\times 2$
$= \left(\dfrac{1}{3} \times 12 \times 12 \times \dfrac{1}{2} \times 6 \right) \times 2$
$= 288(cm^3)$

18 주어진 입체도형의 겉면은 한 변의 길이가 $2\,cm$, 즉
넓이가 $4\,cm^2$인 정사각형 모양이 한 면에 6번 나오므
로 (겉넓이)$= 4 \times 6 \times 6 = 144(cm^2)$

19 지름의 길이가 $10\,cm$인 공 3개가 원기둥 모양의 통에
꼭 맞게 들어 있으므로 원기둥의 밑면인 원의 반지름의
길이는 $5\,cm$이고, 높이는 $30\,cm$이다.
$\therefore$ (빈 공간의 부피)
$= $(원기둥의 부피)$-$(구의 부피)$\times 3$
$= \pi \times 5^2 \times 30 - \left(\dfrac{4}{3}\pi \times 5^3 \right) \times 3$
$= 750\pi - 500\pi$
$= 250\pi(cm^3)$

20 (우유갑의 부피)
$= $(우유가 들어 있는 부분의 부피)
$\quad + $(우유가 없는 부분의 부피)
$= 10 \times 10 \times 5 + 10 \times 10 \times 8$
$= 500 + 800$
$= 1300(cm^3)$

21 주어진 도형을 직선 l을 회전축으
로 하여 1회전 시킬 때 생기는 회
전체는 오른쪽 그림과 같다.
(원뿔의 부피)
$= \dfrac{1}{3} \times (\pi \times 6^2) \times 10$
$= 120\pi(cm^3)$
(반구의 부피)$= \dfrac{4}{3}\pi \times 3^3 \times \dfrac{1}{2} = 18\pi(cm^3)$
$\therefore$ (부피)$= $(원뿔의 부피)$-$(반구의 부피)
$\qquad = 120\pi - 18\pi$
$\qquad = 102\pi(cm^3)$

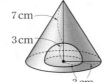

22 (겉에 있는 면의 넓이)
$= (6 \times 6 - 2 \times 2) \times 6 = 192(cm^2)$
(안에 있는 면의 넓이)
$= \{(2 \times 2) \times 4\} \times 6 = 96(cm^2)$
$\therefore$ (겉넓이)$= 192 + 96 = 288(cm^2)$
(부피)
$= $(한 모서리의 길이가 $6\,cm$인 정육면체의 부피)
$\quad - $(뚫은 부분의 부피)
$= 6 \times 6 \times 6 - (2 \times 2 \times 2) \times 7$
$= 216 - 56 = 160(cm^3)$

23 원뿔의 밑면의 둘레의 길이는 $2\pi \times 5 = 10\pi(cm)$
원뿔의 모선의 길이를 $a\,cm$라 하면
$2\pi \times a = 10\pi \times 3$ $\quad \therefore a = 15$
따라서 원뿔의 옆넓이는
$\pi \times 5 \times 15 = 75\pi(cm^2)$

24 (겉넓이)$= \dfrac{1}{2} \times (4\pi \times 3^2) + \dfrac{1}{2} \times (4\pi \times 6^2)$
$\qquad\qquad + (\pi \times 6^2 - \pi \times 3^2)$
$\qquad = 18\pi + 72\pi + 27\pi$
$\qquad = 117\pi(cm^2)$

Ⅲ. 통계

1. 자료의 정리와 해석

01. 줄기와 잎 그림, 도수분포표

소단원 집중 연습   128-129쪽

01 (1) 해설 참조   (2) 7   (3) 89점

02 (1) 1, 4   (2) 18명   (3) 5명

03 (1) 22명   (2) 3명   (3) 9명

04 (1) 3   (2) 56쪽   (3) 8일

05 (1) 차례대로 5, 9, 5, 24   (2) 15분   (3) 5

     (4) 45분 이상 60분 미만   (5) 37.5분

06 (1) 10개   (2) 5   (3) 10개 이상 20개 미만

     (4) 25개   (5) 6명   (6) 25 %

01 (1)

미술 실기 점수

(5|7은 57점)

줄기	잎						
5	7	8					
6	2	4	5	7	8		
7	0	1	4	5	6	6	7
8	1	3	5	9			
9	4	7					

소단원 테스트 [1회]   130-131쪽

01 ①   **02** ③   **03** ③   **04** ②   **05** ⑤

06 ③   **07** ②   **08** ⑤   **09** ⑤   **10** ④

11 ②   **12** ③

01 ① 줄기 4의 잎은 0, 3, 3, 5, 5이다.

     ④ 나이가 50세 이상인 주민은 52, 53, 54, 55, 57, 59세로 6명이다.

     ⑤ 10대인 주민의 나이는 10세, 15세, 18세로 3명이다.

     따라서 옳지 않은 것은 ①이다.

02 $A=50-(3+8+11+13+3)=12$

03 ③ 기록이 25 m 미만인 학생 수는 $3+8=11$(명)

     ⑤ 던지기 기록이 35 m 이상인 학생은 $13+3=16$(명)

     30 m 이상인 학생은 $12+13+3=28$(명)

     따라서 기록이 20번째로 좋은 학생이 속하는 계급은 30 m 이상 35 m 미만인 계급이므로 계급값은

$$\frac{30+35}{2}=32.5(m)$$

04 $a=40-(1+4+14+8+3)=10$

이때 $1+4+10=15$(명)이므로 키가 작은 쪽에서 15번째에 해당하는 학생이 속하는 계급은 145 cm 이상 150 cm 미만이고 도수는 10이다.

05 ① 계급의 크기는 5회이다.

     ② 이 반 학생 수는 $2+4+7+8+6+3=30$(명)

     ③ 줄넘기 기록이 40회 미만인 학생은 $2+4=6$(명)

     ④ 계급값이 42.5회인 계급의 도수는 7명이다.

06 몸무게가 60 kg 이상인 학생은 $7+2=9$(명)

따라서 전체의 $\frac{9}{60}\times100=15(\%)$

07 $11+8=19$(명)

08 ① 전체 학생 수는 $2+6+4+7+1=20$(명)

     ② 변량은 학생의 수행평가 점수이다.

     ③ 점수가 높은 쪽에서 6번째인 학생의 점수는 42점이다.

     ④ 점수가 20점인 학생 수는 2명이다.

09 계급 160 cm 이상 170 cm 미만에 속하는 학생은

$50-(7+23+15+1)=4$(명)

이므로 키가 150 cm 이상인 학생은

$15+4+1=20$(명)

따라서 전체의 $\frac{20}{50}\times100=40(\%)$

10 80점 이상 90점 미만인 계급의 도수는

$50-(3+9+17+6)=50-35=15$(명)

따라서 수학 성적이 80점 이상인 학생은

$15+6=21$(명)이므로 20등인 학생이 속하는 계급은 80점 이상 90점 미만이다.

11 몸무게가 50 kg 미만인 학생 수는

$4+7+15=26$(명)

12 9분 이상 12분 미만의 도수는

$40-(4+11+14+2+1)=8$(명)

따라서 도수가 가장 큰 계급은 6분 이상 9분 미만이다.

소단원 테스트 [2회]   132-133쪽

01 32.5   **02** 10   **03** 85점 이상 90점 미만

04 10   **05** 75점   **06** 4   **07** 10   **08** 16

09 3   **10** 6   **11** 10   **12** 62 %

01 계급값이 17.5인 계급에 속하는 변량을 x라고 하면
$15 \leq x < 20$
따라서 도수분포표의 계급은 15 이상 20 미만, 20 이상 25 미만, 25 이상 30 미만, 30 이상 35 미만, …이고, 구하는 계급은 30 이상 35 미만이므로 이 계급의 계급값은 $\dfrac{30+35}{2}=32.5$

02 50 kg 이상 55 kg 미만인 계급의 도수가 A이므로
$5+7+10+A+5+3=40$ ∴ $A=10$

03 90점 이상인 학생이
$5+4=9$(명)
이므로 성적이 좋은 쪽에서 10번째인 학생은 85점 이상 90점 미만인 계급에 속한다.

점수(점)	도수(명)
70^{이상} ∼ 75^{미만}	2
75 ∼ 80	5
80 ∼ 85	8
85 ∼ 90	6
90 ∼ 95	5
95 ∼ 100	4
합계	30

04 $A=40-(2+6+11+8+3)=10$

05 도수가 가장 큰 계급은 70점 이상 80점 미만인 계급이므로 계급값은 $\dfrac{70+80}{2}=75$(점)

06 ㄱ. 줄기가 2일 때 잎이 7개로 가장 적다.
ㄴ. 남학생 14명, 여학생 16명으로 총 30명이다.
ㄷ. 가장 많이 읽은 학생은 28권, 가장 적게 읽은 학생은 0권으로 차이는 28권이다.
ㄹ. 남학생 14명, 여학생 16명이므로 여학생이 더 많다.
ㅁ. (여학생의 평균)$=(16+104+120)\div16=15$(권)

07 도수의 총합이 40명이므로
$A=40-(3+7+11+6+2+1)=10$

08 6개의 계급이 있고 계급의 크기는 10분이다.
따라서 $A=6$, $B=10$이므로 $A+B=16$

09 줄기가 1인 잎의 수가 5로 가장 많다.
또한, 기록이 여섯 번째로 좋은 학생의 기록이 20초이므로 이 학생이 속해 있는 줄기는 2이다.
따라서 $A=1$, $B=2$이므로 $A+B=3$

10 $7+4+3+9+6+A=35$에서 $A=6$

11 $\dfrac{A+9}{40}\times100=35$에서 $A=5$
∴ $B=40-(5+9+11+4+1)=10$

12 전체 도수가 50명이므로
$2+5+13+A+9+3=50$ ∴ $A=18$
몸무게가 45 kg 이상 55 kg 미만인 학생은
$13+18=31$(명)
따라서 전체의 $\dfrac{31}{50}\times100=62$(%)

02. 히스토그램과 도수분포다각형

소단원 집중 연습   134-135쪽

01 해설 참조
02 (1) 10분   (2) 40분 이상 50분 미만
    (3) 32명   (4) 12명
03 (1) 27명   (2) 7명   (3) 20명
04 (1) 10명   (2) 35 kg 이상 40 kg 미만
05 해설 참조
06 (1) 5   (2) 6편 이상 8편 미만
    (3) 8명
07 (1) 27명   (2) 81
08 (1) 13명   (2) 7명

01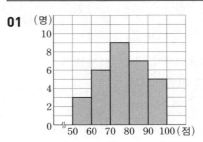

05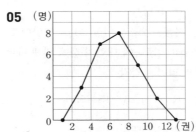

소단원 테스트 [1회]   136-137쪽

01 ④   **02** ⑤   **03** ③   **04** ③   **05** ⑤
06 ③   **07** ⑤   **08** ②   **09** ②   **10** ①
11 ③   **12** ③

01 각 도수의 합은 $6+9+18+12+5=50$(명)

02 35∼40이 2명, 40∼45가 3명이므로 45 kg 미만인 학생 수는 5명이다.

03 전체 도수는 $1+1+2+4+5+3+2+2=20$(명)
이때 20초 이상 매달린 학생은 7명이므로
$\dfrac{7}{20}\times100=35$(%)

04 통학 시간이 40분 이상 걸리는 학생 수는
$4+2=6$(명)

05 ⑤ 전체 학생은 $3+10+8+5+2+1+1=30$(명)

06 도수분포다각형으로 둘러싸인 부분의 넓이는 히스토그램의 직사각형의 넓이의 합과 같으므로
$(3+7+13+17+10)\times5=50\times5=250$

07 ① $3+6+13+9+5=36$(명)
⑤ $9+5=14$(명)

08 전체 학생은 $2+5+6+8+9+6+3+1=40$(명)
15회 이상 이용한 학생 수는 $6+3+1=10$(명)
7회 미만 이용한 학생 수는 2명
따라서 15회 이상 또는 7회 미만 이용한 학생은
$10+2=12$(명)이므로
$\dfrac{12}{40}\times100=30$(%)

09 $2+3+5+11+4+3=28$(명)

10 25 m 미만을 던진 학생이 $3+5=8$(명)이고,
이 학생이 전체의 40 %이므로
전체 학생 수는 $\dfrac{8}{0.4}=20$(명)
따라서 30 m 이상 35 m 미만인 계급의 도수는
$20-(3+5+6+2)=4$(명)
도수가 가장 높은 계급은 25 m 이상 30 m 미만이고,
가장 높은 꼭짓점에서 가로축에 내린 수선에 의해 나누어지는 두 다각형의 넓이는 각각
$5\times3+5\times5+\dfrac{5}{2}\times6=15+25+15=55$
$\dfrac{5}{2}\times6+5\times4+5\times2=15+20+10=45$
따라서 넓이의 비는 $55:45=11:9$

11 ③ 두 부분의 넓이는 같다.

12 8권 이상 읽은 학생은 $3+2+4=9$(명)이고
6권 이상 8권 미만을 읽은 학생이 6명이다.
따라서 책을 10번째로 많이 읽은 학생은 6권 이상 8권 미만인 계급에 속하므로 계급값은 $\dfrac{6+8}{2}=7$(권)

소단원 테스트 [2회] 138-139쪽

01 30 % **02** 70점 이상 80점 미만 **03** 15
04 5만 명 **05** 6천 명 **06** 40명
07 $A:155\sim160$, $B:8$, $C:6$,
  $D:170\sim175$, $E:41$
08 36 % **09** 15초 이상 17초 미만 **10** ㄴ, ㄷ
11 21회 **12** 14명

---

01 (전체 학생 수)$=1+2+3+10+12+8+4$
$\qquad\qquad\qquad=40$(명)
수행평가 점수가 16점 이상인 학생은
$8+4=12$(명)
따라서 전체의 $\dfrac{12}{40}\times100=30$(%)

02 90점 이상 100점 미만인 도수는 2명,
80점 이상 90점 미만인 도수는 4명,
70점 이상 80점 미만인 도수는 10명
이므로 미술 성적이 높은 쪽에서 8번째인 학생이 속한
계급은 70점 이상 80점 미만이다.

03 도수가 가장 큰 계급은 3~4이므로 넓이는
$1\times15=15$

04 50점 미만인 학생 수는 $4+8=12$(명)이고,
이 학생이 전체의 24 %이므로
전체 학생 수는 $\dfrac{12}{0.24}=50$
따라서 전체 학생 수는 5만 명이다.

05 80점 이상 90점 미만인 계급의 도수를 x라 하면
90점 이상 100점 미만인 계급의 도수는 $\dfrac{1}{3}x$이다.
이때 전체 도수가 50이므로
$4+8+10+14+6+x+\dfrac{1}{3}x=50$
$\dfrac{4}{3}x=8$ $\therefore x=6$
따라서 80점 이상 90점 미만에 속하는 학생은 6천 명이다.

06 $6+11+12+7+4=40$(명)

08 전체 학생 수는 $3+6+10+4+2=25$(명)이고
70점 미만인 학생 수는 $3+6=9$(명)이므로
70점 미만인 학생 수는 전체 학생의
$\dfrac{9}{25}\times100=36$(%)

09 달리기 기록이 13초 미만인 학생이 1명,
15초 미만인 학생이 $1+7=8$(명),
17초 미만인 학생이 $1+7+12=20$(명)이므로
10번째로 빠른 학생이 속하는 계급은 15초 이상 17초 미만이다.

10 남학생: $2+3+3+7+4+3+2=24$(명)
여학생: $1+1+2+4+6+3+3=20$(명)
ㄱ. 도수분포다각형의 넓이는 계급의 크기와 전체 도수의 곱인데, 남학생 수와 여학생 수가 다르므로 넓이가 다르다.

ㄴ. 남학생 그래프가 여학생 그래프보다 왼쪽으로 치우
쳐있으므로 남학생이 여학생보다 달리기 기록이 좋
은 편이다.

ㄷ. 남학생 중에서 6번째로 잘 달리는 학생은 15초 이
상 16초 미만인 계급에 속한다.

ㄹ. 여학생의 기록 중 도수가 가장 높은 계급의 계급값
은 17.5초이다.

11 $2+4+8+6+1=21$(회)

12 전체 학생 수를 n명,

13시간 이상 14시간 미만인 계급의 학생 수를 a명,

14시간 이상 15시간 미만인 계급의 학생 수를 b명이라
고 하자.

인터넷 이용 시간이 13시간 미만인 학생 수는

$1+5+8=14$(명)이므로

$\dfrac{14}{n} \times 100=40$ ∴ $n=35$

즉, 전체 학생 수가 35명이므로

$1+5+8+a+b+5+2=35$

∴ $a+b=14$

따라서 인터넷 이용 시간이 13시간 이상 15시간 미만
인 학생 수는 14명이다.

03. 상대도수

소단원 집중 연습
140-141쪽

01 (1) ○　　(2) ○　　(3) ○　　(4) ×　　(5) ○

02 (1) 0.1, 0.25, 0.4, 0.2, 0.05, 1

(2) 6, 10, 12, 8, 4

03 (1) 0.45　　　(2) 10명　　　(3) 10 %

04 (1) 25　　　(2) 0.12

05 해설 참조

06 (1) 6명　　　(2) 12명

07 (1) 남학생 0.1, 여학생 0.05

(2) 남학생 0.35, 여학생 0.2

(3) 남학생 0.05, 여학생 0.15

(4) 4

(5) 남학생: 16초 이상 17초 미만

여학생: 17초 이상 18초 미만

(6) 남학생

05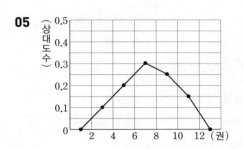

소단원 테스트 [1회]
142-143쪽

01 ⑤	**02** ③	**03** ②	**04** ③	**05** ④
06 ④	**07** ⑤	**08** ④	**09** ②	**10** ②
11 ③	**12** ⑤			

01 $A=1-(0.05+0.10+0.20+0.15+0.10)$

$=1-0.60=0.40$

02 (그 계급의 도수)=(상대도수)×(전체 도수)

$=0.45 \times 40=18$(명)

03 (그 계급의 도수)=(상대도수)×(전체도수)

$=0.2 \times 40=8$(명)

04 봉사활동 시간이 5시간 이상인 학생이 55 %이므로

5시간 이상 7시간 미만인 계급의 상대도수는

$0.55-(0.15+0.1)=0.3$

따라서 전체 도수는 $\dfrac{18}{0.3}=60$(명)

봉사활동을 7시간 이상 한 학생의 상대도수는

$0.15+0.1=0.25$이므로 이때의 학생 수는

$0.25 \times 60=15$(명)

05 전체 도수는 $b=\dfrac{18}{0.3}=60$(명)이고,

3시간 이상 5시간 미만인 계급의 상대도수는

$0.45-0.1=0.35$

따라서 봉사활동 시간이 5시간 미만인 학생 수는

$60 \times (0.1+0.35)=27$(명)

∴ $a+b=27+60=87$

06 $A=40 \times 0.35=14$, $B=\dfrac{16}{40}=0.4$

∴ $A+B=14+0.4=14.4$

07 전체 학생 수를 각각 x, $3x$명이라 하고,

혈액형이 O형인 학생 수를 각각 $3y$, $4y$명이라 하면

구하는 상대도수의 비는

$\dfrac{3y}{x} : \dfrac{4y}{3x}=9 : 4$

08 90점 이상인 학생 수가 5명이고 이 계급의 상대도수가 0.10이므로 전체 학생 수를 x라 하면

$\dfrac{5}{x}=0.10$ $\therefore x=50$(명)

09 43 m를 던진 학생이 속하는 계급은 40 m 이상 50 m 미만으로 도수는 10명이고, 전체 학생은 50명이므로 구하는 상대도수는 $\dfrac{10}{50}=0.2$

10 60회 미만인 계급의 상대도수의 합은

$0.12+0.16+0.28+0.24=0.8$

$\therefore$ (학생 수)$=0.8\times50=40$(명)

11 80점 이상인 계급의 상대도수의 합은

$0.2+0.1=0.3$

따라서 전체에 대한 백분율은 $0.3\times100=30$(%)

12 (전체 도수)$=\dfrac{(\text{그 계급의 도수})}{(\text{상대도수})}$

$=\dfrac{3}{0.05}=60$(명)

소단원 테스트 [2회]　　144-145쪽

01 0.28　**02** 28.4　**03** 70점 이상 80점 미만
04 0.25　**05** 16명　**06** 30 %　**07** 1학년
08 50명, 300명　　**09** 40명　**10** 17　　**11** A
12 14명

01 도수의 총합은 $3+4+5+7+4+2=25$(명)이므로

$(\text{상대도수})=\dfrac{7}{25}=0.28$

02 $\dfrac{3}{d}=0.15$에서 $d=20$

$a=20\times0.1=2$

$b=\dfrac{8}{20}=0.4$

$c=20\times0.25=5$

$e=1$

$\therefore a+b+c+d+e=28.4$

03 상대도수가 가장 큰 계급의 도수가 가장 크므로 70점 이상 80점 미만이다.

04 자기주도학습 시간이 많은 쪽에서 20 %인 학생의 상대도수는 $\dfrac{20}{100}=0.2$이므로 학습 시간이 많은 쪽에서 20 %인 학생이 속한 계급은 4시간 이상 5시간 미만이다. 즉, 이 계급의 상대도수는 0.25이다.

05 3시간 이상 4시간 미만으로 공부하는 학생의 상대도수는 0.4이고 전체 학생 수가 40명이므로 이 계급에 속하는 학생 수는 $40\times0.4=16$(명)

06 키가 작은 쪽에서 13번째인 학생이 속하는 계급은 145 cm 이상 150 cm 미만이고 그 계급의 도수가 15이므로 $\dfrac{15}{50}\times100=30$(%)

07 몸무게가 50 kg 이상 55 kg 미만인 계급에서

$(\text{1학년의 상대도수})=\dfrac{12}{40}=0.3$

$(\text{2학년의 상대도수})=\dfrac{14}{50}=0.28$

따라서 1학년의 상대도수가 더 크다.

08 1반의 학생 수를 A명, 1학년 전체의 학생 수를 B명이라고 하자.

성적이 60점 이상 70점 미만인 학생이 1반에서 9명, 1학년 전체에서 51명이고, 그 상대도수가 각각 0.18, 0.17 이므로

$A=\dfrac{9}{0.18}=50$(명), $B=\dfrac{51}{0.17}=300$(명)

09 TV 시청 시간이 4시간 이상 5시간 미만인 계급의 상대도수가 0.075이고 도수가 3이므로 전체 학생 수는

$\dfrac{3}{0.075}=40$(명)

10 8시간 이상 봉사활동을 한 학생의 비율은

A : $0.4+0.25+0.05=0.7$

B : $0.3+0.35+0.15=0.8$

이므로 각각의 학생 수는

A : $0.7\times400=280$(명)

B : $0.8\times500=400$(명)

따라서 8시간 이상 봉사활동을 한 두 중학교 학생 수의 비는

$280:400=7:10$

$\therefore a+b=7+10=17$

11 1반과 전체의 상대도수를 구하면 다음과 같다.

혈액형	상대도수	
	1반	전체
O	0.26	0.28
A	0.28	0.25
B	0.30	0.30
AB	0.16	0.17
합계	1	1

따라서 상대도수가 전체보다 1반이 더 큰 혈액형은 A형이다.

12 독서 시간이 60분 이상 90분 미만인 계급의 상대도수는 0.24이다.

전체 학생 수를 x라고 하면

$0.24 \times x = 12$이므로 $x = 50$(명)

즉, 전체 학생 수는 50명이다.

독서 시간이 120분 이상 150분 미만인 계급의 상대도수는

$1 - (0.1 + 0.24 + 0.26 + 0.12) = 0.28$

따라서 이 계급의 도수는 $50 \times 0.28 = 14$(명)

146-149쪽

중단원 테스트 [1회]

01 $A = 5$, $B = 10$	**02** ⑤	**03** ③	**04** ④
05 4, 6, 0.36, 25	**06** ④	**07** ③	**08** ③
09 ⑤	**10** ④	**11** ③	**12** ①	**13** ③
14 ④	**15** 60명	**16** ④	**17** ④	**18** 0.1
19 ④	**20** ⑤	**21** 12명	**22** 20명	**23** 20 %
24 ②			

01 75회 이상 80회 미만인 변량은 76, 77, 79, 78, 75이므로 $A = 5$

80회 이상 85회 미만인 변량은 84, 80, 81, 82, 84, 82, 83, 82, 80, 81이므로 $B = 10$

02 맥박 수가 80회 이상 90회 미만인 학생은

$10 + 7 = 17$(명)

03 맥박 수가 90회 이상인 학생들은 6명이고

전체 학생 수는 30명이므로 $\dfrac{6}{30} \times 100 = 20$(%)

04 ④ 계급값은 계급을 대표하는 값으로서 그 계급의 가운데 값이다.

05 50점 이상 60점 미만인 계급의 도수가 2일 때 상대도수가 0.08이므로, 상대도수가 0.16일 때의 도수인 A는 4이고, 상대도수가 0.24일 때의 도수인 B는 6이다.

따라서 도수 1에 해당하는 상대도수가 0.04이므로 도수가 9일 때의 상대도수 C는 $C = 0.04 \times 9 = 0.36$

또한, $D = 2 + 4 + 9 + 6 + 4 = 25$

06 음악 성적이 80점 이상인 학생 수는

$6 + 4 = 10$(명)

07 총 학생 수는 $1 + 2 + 4 + 7 + 5 + 1 = 20$(명)

08 80점 이상의 학생이 총 6명이므로 국어 성적이 7번째로 좋은 학생은 70점 이상 80점 미만인 계급에 속한다.

따라서 계급값은 $\dfrac{70 + 80}{2} = 75$(점)

09 도수가 가장 큰 계급은 70점 이상 80점 미만인 계급이므로 상대도수는 $\dfrac{7}{20} = 0.35$

10 수학 성적이 80점 이상인 학생은 $9 + 7 = 16$(명)

11 수학 성적이 90점 이상인 학생은 7명이므로

$\dfrac{7}{40} \times 100 = 17.5$(%)

12 ② 상대도수는 전체에 대한 비율이므로 항상 1 이하이다.

③ 상대도수는 각 계급의 도수의 크기에 정비례한다.

④ 상대도수의 분포표만으로는 전체 도수의 합을 알 수 없다.

13 상대도수와 도수는 정비례하므로 도수가 가장 큰 계급은 상대도수도 가장 크다.

따라서 도수가 가장 큰 계급은 상대도수가 가장 큰 3권 이상 4권 미만인 계급이므로 계급값은 3.5권이다.

14 한 달 동안 책을 4권 이상 읽은 학생의 상대도수는

$0.25 + 0.05 = 0.30$이므로 전체의 30 %이다.

15 한 달 동안 읽은 책이 3권 미만인 학생의 상대도수는

$0.1 + 0.2 = 0.3$이고, 전체 학생 수는 200명이므로 한 달 동안 읽은 책이 3권 미만인 학생 수는

$0.3 \times 200 = 60$(명)

16 도수가 가장 작은 계급은 10분 이상 20분 미만인 계급이므로 $x = \dfrac{10 + 20}{2} = 15$

도수가 가장 큰 계급은 30분 이상 40분 미만인 계급이므로 $y = \dfrac{30 + 40}{2} = 35$

$\therefore x + y = 50$

17 하루에 운동을 40분 하는 학생은 40분 이상 50분 미만인 계급에 속하므로 구하는 계급값은

$\dfrac{40 + 50}{2} = 45$(분)

18 도수가 가장 작은 계급은 10분 이상 20분 미만인 계급이므로 상대도수는 $\dfrac{4}{40} = \dfrac{1}{10} = 0.1$

19 ④ 주어진 도수분포다각형에서 수면 시간의 대략적인 분포는 알 수 있으나 수면 시간의 정확한 수치는 알 수 없다.

20 수면 시간이 10시간 이상 11시간 미만인 계급의 학생은 1명, 9시간 이상 10시간 미만인 계급의 학생은 8명, 8시간 이상 9시간 미만인 계급의 학생은 10명이다.

따라서 윤아가 속한 계급은 8시간 이상 9시간 미만이고 이 계급의 도수는 10명이다.

21 40세 이상 50세 미만인 선생님 수를 x명이라고 하면

$(6+9):(x+10+3)=3:5$

$15:(x+13)=3:5$, $3(x+13)=75$

$x+13=25$ ∴ $x=12$

따라서 40세 이상 50세 미만인 선생님 수는 12명이다.

23 기록이 8.8초를 넘는 학생은 4명이므로

$\dfrac{4}{20}\times100=20(\%)$

24 줄넘기 기록이 50회 이상 60회 미만인 계급의 도수는 3명이고 전체 도수는 30명이므로

$\dfrac{3}{30}=0.1$

중단원 테스트 [2회]   150-153쪽

01 ④	**02** ④	**03** 70	**04** 5명
05 16시간		**06** ③	**07** 25 %	**08** ④
09 $A=13$, $B=19$	**10** ⑤	**11** ②	**12** 15초
13 $A=12$, $B=6$	**14** ③	**15** ⑤	**16** ⑤
17 ②	**18** ⑤	**19** 4명	**20** 42 cm	**21** ④
22 ⑤	**23** 60명	**24** 16시간	

01 던지기 기록이 25 m 미만인 학생 수는 $1+5=6$(명)이고 전체 학생 수는 60명이므로

$\dfrac{6}{60}\times100=10(\%)$

02 35 m 이상 40 m 미만 던진 학생은 12명이므로

$\dfrac{12}{60}\times100=20(\%)$

03 이 계급에 속하는 변량을 x라고 하면

$35-\dfrac{10}{2}\le x<35+\dfrac{10}{2}$

∴ $30\le x<40$

따라서 $a=30$, $b=40$이므로 $a+b=70$

04 컴퓨터 이용 시간이 8시간 이상 12시간 미만인 계급의 도수가 7일 때 상대도수가 0.35이므로 전체 학생 수를 x라 하면 $\dfrac{7}{x}=0.35$

∴ $x=20$(명)

12시간 이상 16시간 미만인 계급의 상대도수는 0.25이므로 이 계급에 속하는 학생 수는

$0.25\times20=5$(명)

05 16시간 이상의 두 계급의 상대도수의 합은

$0.05+0.05=0.1$

즉, 이용 시간이 많은 상위 10 %의 학생들은 일주일에 컴퓨터를 16시간 이상 이용하는 학생들이다.

06 0시간 이상 4시간 미만인 계급의 상대도수가 0.1이므로 컴퓨터 이용 시간이 적은 하위 10 %의 학생들은 이 계급에 속하는 학생들이다.

따라서 일주일에 최대한 4시간 미만 이용한다고 말할 수 있다.

07 전체 도수는 12명이고 70점 이상인 학생은 3명이므로

$\dfrac{3}{12}\times100=25(\%)$

08 수학 성적이 80점 이상인 학생은 $9+2=11$(명)

따라서 전체의 $\dfrac{11}{50}\times100=22(\%)$

09 수학 성적이 70점 미만인 학생 수 $A+7$(명)이 전체 학생 50명의 40 %이므로

$A+7=50\times\dfrac{40}{100}$ ∴ $A=13$

∴ $B=30-(9+2)=19$

10 $A=\dfrac{8}{40}=0.2$

11 통학 시간이 30분 미만인 학생은 30명이고, 10분 이상 20분 미만인 계급에 속하는 학생 수는

$0.225\times40=9$(명)

따라서 20분 이상 30분 미만인 계급에 속하는 학생 수는

$30-(8+9)=13$(명)

12 20명의 10 %는 2명이므로 13초 이상 15초 미만인 계급에 속하는 2명이 상위 10 % 이내의 학생들이다.

따라서 이 학생들은 적어도 15초 이내에 100 m를 달린다고 말할 수 있다.

13 $A+B=40-(3+7+10+2)$

∴ $A+B=18$

이때 $A=2B$이므로 $2B+B=18$ ∴ $B=6$

∴ $A=2B=12$

14 몸무게가 다섯 번째로 많이 나가는 학생이 속하는 계급은 55 kg 이상 60 kg 미만인 계급이므로 계급값은 57.5 kg이다.

15 ⑤ 몸무게가 55 kg인 학생이 속하는 계급은 55 kg 이상 60 kg 미만인 계급이고 이 계급의 도수는 6명이다.

16 이 계급에 속하는 변량을 x라고 하면

$27-\dfrac{6}{2}\le x<27+\dfrac{6}{2}$

∴ $24\le x<30$

따라서 이 계급에 속하지 않는 것은 ⑤이다.

17 ① 상대도수 그래프에서 전체 도수는 알 수 없다.

② 2학년의 그래프가 1학년의 그래프보다 오른쪽으로 더 치우쳐 있으므로 2학년의 운동 시간이 더 길다고 볼 수 있다.

③ 20분 미만인 학생은 1학년 전체의
$$0.06 \times 100 = 6(\%)$$

④ 40분 이상 80분 미만인 학생의 비율은 1학년은 $0.24 + 0.28 = 0.52$, 2학년은 $0.22 + 0.3 = 0.52$이므로 두 학년의 비율이 서로 같다.

⑤ 전체 도수를 알 수 없으므로 100분 이상인 학생 수를 비교할 수 없다.

18 전체 도수를 각각 $3a$, $4a$라 하고
어떤 계급의 도수를 각각 $5b$, $6b$라고 하면
이 계급의 상대도수의 비는 $\dfrac{5b}{3a} : \dfrac{6b}{4a} = 10 : 9$

19 수아의 기록보다 좋은 기록은 148 cm, 152 cm, 154 cm, 155 cm이므로 수아보다 기록이 좋은 학생 수는 4명이다.

20 가장 멀리 뛴 기록은 155 cm이고, 가장 가깝게 뛴 기록은 113 cm이다.
따라서 두 기록의 차는 $155 - 113 = 42(\text{cm})$

21 ② $A = 5$이므로 $B = C = D = \dfrac{5}{25} = 0.2$

③ 80점 이상인 학생들의 상대도수의 합은
$0.2 + 0.2 = 0.4$이므로 전체의 40 %이다.

④ 영어 성적이 11번째인 학생이 속한 계급은 70점 이상 80점 미만이므로 계급값은 75점이다.

⑤ $\dfrac{11}{25} \times 100 = 44(\%)$

22 ② 도수의 총합은 $1 + 3 + 7 + 8 + 6 + 2 = 27(\text{명})$

④ 히스토그램의 직사각형의 넓이의 합은
(계급의 크기) × (도수의 총합) $= 5 \times 27 = 135$

⑤ 도수분포다각형과 가로축으로 둘러싸인 부분의 넓이는 히스토그램의 직사각형의 넓이의 합과 같으므로 135이다.

23 상대도수의 총합은 1이므로 사회 성적이 60점 이상 70점 미만인 계급의 상대도수는
$$1 - (0.2 + 0.15 + 0.2 + 0.15 + 0.05) = 0.25$$
따라서 구하는 학생 수는 $240 \times 0.25 = 60(\text{명})$

24 인터넷 사용 시간이 18시간 이상인 학생 수는 8명, 14시간 이상 18시간 미만인 학생 수는 5명이므로 인터넷 사용 시간이 10번째로 많은 학생이 속하는 계급은 14시간 이상 18시간 미만이다.
$$\therefore (\text{계급값}) = \frac{14 + 18}{2} = 16(\text{시간})$$

<table>
<tr><td colspan="2">중단원 테스트 [서술형]</td><td align="right">154-155쪽</td></tr>
</table>

01 (1) 39 (2) 30 %   **02** 2   **03** 5   **04** 48 %

05 15, 40명   **06** 11명

07 $A = 0.28$, $B = 44$ **08** 14명

01 (1) 가장 많이 캔 학생의 감자의 개수는 46개이고 가장 적게 캔 학생의 감자의 개수는 7개이므로 개수의 차는 $46 - 7 = 39(\text{개})$ ······❶

(2) 전체 학생 수는
$3 + 6 + 9 + 7 + 5 = 30(\text{명})$ ······❷
감자를 20개 미만 캔 학생 수는 $3 + 6 = 9(\text{명})$
이므로 전체의 $\dfrac{9}{30} \times 100 = 30(\%)$ ······❸

채점 기준	배점
❶ 감자의 개수 차 구하기	30 %
❷ 전체 학생 수 구하기	30 %
❸ 20개 미만 캔 학생의 백분율 구하기	40 %

02 전체 학생 수는 50명이므로
$A + B = 50 - (5 + 8 + 15) = 22$
$$\therefore A = 22 \times \frac{6}{11} = 12, \ B = 22 \times \frac{5}{11} = 10 \quad \text{······❶}$$
$$\therefore A - B = 12 - 10 = 2 \quad \text{······❷}$$

채점 기준	배점
❶ A, B의 값 각각 구하기	80 %
❷ $A - B$의 값 구하기	20 %

03 책을 5권 이상 7권 미만 읽은 학생이
전체의 30 %이므로
$$\frac{A}{30} \times 100 = 30 \quad \therefore A = 9 \quad \text{······❶}$$
$$B = 30 - (1 + 6 + 9 + 8 + 2) = 4 \quad \text{······❷}$$
$$\therefore A - B = 9 - 4 = 5 \quad \text{······❸}$$

채점 기준	배점
❶ A의 값 구하기	40 %
❷ B의 값 구하기	30 %
❸ $A - B$의 값 구하기	30 %

04 $A + B + C = 50 - (8 + 12 + 6) = 24$
$A : B : C$의 비가 $1 : 2 : 1$이므로
$A = 6$, $B = 12$, $C = 6$ ······❶
수학 성적이 80점 이상 90점 미만인 학생 수는
$B + 12 = 12 + 12 = 24(\text{명})$
따라서 전체의 $\dfrac{24}{50} \times 100 = 48(\%)$ ······❷

채점 기준	배점
❶ A, B, C의 값 각각 구하기	50 %
❷ 80점 이상 90점 미만인 학생의 백분율 구하기	50 %

채점 기준	배점
❶ 전체 학생 수 구하기	30 %
❷ 10시간 이상 14시간 미만인 계급의 상대도수 구하기	30 %
❸ 10시간 이상 14시간 미만인 학생 수 구하기	40 %

05 직사각형 A와 B는 가로의 길이가 같으므로 넓이의 비는 세로의 길이의 비, 즉 도수의 비와 같다.

$A : B = a : 10 = 3 : 2$

$\therefore a = 15$ ······ ❶

따라서 전체 학생 수는

$2 + 5 + 8 + 15 + 10 = 40$(명) ······ ❷

채점 기준	배점
❶ a의 값 구하기	50 %
❷ 전체 학생 수 구하기	50 %

06 수면 시간이 7시간 이상 8시간 미만인 학생이 전체의 25 %이므로 수면 시간이 7시간 이상 8시간 미만인 학생 수는

$32 \times \dfrac{25}{100} = 8$(명) ······ ❶

따라서 수면 시간이 6시간 이상 7시간 미만인 학생 수는

$32 - (3 + 4 + 8 + 6) = 11$(명) ······ ❷

채점 기준	배점
❶ 7시간 이상 8시간 미만인 학생 수 구하기	50 %
❷ 6시간 이상 7시간 미만인 학생 수 구하기	50 %

07 1학년 전체 학생 수를 x명이라고 하면

$\dfrac{80}{x} = 0.4$, $0.4x = 80$

$\therefore x = 200$

따라서 1학년 전체 학생 수는 200명이다. ······ ❶

$\therefore A = \dfrac{56}{200} = 0.28$ ······ ❷

$B = 0.22 \times 200 = 44$ ······ ❸

채점 기준	배점
❶ 학년 전체 학생 수 구하기	40 %
❷ A의 값 구하기	30 %
❸ B의 값 구하기	30 %

08 6시간 이상 10시간 미만인 학생 수는 6명이고, 상대도수는 0.15이므로 전체 학생 수는

$\dfrac{6}{0.15} = 40$(명) ······ ❶

10시간 이상 14시간 미만인 계급의 상대도수는

$1 - (0.1 + 0.15 + 0.2 + 0.15 + 0.05) = 0.35$ ······ ❷

따라서 구하는 학생 수는

$0.35 \times 40 = 14$(명) ······ ❸

대단원 테스트 156-163쪽

01 ④	**02** ⑤	**03** ③	**04** ④	**05** ③
06 ④	**07** 0.1	**08** ⑤	**09** ④	**10** ⑤
11 75점	**12** 80점	**13** ③	**14** 14명	**15** ④
16 ⑤	**17** ⑤	**18** ⑤	**19** 5시간	**20** 30 %
21 0.2	**22** $a=40$, $b=47$		**23** ③	**24** 0.18
25 ④	**26** ⑤	**27** 16명	**28** 11 : 9	**29** ③
30 ③	**31** 0.24	**32** 0.18	**33** 52.5 kg	
34 0.44	**35** 110명	**36** $A=6$, $B=9$		**37** ②
38 55 %	**39** 15회 이상 20회 미만			**40** ③
41 6명, 4명		**42** ⑤	**43** 0.18	**44** 20
45 ④	**46** ③	**47** 16	**48** ①	

01 ③ 전체 회원 수는 $9 + 8 + 5 + 3 = 25$(명)

④ 나이가 20세인 회원은 2명이다.

⑤ 나이가 50세 이상인 회원은 3명이므로 전체의

$\dfrac{3}{25} \times 100 = 12(\%)$

02 ⑤ 계급의 크기가 너무 작으면 취급하기가 복잡하고, 계급의 크기가 너무 크면 자료의 분포 상태를 알기가 어렵다.

03 이 반 학생 수를 x라고 하면

$\dfrac{14}{x} = 0.4$ $\therefore x = 35$(명)

04 $A = 40 - (3 + 8 + 11 + 5 + 3) = 10$

05 던지기 기록이 9번째로 좋은 학생이 속하는 계급은 30 m 이상 35 m 미만이므로 이 계급의 계급값은

$\dfrac{30 + 35}{2} = 32.5(\text{m})$

06 $C = \dfrac{2}{0.04} = 50$, $A = 50 \times 0.16 = 8$

$B = 50 \times 0.28 = 14$, $D = \dfrac{9}{50} = 0.18$, $E = 1$

$\therefore A + B + C + D + E = 73.18$

07 (전체 학생 수)$=\dfrac{6}{0.05}=120$(명)

따라서 몸무게가 45 kg 이상 50 kg 미만인 계급의 상대도수는 $\dfrac{12}{120}=0.1$

08 ⑤ 키가 가장 작은 학생은 남학생이다.

09 A, B 두 반의 전체 도수를 각각 $4a$, $3a$라 하고, 어떤 계급의 도수를 각각 $8b$, $5b$라고 하면 이 계급의 상대도수의 비는

$\dfrac{8b}{4a}:\dfrac{5b}{3a}=2:\dfrac{5}{3}=6:5$

10 ⑤ 영어 성적이 7번째로 높은 학생이 속한 계급은 80점 이상 90점 미만이므로

(계급값)$=\dfrac{80+90}{2}=85$(점)

11 과학 성적이 80점 이상인 학생은 $7+3=10$(명), 70점 이상인 학생은 $14+7+3=24$(명)이므로 성적이 15등인 학생이 속하는 계급은 70점 이상 80점 미만이다.

따라서 이 계급의 계급값은 $\dfrac{70+80}{2}=75$(점)

12 과학 성적이 상위 25 % 이내에 들려면

$40\times\dfrac{25}{100}=10$(등)이내에 들어야 한다.

즉, 과학 성적이 90점 이상인 학생은 3명, 80점 이상인 학생은 $7+3=10$(명)이므로 최소한 80점 이상을 받아야 한다.

13 $A=35-(1+2+12+9+1)=10$이므로 도수가 가장 큰 계급은 7시간 이상 8시간 미만이다.

따라서 계급값은 $\dfrac{7+8}{2}=7.5$(시간)

14 기록이 8.0초 이상 8.5초 미만인 계급의 상대도수는

$1-(0.05+0.15+0.25+0.1+0.1)=0.35$

따라서 기록이 8.0초 이상 8.5초 미만인 학생 수는

$40\times0.35=14$(명)

15 지각 횟수가 2회 이상 4회 미만인 학생 수는 9명이므로 전체의

$\dfrac{9}{30}\times100=30$(%)

16 ① 남학생 수는 $1+3+6+10+3+2=25$(명), 여학생 수는 $1+2+5+8+5+4=25$(명)이므로 남학생 수와 여학생 수는 같다.

② 남학생의 기록이 여학생의 기록보다 좋은 편이다.

③ 여학생의 기록 중 도수가 가장 큰 계급은 16초 이상 17초 미만이므로 이 계급의 계급값은

$\dfrac{16+17}{2}=16.5$(초)

④ 남학생 중 기록이 15초 미만인 학생은 $1+3+6=10$(명)이므로 남학생 전체의

$\dfrac{10}{25}\times100=40$(%)

17 ⑤ 히스토그램은 각 계급의 양 끝 값을 가로축에 표시한다.

18 전체 학생 수를 x라 하면

$0.32=\dfrac{16}{x}$ ∴ $x=50$(명)

19 $a+4a+15+7+3=40$이므로 $5a=15$

∴ $a=3$

따라서 도수가 가장 큰 계급은 4시간 이상 6시간 미만이므로 계급값은 $\dfrac{4+6}{2}=5$(시간)

20 TV 시청 시간이 2시간 이상 4시간 미만인 학생 수는 $4a=12$(명)이므로 전체의

$\dfrac{12}{40}\times100=30$(%)

21 계급값이 27.5분인 25분 이상 30분 미만인 계급의 도수를 x라 하면 식사 시간이 25분 이상인 계급의 도수는

$x+2+2=x+4$(명)이므로

$x=\dfrac{1}{2}\times(x+4)$, $2x=x+4$

∴ $x=4$(명)

전체 학생 수는 $1+2+4+5+4+2+2=20$(명)

따라서 계급값이 27.5분인 계급의 상대도수는

$\dfrac{4}{20}=0.2$

22 a 이상 b 미만인 계급의 계급값이 43.5이고 계급의 크기가 7이므로

$a=43.5-\dfrac{7}{2}=40$, $b=43.5+\dfrac{7}{2}=47$

23 영어 성적이 80점 이상인 계급의 상대도수의 합은

$0.18+0.08=0.26$이므로 $0.26\times100=26$(%)

24 영어 성적이 90점 이상인 학생 수는

$50\times0.08=4$(명)

영어 성적이 80점 이상인 학생 수는

$50\times(0.18+0.08)=13$(명)

따라서 영어 성적이 높은 쪽에서 12번째인 학생이 속하는 계급은 80점 이상 90점 미만이므로 이 계급의 상대도수는 0.18이다.

25 전체 도수가 50명이므로 수학 성적이 70점 이상 80점 미만인 계급의 도수는

$50-(3+6+13+10+6)=12$(명)

26 수학 성적이 80점 이상인 계급의 도수의 합이 16명이므로 수학 성적이 80점 이상인 학생은 전체의

$\dfrac{16}{50}\times100=32$(%)

27 전체 시청자 수는 $\dfrac{2}{0.05}=40$(명)

40세 이상 50세 미만인 계급의 상대도수는

$1-(0.05+0.10+0.20+0.15+0.10)=0.4$

따라서 나이가 40세 이상 50세 미만인 시청자의 수는

$40\times0.4=16$(명)

28 A, B 두 집단의 전체 도수를 각각 $11a$, $15a$라 하고, A, B 두 집단의 어떤 계급에 대한 상대도수를 각각 $5b$, $3b$라고 하면, 이 계급의 도수의 비는

$11a\times5b:15a\times3b=55ab:45ab=11:9$

29 ㄱ. 전체 도수가 같기 때문에 다각형으로 둘러싸인 넓이가 같고, 공통 부분을 빼면 $S_1=S_2$

ㄴ. B반의 그래프가 A반의 그래프보다 오른쪽으로 치우쳐 있으므로 B반의 기록이 더 좋은 편이다.

ㄷ. 22.5(초) $<$ 27.5(초)

ㄹ. 기록이 좋은 3명은 B반에 있다.

30 ③ 학급의 학생 수는 모두 40명이므로 수학 성적이 70점 미만인 학생은 전체의 $\dfrac{9}{40}\times100=22.5(\%)$

31 높이가 1500 m 이상 2000 m 미만인 계급의 도수는 6개이므로 상대도수는 $\dfrac{6}{25}=0.24$

32 몸무게가 55 kg 이상 60 kg 미만인 학생 수를 x명이라 하면

$\dfrac{x}{50}\times100=20$ $\therefore x=10$

따라서 50 kg 이상 55 kg 미만인 계급의 도수는

$50-(1+4+9+14+10+3)=9$(명)

이므로 이 계급의 상대도수는 $\dfrac{9}{50}=0.18$

33 몸무게가 15번째로 무거운 학생이 속하는 계급은 50 kg 이상 55 kg 미만이다.

따라서 이 계급의 계급값은 $\dfrac{50+55}{2}=52.5$(kg)

34 $1-(0.06+0.1+0.28+0.12)=0.44$

35 0.5시간 이상 1시간 미만인 계급의 상대도수가 0.06이고, 도수가 15명이므로 도수의 총합은

$\dfrac{15}{0.06}=250$(명)

따라서 스마트폰 사용 시간이 2시간 이상 2.5시간 미만인 학생 수는 $250\times0.44=110$(명)

36 $B=A+3$이고, $A+B=37-(7+11+4)=15$이므로 $A+(A+3)=15$, $2A=12$

$\therefore A=6$, $B=9$

37 수면 시간이 6시간 이상 7시간 미만인 학생이 전체의 40 %이므로

$A=30\times\dfrac{40}{100}=12$

$B=30-(2+5+12+7)=4$

$\therefore A-B=12-4=8$

38 전체 학생 수는 $4+7+6+2+1=20$(명)

턱걸이 기록이 15회 미만인 학생 수는 $4+7=11$(명)

따라서 전체의 $\dfrac{11}{20}\times100=55(\%)$

39 턱걸이 기록이 20회 이상인 학생 수가 $2+1=3$(명), 턱걸이 기록이 15회 이상 20회 미만인 학생 수가 6명이므로 턱걸이를 5번째로 많이 한 학생이 속한 계급은 15회 이상 20회 미만이다.

40 (전체 학생 수)$=5+5+15+20+5=50$(명)

50 kg 이상 55 kg 미만인 계급의 학생 수가 15명

$\therefore$ (상대도수)$=\dfrac{15}{50}=0.3$

41 $A+B=1-(0.24+0.36)=0.4$이므로

두 계급에 속하는 학생 수의 합은

$25\times0.4=10$(명)

따라서 구하는 학생 수는 각각

$10\times\dfrac{3}{5}=6$(명), $10\times\dfrac{2}{5}=4$(명)

42 $22-\dfrac{8}{2}\le x<22+\dfrac{8}{2}$에서 $18\le x<26$

따라서 변량 x가 될 수 없는 것은 ⑤이다.

43 $x:y=1:12$이므로 $y=12x$

$x+0.28+0.46+12x=1$, $13x=0.26$

$\therefore x=0.02$, $y=0.02\times12=0.24$

$\therefore y-3x=0.24-3\times0.02=0.18$

44 기록이 25초 이상인 학생이 전체의 35 %이므로

$\dfrac{B+2}{20}\times100=35$ $\therefore B=5$

또, $1+A+4+6+5+2=20$이므로 $A=2$

이때 기록이 20초 이상 25초 미만인 학생 6명의 기록이 모두 22.5초 미만이라 하면 $y=1+2+4+6=13$

기록이 20초 이상 25초 미만인 학생 6명의 기록이 모두 22.5초 이상이라 하면 $x=1+2+4=7$

$\therefore x+y=7+13=20$

45 ② 몸무게가 50 kg 이상인 학생 수는

$13+9+5=27$(명)

③ 도수가 11명인 계급은 45 kg 이상 50 kg 미만이므로 그 계급의 계급값은 $\dfrac{45+50}{2}=47.5$(kg)

④ 몸무게가 40 kg 이상 55 kg 미만인 학생은

$8+11+13=32$(명)이므로 전체의

$\dfrac{32}{50}\times100=64(\%)$

⑤ 몸무게가 무거운 쪽에서부터 8번째인 학생이 속하는 계급은 55 kg 이상 60 kg 미만이므로 이 계급의 도수는 9명이다.

따라서 옳지 않은 것은 ④이다.

46 10 %는 상대도수가 0.1이므로 상대도수가 0.1 이하인 계급은 2~4, 4~6, 10~12의 3개이다.

47 전체 도수를 x라 하면

$$\frac{(60분\ 이상\ 80분\ 미만인\ 학생\ 수)}{(전체\ 학생\ 수)}=\frac{20}{x}=0.4$$

∴ $x=50$(명)

∴ $A=50-(5+20+5+4)=16$

48 상대도수의 총합은 항상 1이므로
$0.28+a+0.23+b=1$에서 $a+b=0.49$
이때 두 학생 수의 비가 $4:3$이므로

$a=0.49\times\frac{4}{7}=0.28$, $b=0.49\times\frac{3}{7}=0.21$

대단원 테스트 [고난도]　　　164-167쪽

01 13	**02** $A=6$, $B=14$	**03** 50 %	**04** 40 %
05 57	**06** ②, ④	**07** 10 %	**08** 3	**09** 90점
10 18초	**11** 80점	**12** ④	**13** 15 %	**14** 9명
15 5곳	**16** 9명	**17** 120명	**18** 13명	**19** 64 %
20 18명	**21** 0.2	**22** 75명	**23** 9 : 10	**24** ①, ②

01 $a=10-0=20-10=\cdots=60-50=10$

줄넘기 기록이 40회 이상 50회 미만인 학생 수는
$50-(2+7+18+16+3)=4$(명)이므로
도수가 가장 큰 계급은 20회 이상 30회 미만이다.

∴ $b=\frac{20+30}{2}=25$

줄넘기 기록이 40회 이상인 학생은 $4+3=7$(명)이므로

$c=\frac{7}{50}\times100=14$

∴ $a-b+2c=10-25+28=13$

02 $\frac{2+A}{40}\times100=20$에서 $2+A=8$　∴ $A=6$

또한, $2+6+B+9+8+1=40$에서
$26+B=40$　∴ $B=14$

03 국어 성적이 60점 이상 70점 미만인 학생 수를 $2a$명, 80점 이상 90점 미만인 학생 수를 $3a$명이라 하면
$2+2a+6+3a+4=32$
$5a=20$　∴ $a=4$
따라서 국어 성적이 80점 이상인 학생 수는
$3a+4=12+4=16$(명)이므로

$\frac{16}{32}\times100=50(\%)$

04 A반의 전체 학생 수는
$4+7+8+9+8+4=40$(명)

상위 30 %는 성적이 높은 순으로 $40\times\frac{30}{100}=12$(번째)

의 학생이고 80점 이상 90점 미만 계급에 속한다.
이때 B반의 전체 학생 수는
$2+4+7+8+9+5=35$(명)
성적이 80점 이상인 학생은 $9+5=14$(명)

∴ $\frac{14}{35}\times100=40(\%)$

05 세로축의 눈금 한 칸의 크기를 a라 하면 도수의 합은
$2a+6a+13a+10a+5a+4a=120$이므로
$40a=120$　∴ $a=3$
즉, 각 계급의 도수는 순서대로 6가구, 18가구, 39가구, 30가구, 15가구, 12가구이다.
따라서 생활 폐기물 발생량이 130 kg 이상인 가구 수는
$30+15+12=57$

06 ① 계급의 개수는 6이다.
③ 성적이 90점 이상 100점 미만인 학생 수는
$50-(4+6+12+9+11)=8$(명)
도수가 가장 작은 계급은 40점 이상 50점 미만이므로 계급값은 45점이다.
④ 영어 성적이 상위 10 % 이내인 학생은
$50\times\frac{10}{100}=5$(명)
따라서 90점 이상인 계급에 속한다.
⑤ 성적이 7번째로 낮은 학생이 속한 계급은 50점 이상 60점 미만이므로 계급값은 55점이다.

07 1반의 전체 학생 수는 $2+4+12+14+6+2=40$(명)

상위 20 %는 성적이 좋은 쪽에서 $\frac{20}{100}\times40=8$(명)

까지의 학생이므로 사회 성적이 80점 이상이다.
2반의 전체 학생 수는 $3+5+9+10+2+1=30$(명)
즉, 2반에서 80점 이상의 학생은 상위

$\frac{3}{30}\times100=10(\%)$ 이내에 든다.

08 기록이 39 m 이상 47 m 미만인 학생 수는
$36-(4+11+9+3)=9$(명)
이때 기록이 39 m 이상인 학생 수는 $9+3=12$(명)

이므로 전체의 $\frac{12}{36}=\frac{1}{3}$

∴ $n=3$

09 반 전체 학생 수는 $2+5+8+9+6=30$(명)
성적이 상위 20 % 이내인 학생은 성적이 높은 쪽에서

$\frac{20}{100}\times30=6$(명)까지이다.

이때 90점 이상 100점 미만인 계급의 도수가 6명이므로 과학 성적이 상위 20 % 이내인 학생은 최소 90점 이상을 받았다.

10 기록이 14초 이상 18초 미만인 학생이 전체의 76 %이므로 14초 미만 또는 18초 이상인 학생은 전체의 24 %이고 학생 수가 6명이다.

(전체 학생 수)$\times \dfrac{24}{100}=6$에서

(전체 학생 수)$=25$(명)

이때 25명의 12 %는 $25 \times \dfrac{12}{100}=3$(명)이다.

따라서 상위 12 % 이내에 들려면 최소 18초 이상이어야 한다.

11 (전체 학생 수)$=3+7+12+15+8+4+1=50$(명)

이때 50명의 10 %는 5명이므로 상위 10 % 이내에 들려면 최소 80점 이상을 받아야 한다.

12 ① 1반: $2+4+5+8+5+3+2+1=30$(명)

2반: $1+2+4+6+9+4+3+1=30$(명)

② 계급값이 85점인 계급에 속한 학생은 1반이 2명, 2반이 3명이므로 2반 학생 수가 1명 더 많다.

③ 2반의 성적을 나타내는 그래프가 1반의 성적을 나타내는 그래프보다 오른쪽으로 치우쳐 있으므로 1반보다 2반의 성적이 더 좋다고 말할 수 있다.

④ 1반 : $5+8+5=18$(명)

2반 : $4+6+9=19$(명)

⑤ 주어진 도수분포다각형만으로는 성적이 가장 우수한 학생이 어느 반에 있는지 알 수 없다.

13 전체 학생 수를 x라고 하면 60점 이상 65점 미만인 학생 수가 전체의 20 %이므로

$\dfrac{16}{x}\times 100=20$ $\therefore x=80$(명)

65점 이상 70점 미만인 학생 수를 a라고 하면

$12:(a+6)=2:3$ $\therefore a=12$(명)

따라서 계급값이 67.5점인 계급의 학생은 전체의

$\dfrac{12}{80}\times 100=15(\%)$

14 15초 미만인 학생이 6명이므로 전체 학생 수를 x라고 하면

$\dfrac{6}{x}\times 100=12$ $\therefore x=50$(명)

17초 미만인 학생 수는 $6+10+16=32$(명)이므로 17초 이상인 학생 수는 18명이어야 한다.

18초 이상 19초 미만인 학생 수는 $18 \times \dfrac{2}{9}=4$(명)

따라서 17초 이상 18초 미만인 학생 수는

$18-4-3-2=9$(명)

15 판매한 아이스크림의 수가 50개 이상인 편의점은

$3+1=4$(곳)

조사한 전체 편의점 수를 x곳이라고 하면

$\dfrac{4}{x}\times 100=16$ $\therefore x=25$

따라서 구하는 편의점 수는

$25-(2+5+9+3+1)=5$(곳)

16 60점 이상 70점 미만을 받은 학생 수를 x명이라고 하면, 70점 이상 80점 미만을 받은 학생 수는 $(x+1)$명이므로

$2+5+x+(x+1)+6+3=35$

$2x+17=35$ $\therefore x=9$

따라서 60점 이상 70점 미만을 받은 학생 수는 9명이다.

17 도수는 상대도수에 정비례하므로

$a:b=\dfrac{1}{4}:\dfrac{1}{5}$에서 $a:b=5:4$

이때 a, b의 최대공약수가 6이므로

$a=5\times 6=30$, $b=4\times 6=24$

따라서 전체 학생 수는 $30 \div \dfrac{1}{4}=120$(명)

18 12시간 이상 15시간 미만인 계급의 상대도수를 $3a$, 15시간 이상 18시간 미만인 계급의 상대도수를 $4a$라 하면

$0.2+0.18+0.24+3a+4a+0.1=1$

$7a=0.28$ $\therefore a=0.04$

따라서 15시간 이상인 계급의 상대도수가

$4a+0.1=0.16+0.1=0.26$

이므로 구하는 학생 수는 $50\times 0.26=13$(명)

19 (전체 도수)$=\dfrac{4}{0.16}=25$(명)

20 m 이상 30 m 미만인 계급의 상대도수는

$\dfrac{5}{25}=0.2$

따라서 공을 30 m 미만으로 던진 학생은 전체의

$(0.16+0.2)\times 100=36(\%)$

이므로 공을 30 m 이상 던진 학생은 전체의

$100-36=64(\%)$

20 70점 미만인 학생 수 : $0.45\times 40=18$(명)

70점 이상인 학생 수 : $40-18=22$(명)

90점 이상 100점 미만인 학생 수를 a라 하면

$18:a=9:2$ $\therefore a=4$(명)

따라서 70점 이상 90점 미만인 학생 수는

$22-4=18$(명)

21 전체 학생 수는 $2+4+10+12+8+4=40$(명)

사회 성적이 10번째로 좋은 학생이 속하는 계급은 80점 이상 90점 미만이고 이 계급의 도수는 8명이므로

상대도수는 $\dfrac{8}{40}=0.2$

22 (전체 학생 수)$=\dfrac{25}{0.1}=250$(명)

찢어진 부분의 상대도수가

$1-(0.28+0.18+0.12+0.08+0.02)=0.32$

이므로 도수가 가장 큰 계급의 학생 수는

$250\times0.32=80$(명)

도수가 가장 작은 계급의 학생 수는

$250\times0.02=5$(명)

따라서 구하는 차는 $80-5=75$(명)

23 A, B 두 중학교의 전체 학생 수를 각각 $6a$, $5a$라 하고, 90점 이상인 학생 수를 각각 x, y라 하면

상대도수의 비가 $3:4$이므로

$\dfrac{x}{6a}:\dfrac{y}{5a}=3:4$, $9y=10x$

$\therefore x:y=9:10$

24 ③ 남학생의 그래프에서 계급값이 6.5초인 계급의 상대도수는 0.2이므로 도수는 $50\times0.2=10$(명)

④ 기록이 6.3초인 남학생은 남학생 중 빨리 달린 쪽에서 $(0.12+0.2)\times100=32$(%) 안에 든다.

⑤ 기록이 7초 미만인 여학생은 여학생 전체의 $(0.04+0.1)\times100=14$(%)

학업성취도 테스트 [1회]   168-171쪽

01 ①, ④	**02** ④	**03** ③	**04** ①, ⑤	**05** ④
06 ②	**07** ④	**08** ③	**09** ⑤	**10** ④
11 ③	**12** ④	**13** ③	**14** ④	**15** ②
16 ①	**17** ②	**18** ⑤	**19** 5개	**20** 55°
21 π	**22** 192000원			
23 (1) 6, 0.4 (2) 55 kg		**24** 40 cm³		

01 ① $\overline{AN}=\dfrac{1}{2}\overline{AM}=\dfrac{1}{2}\overline{BM}$

④ $\overline{AN}=\dfrac{1}{2}\overline{AM}=\dfrac{1}{2}\times\dfrac{1}{2}\overline{AB}=\dfrac{1}{4}\overline{AB}$

02 $30°+\angle x+6\angle x+10°=180°$

$\therefore \angle x=20°$

03 $a=8$, $b=12$이므로 $a+b=8+12=20$

---

04 ② $\overline{AB}\perp\overline{CD}$

③ 점 C에서 $\overleftrightarrow{AB}$에 내린 수선의 발은 점 H이다.

④ 점 A와 $\overleftrightarrow{CD}$ 사이의 거리는 $\overline{AH}$이다.

05 ④ 두 변의 길이가 각각 같고, 끼인각이 아닌 한 각의 크기가 같으므로 $\triangle ABC\equiv\triangle DEF$라고 할 수 없다.

06 $\angle x+40°=5\angle x-40°$, $4\angle x=80°$

$\therefore \angle x=20°$

07 ④ 동위각의 크기가 같지 않으므로 두 직선 l, m은 평행하지 않다.

08 ③ $\angle AOD=150°$이고 $\angle BOD=120°$이므로 $\overline{AD}$와 $\overline{BD}$의 길이는 같지 않다.

09 n각형의 대각선의 개수가 27이므로

$\dfrac{n\times(n-3)}{2}=27$, $n\times(n-3)=54$

$\therefore n=9$

따라서 구각형의 내각의 크기의 합은

$180°\times(9-2)=1260°$

10 주어진 입체도형과 같은 입체도형을 주어진 도형 위에 얹으면 밑면의 반지름이 3 cm이고 높이가 $10+14=24$(cm)인 원기둥이 생긴다.

$\therefore$ (입체도형의 부피)$=\dfrac{1}{2}\times(\pi\times3^2\times24)$

$\qquad\qquad\qquad\qquad\quad =108\pi$(cm³)

11 ③

12 (밑넓이)$=6\times6=36$(cm²)

(옆넓이)$=4\times\left(\dfrac{1}{2}\times6\times x\right)=12x$(cm²)

이때 $36+12x=144$이므로 $12x=108$

$\therefore x=9$

13 ① 정다면체는 모두 5가지이다.

② 정팔면체의 모서리의 개수는 12이다.

④ 면의 모양이 정오각형인 정다면체는 정십이면체이다.

⑤ 면의 모양이 정삼각형인 정다면체는 정사면체, 정팔면체, 정이십면체이다.

14 ① 오각기둥 − 직사각형

② 사면체 − 삼각형

③ 육각기둥 − 직사각형

⑤ 삼각뿔대 − 사다리꼴

15 밑면이 △EFH인 입체도형의 면의 개수는 7이고, 밑면이 △FGH인 입체도형의 면의 개수는 5이다.

따라서 두 입체도형의 면의 개수의 합은 12이다.

16 ① 줄기 4의 잎은 0, 3, 3, 5, 5이다.

④ 나이가 50세 이상인 주민은 51세와 59세로 2명이다.

⑤ 10대인 주민의 나이는 10세, 15세, 18세로 3명이다.

17 계급 $150 \sim 155$, $155 \sim 160$의 도수를 각각 $4x$, $5x$라 하면

$18 = 1 + 2 + 4x + 5x + 3 + 3$

$9 = 9x$ ∴ $x = 1$

따라서 155 cm 이상 160 cm 미만인 학생 수는

$5x = 5$(명)

18 ⑤ 도수의 총합은

$1 + 5 + 11 + 13 + 12 + 10 + 8 = 60$(명)

19 $\overline{\text{AD}}$, $\overline{\text{AE}}$, $\overline{\text{BE}}$, $\overline{\text{CE}}$, $\overline{\text{DE}}$의 5개이다.

20 오른쪽 그림과 같이 l, m에 평행한 직선 p, q를 그으면

$\angle x = 30° + 25° = 55°$

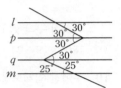

21 (부채꼴 AOB의 넓이)$= \pi \times 4^2 \times \dfrac{90°}{360°}$

$= 4\pi \, (\text{cm}^2)$

직사각형 AOPQ의 넓이는 $4x \, \text{cm}^2$

이때

(부채꼴 AOB의 넓이)$=$(직사각형 AOPQ의 넓이)

이므로

$4\pi = 4x$ ∴ $x = \pi$

22 밑바닥을 제외한 겉넓이는

$2\pi \times 6 \times 10 + \dfrac{1}{2} \times (4\pi \times 6^2) = 192\pi \, (\text{cm}^2)$

이때 필요한 페인트는 $192\pi \div 8\pi = 24$(통)

따라서 모두 칠하는데 드는 비용은

$8000 \times 24 = 192000$(원)

23 (1) 전체 학생 수는 $\dfrac{3}{0.1} = 30$(명)

∴ $A = 30 \times 0.2 = 6$, $B = \dfrac{12}{30} = 0.4$

(2) 전체 학생 수가 30명이므로 몸무게가 무거운 쪽에서 30 % 이내에 드는 학생 수는

$30 \times \dfrac{30}{100} = 9$(명)

한편, 몸무게가 55 kg 이상 60 kg 미만인 학생 수는 $30 - (3 + 6 + 12 + 3) = 6$(명)

몸무게가 55 kg 이상인 학생 수는 $6 + 3 = 9$(명)

따라서 몸무게가 무거운 쪽에서 30 % 이내에 드는 학생의 몸무게는 최소 55 kg 이상이다.

24 물이 담겨져 있는 밑면의 모양은 밑변과 높이가 각각 8 cm, 6 cm인 직각삼각형이고, 높이는 5 cm인 삼각뿔이므로 물의 양은

$\dfrac{1}{3} \times \left(\dfrac{1}{2} \times 8 \times 6 \right) \times 5 = 40 \, (\text{cm}^3)$

학업성취도 테스트 [2회] 172-175쪽

01 ⑤	**02** ①	**03** ⑤	**04** ①	**05** ④
06 ②	**07** ①	**08** ①	**09** ③	**10** ②
11 ①	**12** ④	**13** ④, ⑤	**14** ⑤	**15** ①
16 ①	**17** ③	**18** ①		

19 $\angle x = 60°$, 정삼각형

20 (1) $\overline{\text{AD}}$, $\overline{\text{AE}}$, $\overline{\text{BC}}$, $\overline{\text{BE}}$ (2) $\overline{\text{DC}}$

(3) $\overline{\text{CF}}$, $\overline{\text{DF}}$, $\overline{\text{EF}}$

21 $550\pi \, \text{cm}^3$ **22** $(48 + 18\pi) \, \text{cm}^2$

23 (1) 460명 (2) 4명 **24** 8개

---

01 육각형의 내각이 모두 같으므로 한 내각의 크기는

$\dfrac{180° \times (6 - 2)}{6} = 120°$

따라서 외각은 모두 60°가 되므로 연장선으로 만들어지는 △XYZ는 정삼각형이다.

따라서 세 변의 길이의 합은

$(13 + 8 + 9) \times 3 = 90$

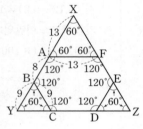

02 $(3x - 10) + (2x - 15) + (3x + 5) = 180$

$8x = 200$ ∴ $x = 25$

03 ⑤ 점 C에서 $\overline{\text{AB}}$까지의 거리가 6 cm이다.

04 ① ㄱ과 ㄷ : ASA 합동

05 ④ 면 BFGC는 모서리 AD와 평행하다.

⑤ $\overline{\text{AC}}$, $\overline{\text{AD}}$, $\overline{\text{CG}}$, $\overline{\text{DG}}$, $\overline{\text{FG}}$의 5개이다.

06 (한 외각의 크기)$= \dfrac{2}{7} \times$(한 내각의 크기)이므로

(한 내각의 크기) : (한 외각의 크기)$= 7 : 2$

이때 한 내각과 외각의 크기의 합이 180°이므로

한 외각의 크기는 $180° \times \dfrac{2}{9} = 40°$

정n각형의 한 외각의 크기는 $\dfrac{360°}{n} = 40°$

∴ $n = 9$

따라서 한 꼭짓점에서 그을 수 있는 대각선의 개수는

$9 - 3 = 6$

08 $3+6=2+b=a+1=3+c$이므로

$a=8$, $b=7$, $c=6$

$\therefore a-b+c=7$

09 △DAC와 △BAE에서

$\overline{DA}=\overline{BA}$, $\overline{CA}=\overline{EA}$, $\angle DAC=\angle BAE=110°$

$\therefore$ △DAC≡△BAE (SAS 합동)

이때 $\angle ADC=\angle ABE=\angle x$라 하면

$\angle BDF=60°-\angle x$, $\angle FBD=60°+\angle x$이므로

△BDF에서

$\angle BFD=180°-(60°-\angle x)-(60°+\angle x)=60°$

10 ㄱ. 각뿔대의 옆면은 사다리꼴이지만 원뿔대의 옆면은 사다리꼴이 아니다.

ㄹ. 정사면체는 평행한 면이 없다.

ㅁ. 꼭짓점의 개수가 가장 많은 정다면체는 꼭짓점이 20개인 정십이면체이다.

11 (밑넓이)$=\pi\times4^2\times\dfrac{60°}{360°}-\pi\times2^2\times\dfrac{60°}{360°}$

$\qquad\qquad=2\pi(\text{cm}^2)$

(옆넓이)

$=\left(2\pi\times2\times\dfrac{60°}{360°}+2+2\pi\times4\times\dfrac{60°}{360°}+2\right)\times4$

$=8\pi+16(\text{cm}^2)$

$\therefore$ (겉넓이)$=2\pi\times2+8\pi+16$

$\qquad\qquad\quad=12\pi+16(\text{cm}^2)$

12 (부피)$=\pi\times5^2\times6-\dfrac{1}{3}\times\pi\times4^2\times6$

$\qquad\quad=118\pi(\text{cm}^3)$

13 ④ 기록이 10초 이상 12초 미만인 학생 수는

$38-(7+12+5+3)=11$(명)

⑤ 가장 빨리 달린 학생의 기록은 알 수 없다.

14 ① 전체 학생 수는 $6+10+12+8+2+2=40$(명)

④ 도수가 가장 큰 계급은 6시간 이상 8시간 미만이므로 계급값은 $\dfrac{6+8}{2}=7$(시간)

⑤ 〈그림2〉에서 색칠한 부분의 넓이는 〈그림 1〉에서 색칠한 부분의 넓이와 같으므로

$2\times6+2\times10+2\times12+2\times8+2\times2+2\times2$

$=2\times(6+10+12+8+2+2)$

$=2\times40$

$=80$

15 도수가 가장 작은 계급은 10시간 이상 12시간 미만, 12시간 이상 14시간 미만이고, 그 도수는 2이므로

상대도수는 $\dfrac{2}{40}=0.05$

16 (넓이)$=$(부채꼴 ABC의 넓이)$-$△AOD

$\qquad\qquad-$(부채꼴 DOB의 넓이)

$=\dfrac{45°}{360°}\times\pi\times12^2-\dfrac{1}{2}\times6\times6$

$\quad-\dfrac{1}{4}\times\pi\times6^2$

$=18\pi-18-9\pi$

$=9\pi-18(\text{cm}^2)$

17 $\angle OED=\angle ODE=15°$이므로

$\angle COD=30°=\angle AOE$

이때 $\angle AOB=\angle x$라고 하면

$\angle OBC=\angle OCB=\angle x$

$\angle BOC=180°-2\angle x$

$\angle AOC=\angle x+(180°-2\angle x)$

$\qquad\quad=180°-\angle x=150°$

이므로 $\angle x=30°$

ㄴ. $\angle AOB=\angle COD$이므로 $\overparen{AB}=\overparen{CD}$

ㄷ. 현의 길이는 중심각의 크기에 정비례하지 않는다.

즉, $\angle BOC=2\angle BOE$이지만 $\overline{BC}<2\overline{BE}$

ㄹ. 호의 길이는 중심각의 크기에 정비례하므로

$\overparen{BC}:\overparen{AE}=\angle BOC:\angle AOE$

$\overparen{BC}:\pi=4:1$

$\therefore \overparen{BC}=4\pi(\text{cm})$

ㅁ. 반지름의 길이를 r라고 하면

$\overparen{AE}=\dfrac{30°}{360°}\times2\pi r=\pi$

$\therefore r=6(\text{cm})$

$\therefore \overline{AD}=2r=12(\text{cm})$

18 $1+4+7+10+8+5=35$(명)

19 $\angle GFE=180°-120°=60°$

$\overline{AD}\,/\!/\,\overline{BC}$이므로

$\angle FEC=\angle GFE=60°$ (엇각)

$\angle GEF=\angle FEC=60°$ (접은 각)

△GEF에서

$\angle x=180°-(60°+60°)=60°$

따라서 △GEF는 세 내각의 크기가 모두 $60°$이므로 정삼각형이다.

20 (1) $\overline{AB}$와 만나는 모서리는 꼭짓점 A, B를 지나는 모서리이므로 $\overline{AD}$, $\overline{AE}$, $\overline{BC}$, $\overline{BE}$이다.

(2) $\overline{AB}$와 평행한 모서리는 $\overline{AB}$와 한 평면 위에 있고 만나지 않는 모서리이므로 $\overline{DC}$이다.

(3) $\overline{AB}$와 꼬인 위치에 있는 모서리는 $\overline{AB}$와 만나지도 않고 평행하지도 않은 모서리이므로 $\overline{CF}$, $\overline{DF}$, $\overline{EF}$이다.

21 물병에 들어 있는 물의 부피는

$$\pi \times 5^2 \times 18 = 450\pi \, (\mathrm{cm}^3)$$

물이 없는 부분의 부피는

$$\pi \times 5^2 \times 4 = 100\pi \, (\mathrm{cm}^3)$$

따라서 물병의 부피는

$$450\pi + 100\pi = 550\pi \, (\mathrm{cm}^3)$$

22 $(\text{단면의 넓이}) = \dfrac{1}{2} \times 12 \times 8 + \dfrac{1}{2} \times \pi \times 6^2$

$$\phantom{(\text{단면의 넓이})} = 48 + 18\pi \, (\mathrm{cm}^2)$$

23 (1) 성적이 70점 미만인 남학생과 여학생의 상대도수는

각각 0.35, 0.45이므로 남학생과 여학생 수는 각각

$$\dfrac{98}{0.35} = 280(\text{명}), \quad \dfrac{81}{0.45} = 180(\text{명})$$

따라서 구하는 전체 학생 수는

$$280 + 180 = 460(\text{명})$$

(2) 성적이 90점 이상인 남학생과 여학생의 상대도수는

각각 0.05, 0.1이므로

90점 이상인 남학생과 여학생 수는 각각

$$280 \times 0.05 = 14(\text{명}), \quad 180 \times 0.1 = 18(\text{명})$$

따라서 구하는 학생 수의 차는

$$18 - 14 = 4(\text{명})$$

24 반지름의 길이가 2 cm인 구 모양의 초콜릿의 부피는

$$\dfrac{4}{3}\pi \times 2^3 = \dfrac{32}{3}\pi \, (\mathrm{cm}^3)$$

반지름의 길이가 1 cm인 구 모양의 초콜릿의 부피는

$$\dfrac{4}{3}\pi \times 1^3 = \dfrac{4}{3}\pi \, (\mathrm{cm}^3)$$

따라서 반지름의 길이가 2 cm인 구 모양의 초콜릿을 녹여 반지름의 길이가 1 cm인 구 모양의 초콜릿을

$$\dfrac{32}{3}\pi \div \dfrac{4}{3}\pi = 8(\text{개}) \text{ 만들 수 있다.}$$

풍산자

테스트북

중학수학 1-2

고등 풍산자와 함께하면
개념부터 ~ 고난도 문제까지!
어떤 시험 문제도 익숙해집니다!

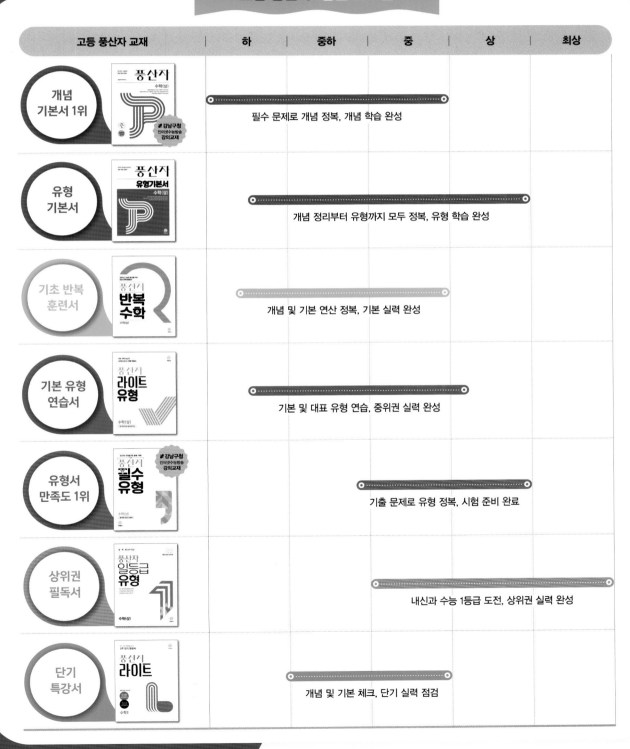

고등 풍산자 1등급 로드맵

고등 풍산자 교재	하	중하	중	상	최상
개념 기본서 1위 (풍산자 수학(상))	필수 문제로 개념 정복, 개념 학습 완성				
유형 기본서 (풍산자 유형기본서 수학(상))	개념 정리부터 유형까지 모두 정복, 유형 학습 완성				
기초 반복 훈련서 (풍산자 반복수학)	개념 및 기본 연산 정복, 기본 실력 완성				
기본 유형 연습서 (풍산자 라이트 유형 수학(상))	기본 및 대표 유형 연습, 중위권 실력 완성				
유형서 만족도 1위 (풍산자 필수유형 수학(상))			기출 문제로 유형 정복, 시험 준비 완료		
상위권 필독서 (풍산자 일등급 유형 수학(상))			내신과 수능 1등급 도전, 상위권 실력 완성		
단기 특강서 (풍산자 라이트 수학 I)	개념 및 기본 체크, 단기 실력 점검				

풍산자
장학생 선발

*연간 장학생 40명 기준

지학사에서는 학생 여러분의 꿈을 응원하기 위해
2007년부터 매년 풍산자 장학생을 선발하고 있습니다.
풍산자로 공부한 학생이라면 누.구.나 도전해 보세요.

**총 장학금
1,200만 원**

선발 대상

풍산자 수학 시리즈로 공부한 전국의 중·고등학생 중 성적 향상 및 우수자

조금만 노력하면 누구나 지원 가능!	수학 성적이 잘 나왔다면?
성적 향상 장학생(10명)	**성적 우수 장학생(10명)**
중학 ┃ 수학 점수가 10점 이상 향상된 학생	**중학** ┃ 수학 점수가 90점 이상인 학생
고등 ┃ 수학 내신 성적이 한 등급 이상 향상된 학생	**고등** ┃ 수학 내신 성적이 2등급 이상인 학생

혜택

 장학금 30만원 및 장학 증서
*장학금 및 장학 증서는 각 학교로 전달합니다.

 신청자 전원 '**풍산자 시리즈**'
교재 중 1권 제공

모집 일정

매년 2월, 8월(총 2회)
*공식 홈페이지 및 SNS를 통해 소식을 받으실 수 있습니다.

장학 수기)

"풍산자와 기적의 상승곡선 5 ➡ 1등급!" _이○원(해송고)
"수학 A로 가는 모험의 필수 아이템!" _김○은(지도중)
"수학 66점에서 100점으로 향상하다!" _구○경(한영중)

장학 수기
더 보러 가기

풍산자 서포터즈

풍산자 시리즈로
공부하고 싶은 학생들 모두 주목!
매년 2월과 8월에
서포터즈를 모집합니다.
리뷰 작성 및 SNS 홍보 활동을 통해
공부 실력 향상은 물론,
문화 상품권과 미션 선물을
받을 수 있어요!

자세한 내용은 풍산자 홈페이지(www.
pungsanja.com)를 통해 확인해 주세요.